高等职业教育"十二五"规划教材

中国高等职业技术教育研究会推荐

机械工程材料及热加工基础

侯德政　主编

国防工业出版社

·北京·

内 容 简 介

本书根据高等职业教育的培养目标组织编写。本书主要内容由机械工程材料和热加工基础两部分组成:机械工程材料部分包括金属的力学性能、金属学基础、钢的热处理、金属材料、非金属材料、复合材料以及选材等内容;热加工基础部分主要包括钢的热处理、铸造、锻压及焊接等内容。另外,还简要介绍了金属材料的表面处理技术等。它是多年来生产与科研实践经验的总结,也是教学实践经验的积累。全书理论联系实际,突出应用能力的培养,叙述简明扼要、条理清晰,图文并茂。

本书是高职高专机械类和近机类专业教材,也可供各类成人高校和中等职业学校选用以及有关工程技术人员参考。

图书在版编目(CIP)数据

机械工程材料及热加工基础/侯德政主编. —北京:国防工业出版社,2011.8 重印

高等职业教育“十二五”规划教材

ISBN 978-7-118-05383-8

Ⅰ.机… Ⅱ.侯… Ⅲ.①机械制造材料-高等学校-教材②热加工-高等学校-教材 Ⅳ.TH14 TG306

中国版本图书馆 CIP 数据核字(2007)第 154151 号

※

国防工業出版社 出版发行

(北京市海淀区紫竹院南路 23 号 邮政编码 100048)

鑫马印刷厂印刷

新华书店经售

*

开本 787×1092 1/16 **印张** 15¼ **字数** 344 千字

2011 年 8 月第 3 次印刷 **印数** 7501—10500 册 **定价** 25.00 元

国防书店:(010) 68428422 发行邮购:(010) 68414474

发行传真:(010) 68411535 发行业务:(010) 68472764

高等职业教育制造类专业“十二五”规划教材
编审专家委员会名单

总　序

在我国高等教育从精英教育走向大众化教育的过程中，作为高等教育重要组成部分的高等职业教育快速发展，已进入提高质量的时期。在高等职业教育的发展过程中，各高校在专业设置、实训基地建设、双师型师资的培养、专业培养方案的制定等方面不断进行教学改革。高等职业教育的人才培养还有一个重点就是课程建设，包括课程体系的科学合理设置、理论课程与实践课程的开发、课件的编制、教材的编写等。这些工作需要每一位高职教师付出大量的心血，高职教材就是这些心血的结晶。

高等职业教育机电类专业赶上了我国现代制造业崛起的时代，中国的制造业要从制造大国走向制造强国，需要一大批高素质的、工作在生产一线的技术应用型人才，这就要求我们高等职业教育机电类专业的教师们担负起这个重任。

高等职业教育机电类专业的教材一要反映制造业的最新技术，因为高职学生毕业后马上要去现代制造业企业的生产一线顶岗，我国现代制造业企业使用的技术更新很快；二要反映某项技术的方方面面，使高职学生能对该项技术有全面的了解；三要深入某项需要高职学生具体掌握的技术，便于教师组织教学时切实使学生掌握该项技术或技能；四要适合高职学生的学习特点，便于教师组织教学时因材施教。要编写出高质量的高职教材，还需要我们高职教师的艰苦工作。

国防工业出版社组织了一批具有丰富教学经验的高职教师所编写的数控、模具、汽车、自动化、机电设备等方面的教材反映了这些专业的教学成果，相信这些专业的成功经验又必将随着本系列教材这个载体进一步推动其他院校的教学改革。

方新

《机械工程材料及热加工基础》
编委会名单

主　编　侯德政

副主编　周文超　陈淑花

主　审　卢端敏　王周让

编　委　（按姓氏笔画排列）

韦肖飞　夏罗生　高红旺　曹　静

前　言

本教材为高职高专机电类专业（包括机械类专业和近机类专业）教材，是根据高等职业技术教育的培养目标组织编写的，主要供高等职业技术学院和高等专科学校学生使用，也可供各类成人高校和中等职业学校选用和有关工程技术人员参考。

本教材主要由机械工程材料和热加工基础两部分组成：机械工程材料部分包括金属的力学性能、金属学基础、钢的热处理、金属材料、非金属材料、复合材料以及选材等内容；热加工基础部分主要包括铸造、锻压及焊接等内容。另外还简要介绍了金属材料的表面处理技术等。

本教材在内容安排上力求适应高职高专机械类及近机类专业少学时、重技能的教学改革要求，在保证教学内容的基础性和实践性原则下，重点放在培养学生的创造性思维能力和解决实际问题的能力。

本书执笔者：侯德政（绪论、第4章、第9章和第10章），陈淑花（第3章），夏罗生（第1章），高红旺（第2章），韦肖飞（第7章），曹静（第5章、第6章），周文超（第8章）。

本书由侯德政任主编，周文超、陈淑花任副主编，卢端敏、王周让任主审。

中国高等职业技术教育研究会、张家界航空工业职业技术学院、西安航空技术高等专科学校、宜宾职业技术学院在本书的出版过程中提供了支持与帮助，在此表示衷心感谢！

在本书的编写过程中，参阅了高等学校有关教材及国内出版的资料，书中还引用了许多同行所编著的教材和著作中的资料，在此一并表示衷心的感谢。

本教材编写力求跟上高等职业教育改革与发展的步伐，但由于编者水平有限，书中难免有错误和不足之处，敬请读者批评指正。

编　者

目　　录

绪　论

1. 本课程在工业生产中的地位和作用

一般地，机械产品如飞机、船舶、机床、汽车、自行车、仪器仪表等，其生产过程主要有材料、毛坯、零件和机械装配等四大环节，即先将材料用铸造方法，或锻压方法，或焊接方法等制成零件的毛坯，再经过切削加工制成所需的零件，最后将零件装配成机械产品。通常，在制造过程中，用热处理方法改善毛坯和工件的力学性能。

材料的种类很多，其中用于制造机械工程结构、零件和工具的材料称为机械工程材料。按化学成分的不同，机械工程材料又分金属材料、非金属材料和复合材料三大类。

金属材料包括两类：铁和以铁为基础的合金（俗称黑色金属），如钢、铸铁和铁合金等钢铁材料。非铁金属（俗称有色金属），如铜及铜合金、铝及铝合金、钛及钛合金等。

复合材料就是将两种或两种以上不同性质的材料，经人工复合而成的新材料。

非金属材料是泛指除金属材料和复合材料以外的材料，常用的有高分子材料和陶瓷材料等。

生产中常把制造零件毛坯的生产技术如铸造、锻压、焊接，以及用来改变工件力学性能的热处理技术统称为热加工工艺。

2. 机械工程材料及热加工工艺的发展史简介

材料是人类生产和生活的物质基础，材料及热加工工艺技术的进步，在人类文明社会的发展进程中起着极其重要的作用。历史上，人类社会经历了石器时代、铜器时代和铁器时代，而现在人类已进入了人工合成材料的新时代。

在古代，我国的材料和热加工工艺技术在世界上处于领先地位，这从已出土的大量青铜器和铁器中得到了印证。1939 年在河南出土的商殷祭器司戊大方鼎，造形凝重威严，重达 875kg，鼎上花纹细致精巧，字迹清晰可辨，说明我们祖先在 3000 多年前就已有了高水平的冶炼和铸造技术。

从 1974 年以来，在陕西秦始皇陵墓附近出土了大量的青铜器，其中有一把青铜剑，历经 2000 多年表面仍没有生锈，出土时仍锋利无比、光亮如新，一次能划透 20 张纸。经鉴定系铜锡合金，并含 10 多种其他稀有金属，表面有层 $10\mu m \sim 15\mu m$ 的含铬化合物氧化层，表明曾采用铬盐氧化技术处理。镀铬技术是在 20 世纪 30 年代由德国人发明的，而我国在 2000 多年前就开始在兵器上镀铬，实在令人叹服。

1980 年 12 月在秦始皇陵西侧 20m 处，发掘出土了两乘大型彩绘铜车马。铜车马除尺寸约为真马、真人的 1/2 外，其他都与真车、真马、真人无异。铜车马由大小 3400 个零部件组装而成。车长 317cm，高 106cm。铜马高 65mm～67cm，身长 120cm，质量也各不相同，最轻的为 177kg，最重的为 212.9kg。车、马、人总质量达 1243kg。主体为青铜铸造而成。车马的金银装饰品共计 1720 件。金银器总重达 7kg。其制作工艺之高超，造型艺术之逼真，令人赞叹不已。其伞状车盖厚 4mm，车窗仅厚 1mm，还有许多透孔。马缨络用细如发丝的青铜丝铸成，直径仅有 0.1mm。马的项圈是由 42 节金和 42 节银焊接起来的，考古学家们只有借助于放大镜才能看到这两种熔点不同的金属的焊接痕迹。马的笼头是用一根金管，一根银管，采用子母扣连接的形式制成，笼头上有根销子，拔下销子就可将笼头完整地取下来。制作铜车马采用了铸造、焊接、锻造、铆接、镶嵌、切削、研磨以及抛光等多种工艺技术。其复杂程度与水平之高举世罕见。

上述事实都说明了我国古代的冶炼、铸造、锻造、热处理等材料及热加工工艺已处于相当高的技术水平，在当时处于世界领先地位。我们的祖先为世界文明和人类社会的进步做出过突出的贡献。但遗憾的是由于种种原因，从明代起一直到 20 世纪 40 年代，我国科学技术的发展处于相对落后甚至停滞的状态，材料及热加工工艺也不例外。

新中国成立以来，我国在材料及热加工工艺领域得到了迅速发展，到 1996 年，仅钢铁材料就达到了年产 1 亿吨，居世界前列。目前，我国机械工程材料的研究和生产都具备了相当的规模，具有高性能、高品质和特殊功能等的新材料不断出现。热加工新技术、新工艺不断应用于生产中。现代材料及热加工的规模和技术为我国机械制造业的高速发展奠定了牢固的基础，也为我国的电子、军工、汽车、航空、航天、航海等高新技术产品提供了有力的技术保障。所取得的成绩表明，我国的机械工程材料和热加工工艺与世界先进水平的差距正在逐步减小。

3. 课程特点和教学方法

本课程具有覆盖知识面宽而不深、综合性强、实用性强等特点，它涉及到金属材料及热处理、非金属材料、铸造、锻压、焊接及表面处理等方面，每方面都是一个独立的专业。但本课程作为机械类和近机械类专业的一门专业基础课，要求学生对常见的机械零件所用的材料会选择、会使用。了解材料的成分、组织结构和性能之间的关系。较熟练地认识各类材料的牌号。对热加工工艺及其他内容也应有相当的了解。

本课程的实践性和应用性较强，在教学活动中密切联系实际尤为重要。所以，在学习本课程前应安排热加工实习或参观，以使学生对热加工及材料应用方面有一定的感性认识。本课程的教学方法以课堂教学为主，包括课堂讲授、课堂演示、课堂讨论等，这些应多采用多媒体教学法，同时，应安排必要的现场教学、实验以及作业、测验、考试等。

第 1 章　材料的力学性能

为正确、合理地使用和加工材料，必须了解其性能。机械工程材料的性能包括使用性能和工艺性能。使用性能是指材料在使用过程中所表现出的性能，如力学性能、物理性能、化学性能等。工艺性能是指材料在各种加工过程中所表现出来的性能，它包括铸造、锻压、焊接、热处理及切削加工工艺性能等。

力学性能是指在外力作用下所表现出来的性能，主要有强度、塑性、硬度、冲击吸收功和疲劳极限等。一般机械制造中选用材料和鉴定零件质量时，常以力学性能指标为主要依据。本章将主要介绍上述各性能指标及试验方法。

1.1　强度与塑性

强度是指材料抵抗塑性变形和断裂的能力。塑性是指材料在静载荷作用下产生塑性变形而不破坏的能力。测定材料的强度指标和塑性指标数据的方法是拉伸试验。拉伸试验是指用静拉伸力对材料试样轴向拉伸，测量力和相应的伸长量。材料在拉伸过程中的变化一般是弹性变形—塑性变形—断裂。

1.1.1　力—伸长曲线

拉伸试验时，力—伸长曲线即拉伸力与伸长量之间的对应关系曲线，一般由拉伸试验机自动绘出。通过力—伸长曲线，即可计算出强度指标和塑性指标数据。

试验时，先将被测材料制成标准试样，如图 1-1(a)所示。试样的直径为 d_0，标距的长度为 l_0。将试样装夹在拉伸试验机上，缓慢增加拉伸力。试样标距的长度将逐渐增加，直至被拉断，再把两段试样对接起来，标距将增至 l_1，断裂处截面的直径减至 d_1，如图 1-1(b)所示。

图 1-2 所示是低碳钢试样的力—伸长曲线。曲线的 oe 段近似一段斜直线，表示伸长量与拉伸力成正比，试样随拉伸力的增加而均匀伸长，此时如果去掉拉伸力，试样可完全恢复到原来的形状和尺寸，表示受力不大时试样处于弹性变形阶段。当拉伸力 F 继续增加超过 e 点以后，除弹性变形外，试样还开始产生微量塑性变形。拉伸力增大到 s 点时，拉伸力保持不变，而试样的伸长变形却继续进行，曲线在 s 点附近出现一水平(或锯齿形)线段，这种现象称为屈服现象。拉伸力超过 F_s 后，试样的伸长量又随拉伸力的增加而增大，曲线呈上升趋势。当拉伸力增加到 F_b 时，试样上某个部位发生局部收缩，即出现了“缩颈”。此后，试样的变形局限在缩颈处，由于截面缩小，所能承受的拉伸力迅速减小，最后到达 K 点时，试样在缩颈处断裂。

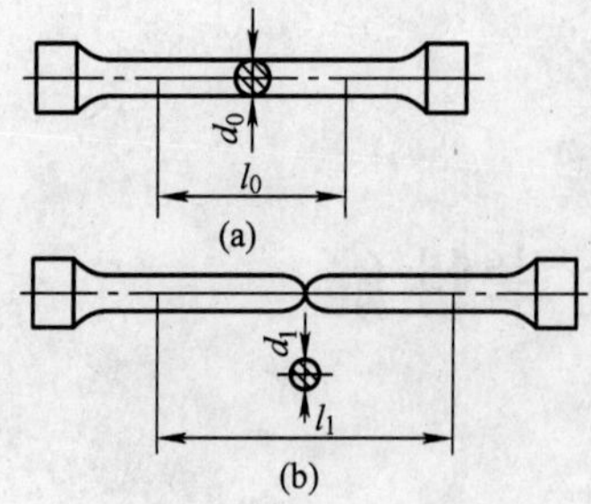

图 1-1　拉伸试样
(a)试验前；(b)试验后。

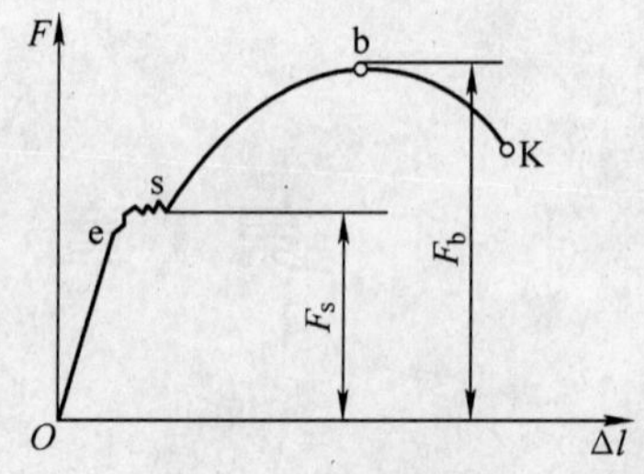

图 1-2　力—伸长曲线

1.1.2　强度

材料的强度指标用应力度量。常用的强度指标主要有弹性极限、屈服点和抗拉强度等。

1. 弹性极限

弹性极限是指试样产生完全弹性变形时所能承受的最大拉应力，用符号 σ_e 表示，即

$$\sigma_e = \frac{F_e}{A_0}(\mathrm{MPa})$$

式中　F_e——试样产生完全弹性变形时的最大拉伸力(N)；
　　A_0——试样原始横截面面积(mm^2)。

有些零件如枪管、炮筒和精密零件等在工作时不允许产生微量塑性变形，设计时弹性极限是选用材料的主要依据。

2. 屈服点

屈服点是指试样在试验过程中拉伸力不增加(保持恒定)仍然能继续伸长(变形)时的应力。用符号 σ_s 表示，即

$$\sigma_s = \frac{F_s}{A_0}(\mathrm{MPa})$$

式中　F_s——试样屈服时所承受的拉伸力(N)；
　　A_0——试样原始横截面面积(mm^2)。

不少材料在拉伸试验中没有明显的屈服现象，难以按上述公式计算其屈服点。对此类材料，国家标准规定以试样塑性变形量为 0.2% 时的应力值来规定残余伸长应力，来代替屈服点。用符号 $\sigma_{0.2}$ 表示。

机械零件在工作时其塑性变形都有严格的控制，过量塑性变形是机械零件失效的主要原因。因此，除了少量要求特别严格的零件设计和选材时用弹性极限 σ_e 外，屈服点 σ_s 或规定残余伸长应力 $\sigma_{0.2}$ 是一般机械零件选材和设计的主要依据。

3. 抗拉强度

抗拉强度是指试样被拉断前所承受的最大拉应力。用符号 σ_b 表示，即

$$\sigma_b = \frac{F_b}{A_0}(\mathrm{MPa})$$

式中　F_b——试样断裂前所承受的最大拉伸力(N)；
　　A_0——试样原始横截面面积(mm^2)。

如前所述，机械零件设计选材时，一般是以屈服点 σ_s 或规定残余伸长应力 $\sigma_{0.2}$ 为主要依据，但抗拉强度 σ_b 的测定比较方便精确，同时从安全方面考虑，也有直接作为设计依据的，并采用较大的安全系数。由于脆性材料无屈服现象，因此，必须以抗拉强度 σ_b 作为设计依据。

1.1.3 塑性

评定材料的塑性指标有断后伸长率和断面收缩率两种。

1. 断后伸长率

断后伸长率是指试样拉断后标距的伸长量与原长度的百分比。用符号 δ 表示，即

$$\delta=\frac{l_K-l_0}{l_0}\times 100\%$$

式中 l_0——试样原标距长度(mm)；

l_K——试样拉断后对接的标距长度(mm)。

断后伸长率受试样尺寸因素影响很大，按长径比将试样分为长试样($l_0/d_0=10$)和短试样($l_0/d_0=5$)两种。长试样的断后伸长率用符号 δ_{10} 表示，通常写成 δ；短试样的断后伸长率用符号 δ_5 表示。同一种材料的断后伸长率 $\delta_5>\delta_{10}$。

2. 断面收缩率

断面收缩率是指试样拉断后缩颈处横截面积的最大缩减量与原始横截面积的百分比，用符号 Ψ 表示，即

$$\Psi=\frac{A_0-A_K}{A_0}\times 100\%$$

式中 A_0——试样原标横截面面积(mm^2)；

A_K——试样拉断后缩颈处最小横截面面积(mm^2)。

试验表明，断面收缩率 Ψ 与试样尺寸因素无关，因此，较断后伸长率 δ 能更正确地反映出材料的塑性。

材料的 δ 与 Ψ 值越高，则其塑性越好，锻压加工成形性也越好。塑性较好的材料制成的零件，在工作时如遇瞬时超载，则可由于产生了一定的塑性变形而不致于突然断裂。

一般来说，对零件力学性能要求，除了保证有较高的强度外，还需要有较高的塑性，以使零件工作安全可靠。但塑性指标不能直接用于零件的设计计算，通常是根据经验对材料提出一定的塑性指标要求。一般零件，$\delta>5\%$、$\Psi>10\%$即可满足其技术要求。

1.2 硬　度

硬度是衡量金属材料软硬程度的指标，它反映材料表面局部抵抗塑性变形的能力。硬度的测定方便快捷，设备简单，不需专门制作试样，可直接在原材料或零件表面上测试。材料硬度高，一般耐磨性也好，并与强度值之间有一定关系，因此，机械零件设计的技术条件常以硬度作为主要力学性能指标标注在图纸上。在零件加工过程中，常以硬度试验作为主要检测手段。硬度是所有金属材料力学性能指标中应用最广泛的一种。

测量材料硬度的试验方法有压入法、回跳法、刻划法等。常用的主要有布氏硬度、洛

氏硬度和维氏硬度。

1.2.1 布氏硬度

布氏硬度的试验方法是压入法，如图 1-3 所示。把材料试样或零件放在布氏硬度试验机试件台上，用直径为 D 的淬火钢球或硬质合金球做压头，以相应试验力 F 压入试件表面，经保持规定的时间后，卸除试验力，试件表面即留有直径为 d 的球冠形压坑。用试验力除以压坑表面积，所得值即为布氏硬度值，淬火钢球做压头时，符号用 HBS 表示；硬质合金球做压头时，符号用 HBW 表示。计算公式为

$$\mathrm{HBS(HBW)}=\frac{F}{A}=0.102\frac{2F}{\pi D(D-\sqrt{D^2-d^2})}(\mathrm{N/mm^2})$$

式中 F——试验力(N)；

A——压坑表面积($\mathrm{mm^2}$)；

D——球体直径(mm)；

d——压痕平均直径(mm)。

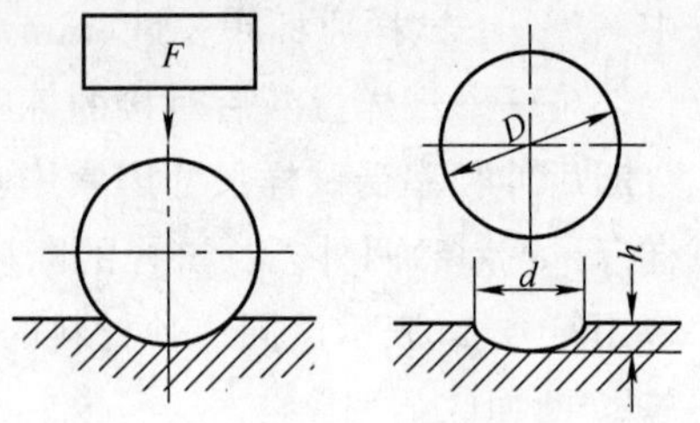

图 1-3 布氏硬度试验原理示意图

在进行布氏硬度试验时，首先应选择压头。布氏硬度值在 450 以下的材料，压头用淬火钢球。应用于退火、正火和调质状态的钢、铸铁、非铁金属等原材料或零件。为防止材料过硬而造成压头变形以致测量不准的情况，布氏硬度值在 450～650 的材料，压头用硬质合金球，同时，试验的压头直径 D、试验力 F 与保持压力时间，应根据试件材料的种类，按表 1-1 中的布氏硬度试验规范来选择。

表 1-1 布氏硬度试验规范

材料种类	布氏硬度使用范围 HBS	压头直径 D/mm	$0.102F/D^2$	试验力 F/N	试验力保持时间/s	备 注
钢、铸铁	≥140	10	30	29420	10	压痕中心距试样边缘距离不应小于压坑平均直径的 2.5 倍；两相邻压坑中心距离不应小于压坑平均直径的 4 倍；试样厚度至少应为压坑深度 10 倍。试验后，试样支撑面应无可见变形痕迹
		5		7355		
		2.5		1839		
	<140	10	10	9807	10～15	
		5		2452		
		2.5		613		
非铁金属材料		10	30	29420	30	
		5		7355		
		2.5		1839		
		10	10	9807	30	
		5		2452		
		2.5		613		
		10	2.5	2452	60	
		5		613		
		2.5		153		

布氏硬度习惯上只写出硬度值而不必注明单位，其标注方法为：在符号 HBS 或 HBW 之前写出硬度值，符号后面依次用相应数字注明压头直径、试验力和保持时间(其

中，试验条件是直径为 10mm，试验力为 29.42kN，保持时间为 10s～15s 时，不标注）。例如，120HBS10/1000/30 表示用直径为 10mm 的淬火钢球做压头，在 1000kgf(9.807kN) 试验力作用下保持 30s 所测得的布氏硬度值为 120。

布氏硬度的优点是硬度值较准确，因其压坑面积较大，反映出材料的硬度也较全面，但不宜检验成品、小件或较薄的零件。

1.2.2 洛氏硬度

洛氏硬度试验方法也是用压入法，用直径 1.588mm 的淬火钢球或锥顶角为 120°的金刚石圆锥做压头。试验时，先在试件表面加初始试验力，再加主试验力，经保持规定时间后卸除主试验力，用测量的残余压坑深度增量来计算硬度值，并可直接从硬度试验机上的刻度表上读出。

洛氏硬度试验原理如图 1-4 所示，0—0 是压头尚未和试件表面接触的位置。1—1 是已加初始试验力压头的位置，压头压入深度为 h_1。加初始试验力的目的是为了使压头与试样表面接触紧密，以消除表面粗糙不光洁的影响，保证测量结果准确。2—2 是加主试验力后压头所处的位置，压头压入深度为 h_2。卸除主试验力后，由于弹性变形部分的恢复，压头的位置处于 3—3，压头压入深度为 h_3。

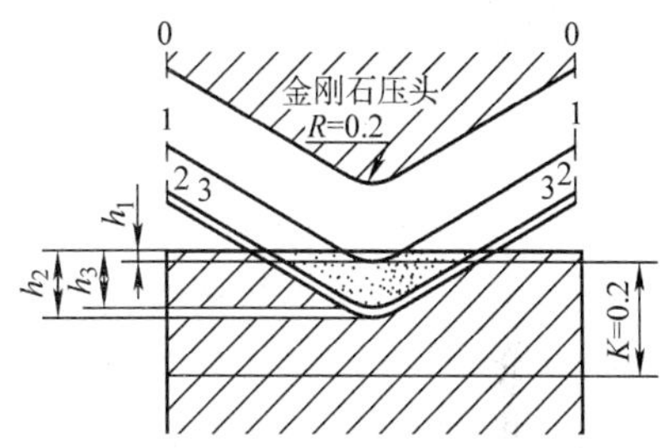

图 1-4 洛氏硬度试验原理示意图

洛氏硬度值可按 $\Delta h = h_3 - h_1$ 来计算。但压入深度 Δh 越大，洛氏硬度值也就越大，而材料越软，这与习惯观念不符。因此，用一常数 K 减去 Δh 来表示洛氏硬度值(每 0.002mm 为一个硬度单位)，符号用 HR 表示，即

$$\mathrm{HR} = K - \frac{\Delta h}{0.002}$$

当用金刚锥压头时，$K=100$；用 $\phi 1.588$ 淬火钢球做压头时，$K=130$。

为了扩大洛氏硬度计的使用范围，根据被测试对象的不同，洛氏硬度试验法可采用不同的压头和试验力，从而分成多种洛氏硬度标尺，但常用的有 HRA、HRB 和 HRC 三种，其中 HRC 应用最广。洛氏硬度的表示方法：在符号前面写出硬度值，如 65HRC、80HRA 和 95HRB 等。三种洛氏硬度的试验条件和应用范围见表 1-2。

表 1-2 常用洛氏硬度试验规范

硬度符号	测量范围	初始试验力/N	主试验力/N	压头类型	应用举例
HRA	20～88	98.07	490.3	金刚石圆锥体	硬质合金 表面淬火层 渗碳层等
HRB	20～100	98.07	882.6	钢球	非铁金属 退火钢 正火钢
HRC	20～70	98.07	1373	金刚石圆锥体	调质钢 淬火钢等

洛氏硬度试验操作简便、迅速，压坑小，对试件表面损坏较小，可直接测量成品或较薄工件的硬度值。但因压坑小，所测结果不够准确。因此，需在试件上测定三点取其平均值。不适合测试组织不均匀的材料(如铸铁的硬度)。

1.2.3 维氏硬度

维氏硬度试验方法与布氏法相似，也是以压坑单位表面积所承受试验力大小来计算硬度值的，但它的压头是用顶角为136°的金刚石四棱锥体，如图1-5所示。试验时，在规定的试验力作用下，压头压入试样表面，经保持规定的时间后，卸除试验力，则试样表面上压出一个四方锥形压坑。通过设在维氏硬度机上的显微镜来测量压坑两条对角线的长度，计算硬度值。用符号HV表示，即

$$HV=0.1891\frac{F}{d^2}(N/mm^2)$$

式中 F——试验力(N)；

d——压坑两条对角线长度的算术平均值(mm)。

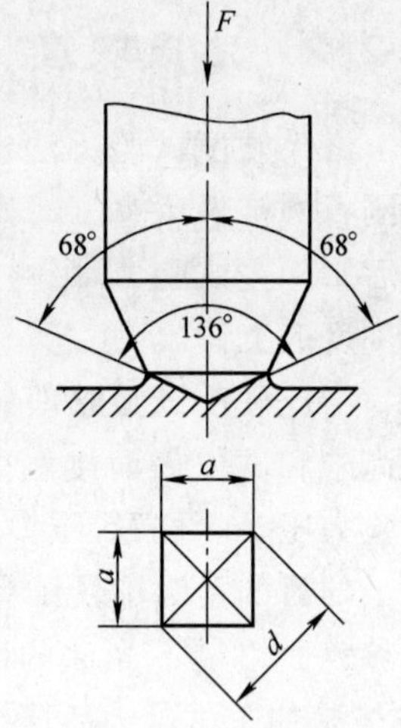

图1-5 维氏硬度试验原理示意图

在实际测试中，不需用上式计算，而以试验机上显微镜测得对角线平均值 d 后，直接查表得出维氏硬度值。维氏硬度标注方法与布氏硬度的相同。硬度数值写在符号HV的前面，HV后则写出其试验力和保持受压时间(如10s～15s则不注)。如640HV30/20表示在294N(30kgf)试验力作用下，保持20s后，所测得的维氏硬度值为640，其单位习惯上不标出。

维氏硬度的范围宽，用同一标尺可测定极软到极硬的材料，并由于压坑小而轮廓清晰，能够更好地测量极薄试件的硬度，尤其是化学热处理的渗层硬度等，但不如洛氏硬度试验法简便迅速，也不适合测量组织不均匀的材料。

1.3 冲击吸收功

强度和硬度指标都是在缓慢加载的条件下测定的，只适合零件工作条件是承受静力的情况下使用，因此为静态力学性能指标。但有些零件如飞机起落架、锻锤锤头和冲床冲头等，是在冲击力作用下工作的，因此对承受冲击力作用的零件，不仅要求有高的强度和一定的硬度，还必须具有足够的抗冲击能力。材料抵抗冲击破坏的能力，习惯上用韧性来表示，其力学性能指标是冲击吸收功。

冲击吸收功是指材料在冲击力作用下折断时所吸收的功。根据冲击力的表现形式，冲击吸收功的测定可分为大能量一次冲击和小能量多次冲击两种方法。

1.3.1 大能量一次冲击

1. 试验测定方法

大能量一次冲击试验是在摆锤式冲击试验机上进行的。冲击试样按国家标准制造，

有夏氏V型缺口试样和夏氏U型缺口试样两种，如图1-6所示。试验时，将试样安放在冲击试验机两支座中间，试样缺口背对摆锤冲击方向，如图1-7所示。

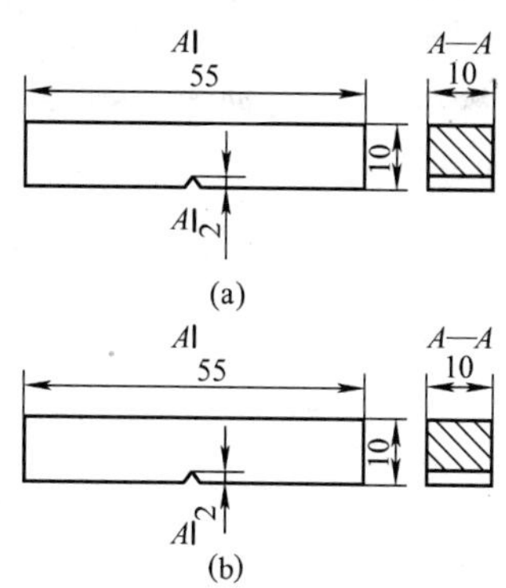

图1-6 冲击试样

(a)V型缺口；(b)U型缺口。

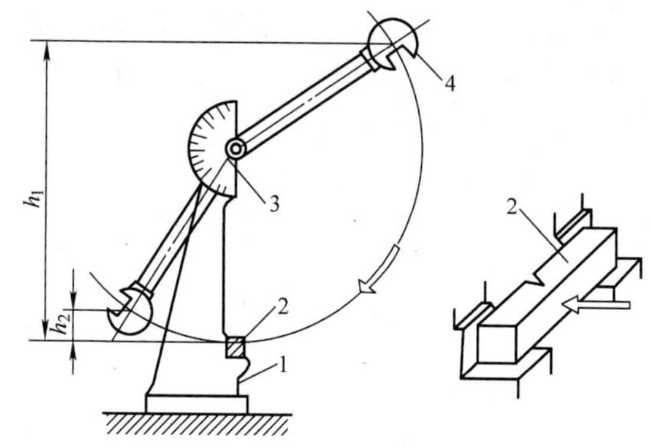

图1-7 摆锤式冲击试验原理示意图

1—支座；2—试样；3—指针；4—摆锤。

将一定质量 m 的摆锤举至 h_1 高度，具有位能 mgh_1；放开摆锤使之下落，冲断试样后升至 h_2 高度，位能为 mgh_2。这样摆锤一次冲断试样所消耗的位能就是冲击吸收功，单位为J，用符号 A_{KV}或 A_{KU}表示，即

$$A_{KV}(A_{KU})=mgh_1-mgh_2$$

试验时，$A_{KV}(A_{KU})$的数值可以从试验机的刻度盘上直接读出。

2. 影响冲击吸收功的因素

1)试样形状与尺寸

冲击吸收功的确定与试样形状、尺寸有很密切的关系。不同形状、尺寸试样的冲击吸收功值不能直接比较。对同一种材料来说，用夏氏V型缺口试样所测的值与U型缺口试样所测的值也不相同。

2)试验温度

材料的冲击吸收功与试验温度有关。对某材料进行一系列不同温度的冲击试验，可获得冲击吸收功与试验温度的关系曲线，称为冲击吸收功—温度曲线，如图1-8所示。

由曲线可见，冲击吸收功总的变化趋势是随温度降低而降低。当温度降至某一范围时，冲击吸收功急剧下降，表明材料由韧性断裂变为脆性断裂，这种现象称为韧脆转变。冲击吸收功急剧变化或材料由韧性状态向脆性状态转变的温度范围称为韧脆转变温度。韧脆转变温度是衡量材料韧脆倾向的指标。韧脆转变温度较高的材料，不宜在高寒地区使用，以免发生脆断现象。

3)材料内部结构

材料纤维组织方向、内部缺陷(如夹渣、气孔、偏析等)，以及加工工艺所造成的裂纹、过热、回火脆性等缺陷，都对冲击吸收功有很大的影响。

1.3.2 小能量多次冲击

零件工作时经过一次冲击即发生断裂的情况极少。许多零件所承受的冲击是属于小能量多次(大于 10^3 次)冲击性质的，每次承受的冲击能量也远小于一次冲断的能量。这种冲击称为小能量多次冲击，在大能量一次冲击试验中测定的冲击吸收功，是不能代表这

类零件抵抗多次小能量冲击的能力的，所以应进行多次冲击试验，以测定其抗多次冲击的能力。

小能量多次冲击试验是在落锤式试验机上进行的。如图 1－9 所示，试验时带有双冲点的锤头以一定的冲击频率冲击试样，直至冲断。多次冲击抗力指标一般是以在某冲击功 A_K 作用下的冲击断次数 N，或在某一冲断次数 N 时的冲击功 A_K 来表示。

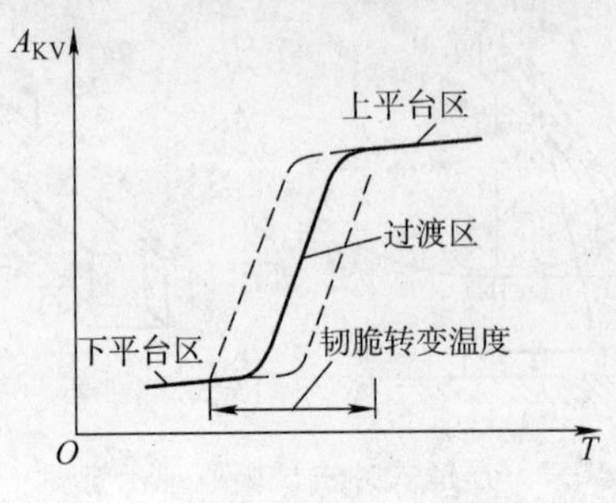

图 1－8　冲击吸收功—温度曲线

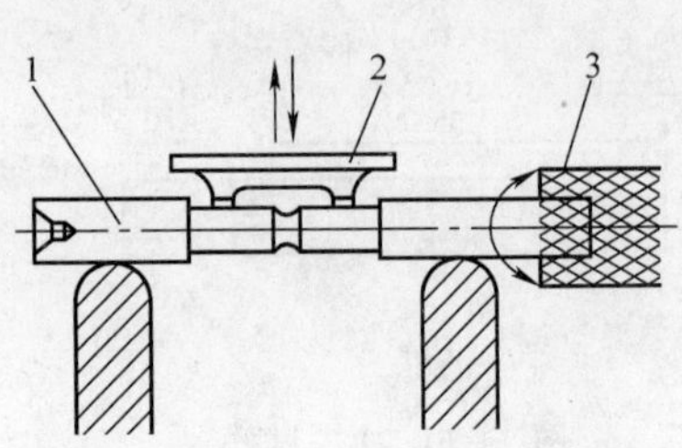

图 1－9　多次冲击试验示意图

1—试样；2—锤头；3—夹具。

研究表明，材料的韧性与其强度和塑性有很密切的关系，但承受的冲击性质不同，强度和塑性对韧性的影响是不同的。大能量一次冲击时，其韧性主要取决于塑性；而小能量多次冲击时，其韧性则主要取决于强度。

1.4　疲劳强度

1.4.1　疲劳现象

机械零件在循环应力作用下工作时，经过一定周期工作，发生突然断裂的现象，称为金属的疲劳现象。不管是脆性材料还是韧性材料，疲劳断裂都是突然发生的，事先均无明显的塑性变形，具有很大的危险性，常常造成严重事故。例如，汽车的车轴、弹簧及机床齿轮等零件就会出现这种情况。据统计，在机械零件失效中约有 80％以上属于疲劳破坏。

零件的疲劳破坏，实际上是裂纹的产生、扩展直至截面断裂的变化过程。零件上裂纹的产生有两种情况，一是原始存在的，即零件在加工过程中形成的，另一种是在工作时，零件应力集中部位或内部某一薄弱部位产生的。这两种裂纹称为疲劳源，在循环应力作用下，裂纹不断向纵深扩展，使零件有效承载截面不断减小，直至剩余的截面不能再承受该负荷时便突然发生断裂，如图 1－10 所示。

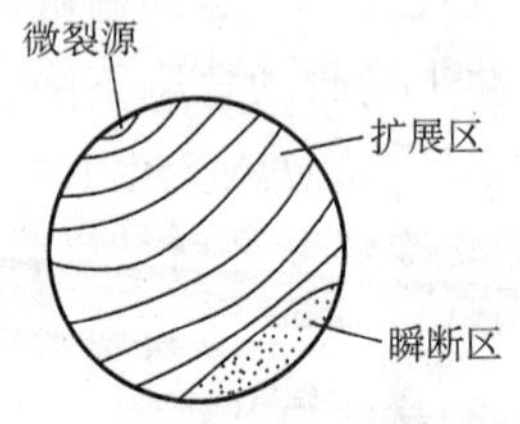

图 1－10　疲劳断口示意图

1.4.2　疲劳强度测定

材料抵抗疲劳破坏能力的性能指标称疲劳极限或疲劳强度，材料的疲劳强度的测定通常是在旋转弯曲疲劳试验机上进行。如图 1－11 所示。试验时，将试样夹持在旋转的转筒内，悬挂在框架下的砝码，使旋转的试样承受对称循环应力，直至试样断裂。循环次数由试验机上的计数器显示。

利用一组试样分别在不同的循环应力下进行试验，就可测得循环应力 σ 与断裂时的循环次数的关系曲线，称疲劳曲线，如图 1-12 所示。

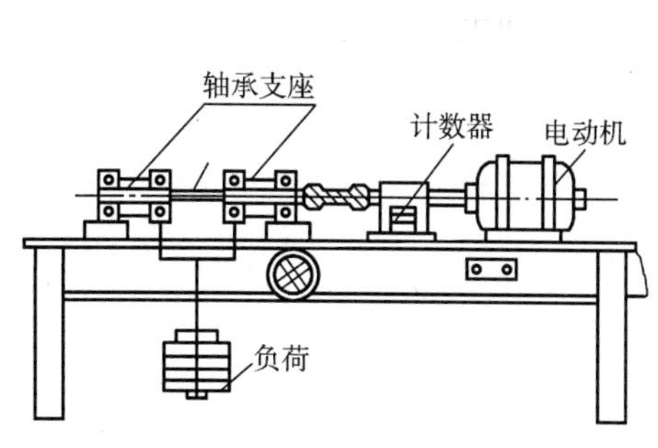

图 1-11　疲劳试验机

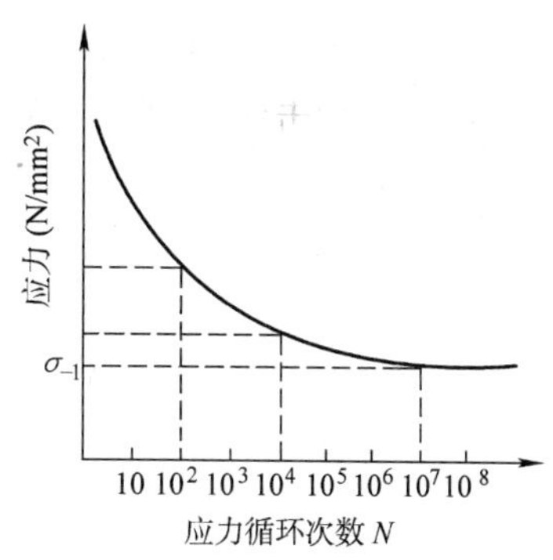

图 1-12　疲劳曲线

从曲线图可知，试验应力越低，则断裂前的循环次数越多。当应力降低到某一数值后，曲线与横坐标轴平行，这表示当应力低于此值时，材料可经无限次循环仍不会断裂。该应力值即为材料的疲劳强度，当循环应力对称时，疲劳强度用符号 σ_{-1} 表示。一般地，碳钢 $\sigma_{-1}\approx(0.4\sim0.5)\sigma_b$，灰铸铁 $\sigma_{-1}\approx0.4\sigma_b$，非铁金属 $\sigma_{-1}\approx(0.3\sim0.4)\sigma_b$。实际试验时不可能进行无限次循环，因此，根据不同的材料，对循环次数 N 做出了相应规定。钢铁材料 $N=10^7$ 次，而非铁金属 $N=10^8$ 次。

从产生疲劳破坏的原因可知，减少或防止疲劳源的产生，减缓裂纹的扩展速度，能提高材料的疲劳强度。在实际生产中常采用以下几种方法：

(1)避免或减少材料在冶炼和加工过程中所造成的裂纹、夹杂、疏松、气孔、表面刀痕和碰伤等缺陷。

(2)零件结构设计时，尽可能避免出现尖角、沟槽、圆角过小和截面突变等，以减少应力集中。

(3)对零件表面采用喷丸、冷滚压、表面淬火和渗、镀处理等工艺，以强化零件表面。

思考题与习题

1-1　塑性和强度都是金属材料的力学性能指标，金属材料的塑性对零件制造有什么特殊意义？金属材料的强度对零件使用有什么特殊意义？

1-2　塑性指标 δ 和 Ψ 哪个更能准确的反映材料的塑性？为什么？它们有何实用意义？

1-3　什么是硬度？为什么硬度试验在力学性能试验中应用最广泛？试比较布氏硬度和洛氏硬度试验方法的特点和应用。

1-4　下列硬度标方法是正确？如有错误，请改正。

(1)HBS200～230　　(2)530～560HBS　　(3)350～370HRC

(4)HRC45～48　　(5)HV90N/mm²

1-5　选择下列材料的硬度测试方法：

(1)低碳钢板　(2)手用钢锯条　(3)硬质合金刀片　(4)铝板

(5)灰铸铁件

1-6 为何材料韧性的力学性能指标设两种？有哪些因素会影响零件的韧性？

1-7 金属材料产生疲劳现象的原因是什么？有哪些措施可提高其疲劳极限？

1-8 有一坚固螺栓使用后发现有塑性变形(伸长)，试分析材料的哪些性能指标达不到要求。

第 2 章　金属的晶体结构与结晶

常见的固态金属一般都是晶体，金属由液态转变为固态的过程称为结晶。晶体的主要特点就是它们的内部原子呈一定几何形状的有规律排列，其排列方式称为晶体结构。金属的力学性能主要由其化学成分和晶体结构所决定。在实际生产中，改变某种金属材料的力学性能，一般采用热处理或其他加工工艺来改变它的晶体结构以达到其目的。

本章主要介绍金属的结晶规律以及结晶后金属晶体的内部结构情况。

2.1　金属的结晶

2.1.1　纯金属的结晶

1. 冷却曲线与过冷现象

纯金属自液态缓慢冷却至室温的过程中，温度、状态随时间的变化情况，常可通过热分析法测定，并可将所测得的数据在温度—时间坐标上绘出一条曲线，即纯金属的冷却曲线，如图 2－1 所示。利用该曲线可了解纯金属的结晶规律。

由图可见，液态纯金属缓慢冷却时，随着热量不断向外界散失，温度逐渐下降。当温度降到理论结晶温度 T_0（熔点）时，液态纯金属并没有开始结晶，而是需要下降到 T_0 之下某一温度 T_1，才开始结晶。这种现象称为过冷现象。金属的理论结晶温度 T_0 与实际结晶温度 T_1 之差，称为过冷度，以 ΔT 表示，$\Delta T = T_0 - T_1$。过冷度与冷却速度、金属的性质和纯度有关。冷却速度越快，过冷度越大。实际上，金属都是在过冷情况下结晶的，过冷是金属结晶的必要条件。

当液态纯金属的温度达到实际结晶温度 T_1 时，由于结晶潜热的释放，补偿了散失到周围环境的热量，所以在冷却曲线上出现了平台，平台延续的时间就是结晶过程所用的时间，结晶过程结束，结晶潜热释放完毕，冷却曲线便又继续下降。结晶后金属的温度最终与环境温度相同。

2. 纯金属的结晶过程

纯金属的结晶是在冷却曲线上平台阶段开始进行并完成的，它是一个不断形成晶核和晶核不断长大的过程，如图 2－2 所示。

液态纯金属冷却到实际结晶温度时，并不立即结晶，而要停留一段时间，这段时间称为孕育期，如图 2－2(a)所示。然后从过冷液态中形成第一批微小晶体，称为晶核。晶核的形成有两种方式，即自发形核和非自发形核。纯金属在液态下其内部原子排列从整体来看是不规则的，但在局部会存在一些有规则排列的小原子集团。它们是不稳定的，当温度过冷到实际结晶温度并停留一段时间后，这些小原子集团就会稳定下来，即形成晶核。

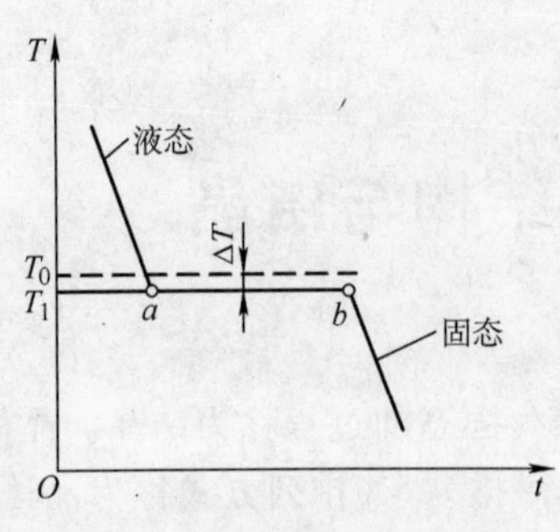

图 2-1　纯金属的冷却曲线

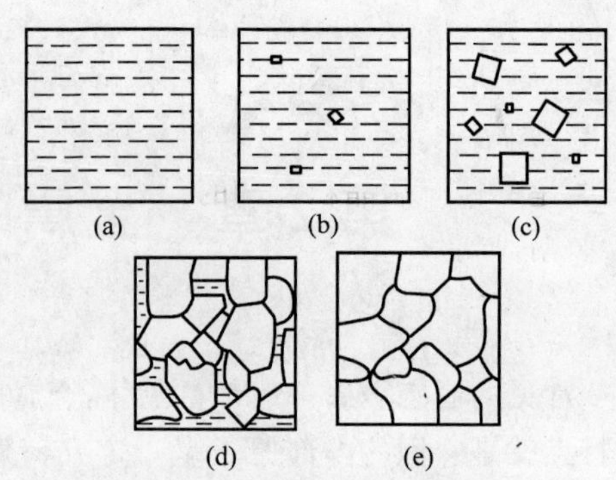

图 2-2　纯金属结晶过程示意图

这种方式形核称为自发形核。液态纯金属的原子在过冷条件下依附在难熔杂质或外加细小物质的表面而形成的晶核，称为非自发形核，如图 2-2(b)所示。晶核形成之后，会吸附其周围液态中的原子而不断长大，与此同时又有新的晶核形成并不断长大，如图 2-2(c)、(d)所示，直至位向不同的各晶体相互接触，液态金属全部消失。

由于不同方位形成的小晶体与其周围的晶体相互接触，小晶体的外形几乎都呈不规则的颗粒状。每个颗粒状的小晶体称为晶粒；各晶粒之间的交界称晶界。一般纯金属就是由许多晶粒所组成的多晶体。

3. 金属结晶后的晶粒大小

金属结晶后的晶粒大小对其力学性能影响很大。在室温下工作的金属件，晶粒越细，其强度、硬度越高，塑性和韧性越好。晶粒大小对纯铁力学性能的影响见表 2-1。

表 2-1　晶粒大小对纯铁力学性能的影响

晶粒平均直径/mm	σ_b/MPa	σ_s/MPa	δ/%
7.0	184	34	30.6
2.5	216	45	39.5
0.2	268	58	48.8
1.6	270	66	50.7

晶粒大小主要取决于形核速率 N（简称形核率）和长大速率 G(简称长大率)。形核率是指单位时间内在单位体积中形成的晶核数。长大率是指单位时间内晶核长大的线速度。为了细化晶粒，提高金属的力学性能，在实际生产中，常采用增大过冷度、变质处理和附加振动等方法。

1)增大过冷度

金属结晶时，随着过冷度的增大，晶核的形成速率增大，也能使晶核的长大速率增大。但是，当过冷度较大时，形核率 N 增大速度大于长大率 G，如图 2-3所示。因此，增大过冷度，可获得细小的晶粒。当过冷度很大时，曲线转入虚线部分，形核率 N 和长大率 G 急剧下降，在生产中一般很难达到如此大的过冷度。

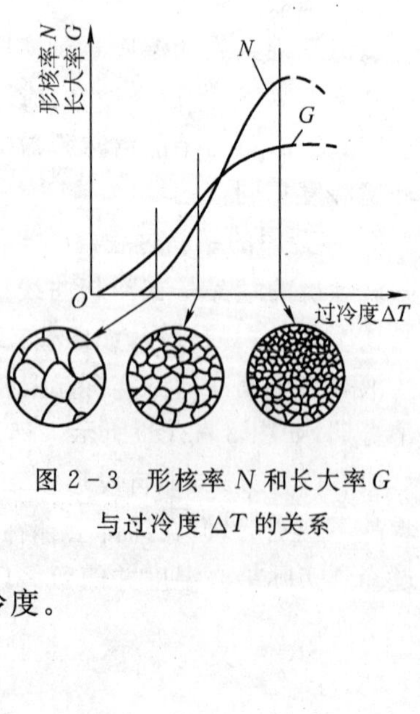

图 2-3　形核率 N 和长大率 G 与过冷度 ΔT 的关系

2)变质处理

变质处理是指在浇注前在液体金属中加入变质剂，以达到细化晶粒目的的方法。变质剂有两类，一类是用来增加非自发晶核数目，加入一些高熔点金属及其氧化物的微粒；另一类是起到抑制晶粒长大的作用。

3)附加振动

液态金属结晶时，采用机械振动、超声波振动或电磁振动等方法，一可使正在生长的晶体被破碎，从而增加了更多的晶核，二是振动提供了能量，促使自发晶核形成，因而也提高了形核率，细化了晶粒。

用细化晶粒强化金属的方法称为细晶强化，它是强化金属材料的基本途径。

2.1.2 合金的结晶

纯金属由于其力学性能差、冶炼成本高，所以，作为机械工程材料用量很少，而大量使用的是合金。合金是指由两种或更多种化学元素(其中至少有一种是金属元素)所组成的具有金属特性的物质。合金也是通过冶炼制成的，但由于合金是多种元素所组成，所以其结晶过程比纯金属的复杂得多。

1. 合金的结晶特点

合金与纯金属的结晶规律是基本相同的，它们的结晶都是在过冷条件下进行的，结晶过程也都是一个不断形成晶核和晶核不断长大的过程，但纯金属结晶后得到的是一种单一元素的小晶体(晶粒)，而合金结晶后得到的则是含有两种或多种元素的小晶体(晶粒)，而且还可能是几种不同成分的小晶体。这些不同的小晶体通常用符号 α、β、δ 等表示。这些不同的晶体，在金属学上分别称为 α 相、β 相、δ 相。液体称为液相。

2. 合金的冷却曲线

合金的冷却曲线也可通过热分析法测定并绘制。曲线的形状一般有三种，如图 2-4 所示。

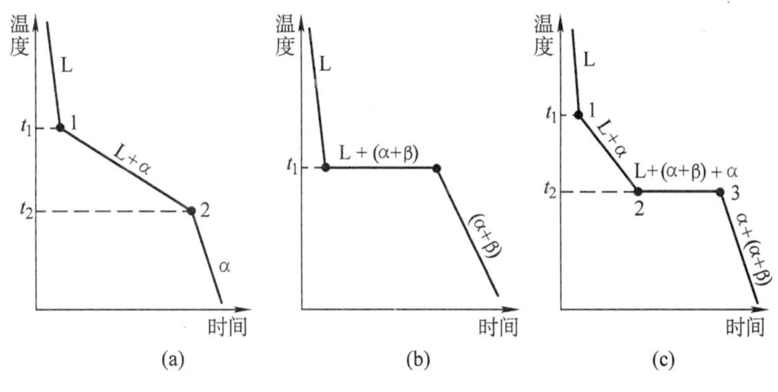

图 2-4 合金的冷却曲线

冷却曲线图 2-4(a)说明液态合金的结晶是在某温度范围内进行的，即从温度 t_1 时开始结晶出 α 相，至温度 t_2 结晶结束。室温时全部是 α 相。冷却曲线图 2-4(b)表示该液态合金结晶是在恒温下进行的，这点与纯金属的冷却曲线相同。不同的是在此温度下，同时结晶了 α 和 β 两相，称为共晶转变。冷却到室温时合金为 α 和 β 两相组成。冷却曲线图 2-4(c)是以上两种形式的混合，液态合金在 t_1～t_2 温度范围内结晶出 α 相，剩余液体在恒温 t_2 时，发生共晶转变，同时结晶出 α 和 β 两相。冷却至室温时该合金的相组成

是 α+(α+β)。

3. 二元合金相图

二元合金相图是表达合金的成分、温度和相变化三者之间关系的图形。它是在极缓慢冷却的条件下制定的，图中每点的相变化都是可逆的，所以又称为平衡状态图。实际上，二元合金相图是由合金的一系列冷却曲线建立而成的，这也是合金冷却曲线最重要的应用。

例如，Cu－Ni 二元合金相图的建立过程如下：

(1)配制一系列不同成分的 Cu－Ni 合金，用热分析法分别测定，绘制出各成分合金的冷却曲线，如图 2－5(a)所示。

(2)将各个合金冷却曲线上的相变点标注在温度—成分坐标图中。把开始结晶的各相变点(*A*、1、2、3、4、*B*)连成光滑曲线，称为液相线；把结晶终了的各相变点(*A*、1′、2′、3′、4′、*B*)连成光滑曲线，称为固相线，即绘成了 Cu－Ni 二元合金相图，如图 2－5(b)所示。

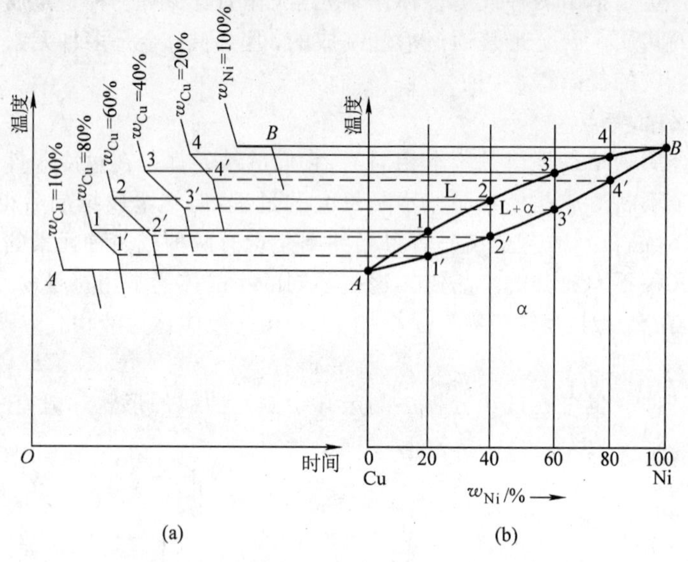

图 2－5　Cu－Ni 二元合金相图的建立

(a)Cu－Ni 合金冷却曲线；(b)Cu－Ni 合金相图。

二元合金相图最基本的类型有三种。Cu－Ni 二元合金相图的图形属于匀晶相图，另外还有共晶相图(图 2－6)和包晶相图(图 2－7)。也有些合金相图是由几种基本类型相图组合而成的。

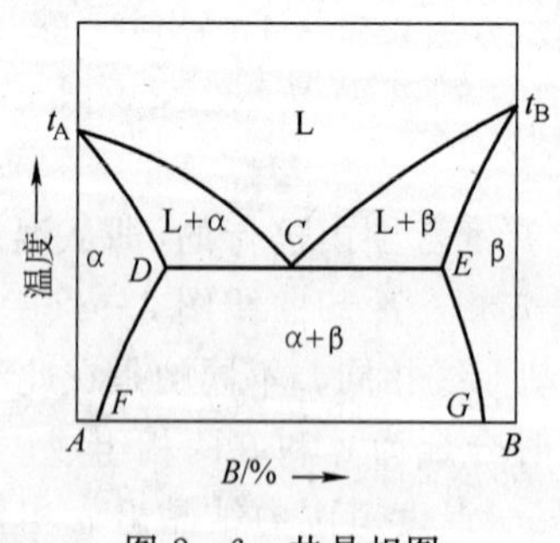

图 2－6　共晶相图

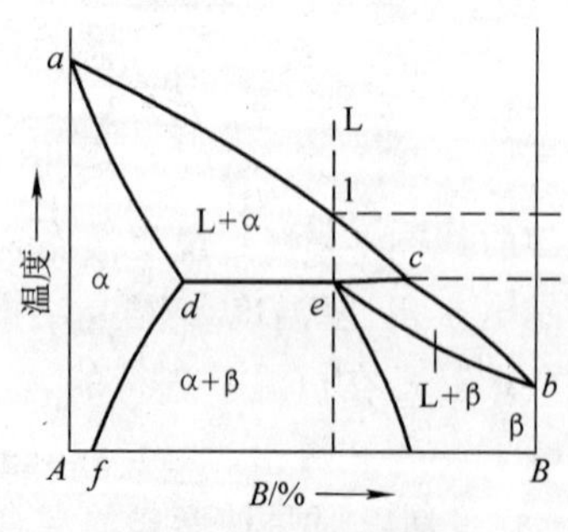

图 2－7　包晶相图

2.2 纯金属的晶体结构

2.2.1 晶体结构的基本知识

1. 晶体与非晶体

在我们周围，除了少数固体物质（如松香、沥青、玻璃、木材等）属于非晶体外，大多数固态物质都是晶体（如冰、食盐、螺丝钉等）。常见的固态金属一般都是晶体。

研究表明，晶体与非晶体的区别不在外形，主要在于内部的原子排列情况。在晶体中，原子按一定的规律周期性地重复排列着，而非晶体内部的原子则是散乱分布的，最多有些局部的短程规则排列。

由于晶体与非晶体内部原子的排列不同，这就造成两者在性能上区别的一些重要特点。首先，晶体具有一定的熔点，在熔点以上，晶体变为液体，处于非结晶状态。在熔点以下，液体又变为晶体。从晶体到液体或从液体到晶体的转变是突变的。而非晶体则不然，它从固体至液体或从液体到固体的转变是逐渐过渡的，没有确定的熔点。其次，晶体在不同的方向上，其性能（如导电性、导热性、塑性和强度等）表现出或大或小的差异，称为各向异性。而非晶体在不同方向上的性能则是一样的，不因方向而异，称为各向同性。

2. 晶格与晶胞

为了描述晶体内部原子排列的规律，把原子假想成为固定不动的刚性小球，晶体则是由这些刚性小球堆积而成，图 2－8(a)所示的就是这种原子堆积模型。这种模型的优点是立体感强、很直观，但难看清内部排列的规律和特点，不便于研究。因此，再将这些刚性小球抽象为纯粹的几何点，并用假想的线条将这些点连接起来，构成一个三维的空间格架。这种用以描述晶体中原子（或离子、分子）排列的空间格架称为晶格，如图 2－8(b)所示。

由于晶格中原子排列具有周期性的特点，所以，为了简便起见，从晶格中选取一个能够完全反映晶格特征的最小的几何单元来分析晶体中原子排列的规律，这个最小的几何单元称为晶胞，如图 2－8(c)所示。

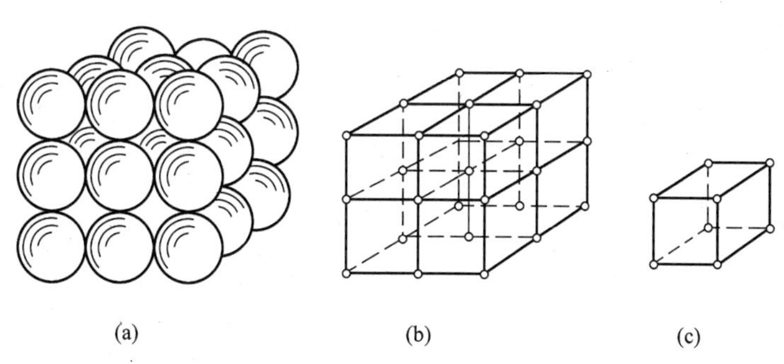

图 2－8 晶体中原子的排列与晶格示意图

(a)晶体；(b)晶格；(c)晶胞。

2.2.2 典型的金属晶体结构

在目前所使用的金属元素中，除了少数具有复杂的晶体结构外，绝大多数都具有简单的晶体结构，其中最典型、最常见的有以下三种。

1. 体心立方晶格

体心立方晶格的晶胞模型如图 2-9 所示。该晶胞是一个立方体，在立方体的中心有一个原子，八个顶角各排列着一个原子，因每个顶角上的原子同属于周围八个晶胞所共有，故晶胞中实际原子数为 1/8×8+1=2(个)。属于这类晶格的金属有 α-Fe、Cr、W、Mo、V 等，这类金属的塑性较好。

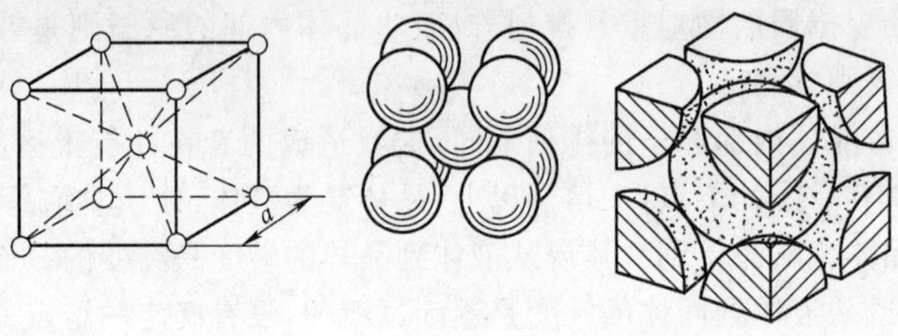

图 2-9 体心立方晶胞示意图

2. 面心立方晶格

面心立方晶格的晶胞模型如图 2-10 所示。该晶胞也是一个立方体，在立方体的八个顶角和六个面的中心各有一个原子。因每个面中心的原子同属于两个晶胞所共有，故每个面心立方晶胞的原子数为 1/8×8+1/2×6=4(个)。属于这类晶格的金属有 Al、Cu、Ni、Au、Ag、γ-Fe 等。这类金属的塑性优于具有体心立方晶格的金属。

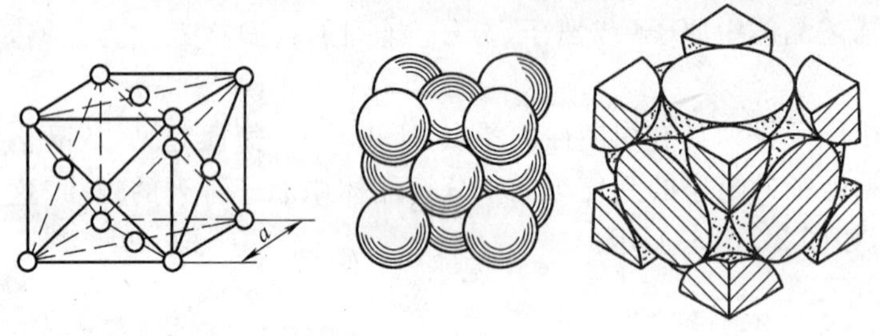

图 2-10 面心立方晶胞示意图

3. 密排六方晶格

密排六方晶格的晶胞模型如图 2-11 所示。该晶胞是一个六棱柱体，六棱柱体的各个角上和上下底面中心各排列着一个原子，在顶面与底面之间还有三个原子，其晶胞的实际原子数为 1/6×12+1/2×2+3=6(个)。属于这类晶格的金属有 Mg、Zn、Be 等，这类金属通常脆性较大。

2.2.3 纯金属的实际晶体结构

以上讨论的金属晶体是晶格位向(即原子排列的方向)完全一致，且内部所有的原子都按一定规律周期性地重复排列，称之为单晶体，如图 2-12(a)所示。这种理想状态在

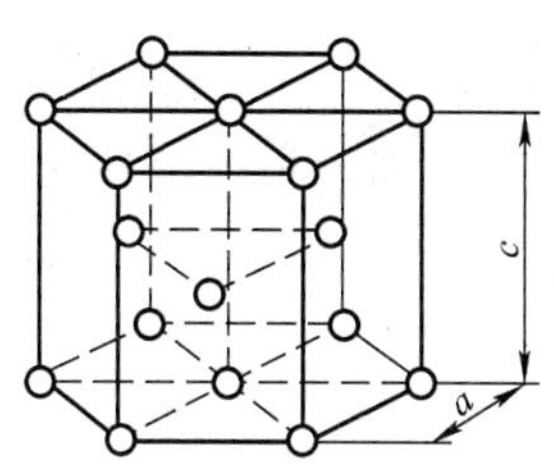

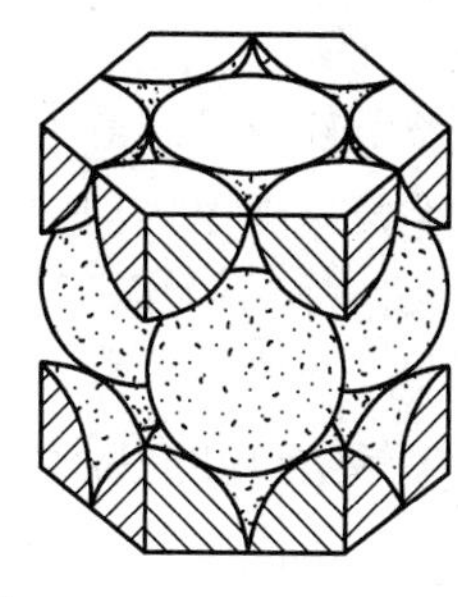

图 2-11　密排六方晶胞示意图

实际生产中很难达到，只有用特殊的方法才能获得单晶体，所以纯金属的实际晶体结构一般都是多晶体，如图 2-12(b)所示，并存在许多晶体缺陷。

1. 多晶体

如前所述，金属结晶后会形成许多外形不规则的小晶体，称之为晶粒，多晶体就是由许多晶粒组成的晶体，如图 2-12(b)所示。每个晶粒内的晶格位向基本一致，但各个晶粒彼此间的位向却不同(相差 30°～40°)。如图 2-13 所示。因此各晶粒的各向异性现象就可以相互抵消或补充，所以，实际金属呈现各向同性现象。

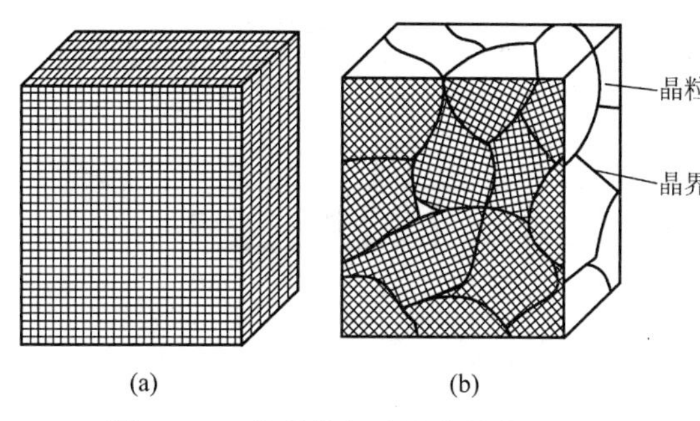

图 2-12　单晶体与多晶体结构示意图

(a)单晶体；(b)多晶体

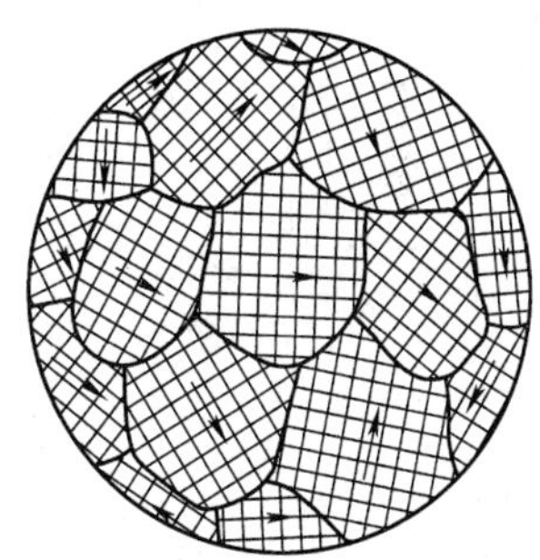

图 2-13　晶粒位向示意图

晶粒的大小与金属的结晶及其加工方法有关，钢铁材料的晶粒尺寸一般在 10^{-1} mm～10^{-5} mm 范围内，只有在显微镜下才能观察到晶粒的形态、大小和分布等情况。图 2-14 所示的是在显微镜下观察到的纯铁的晶粒和晶界的照片。

晶粒内的晶格位向是基本一致而不是完全一致，是因为实际上在晶粒内各区域间位向还有微小的差别。一般小于 2°，在晶粒内形成微小位向差的各区域称为亚晶粒，如图 2-15 所示。亚晶粒的尺寸约在 10^{-1} mm～10^{-5} mm 之间。亚晶粒之间的交界称为亚晶界。

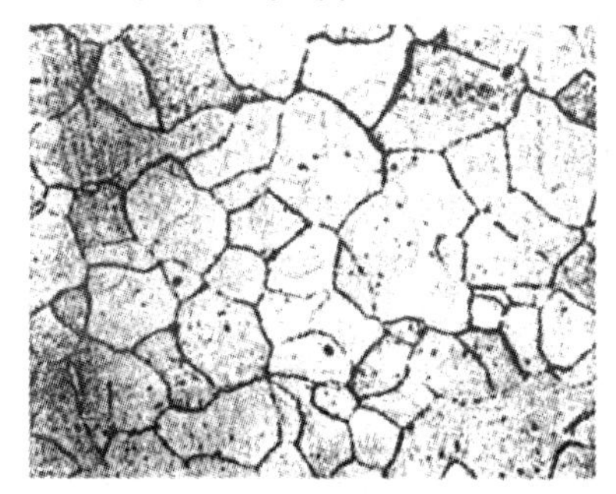

图 2-14　纯铁的显微组织

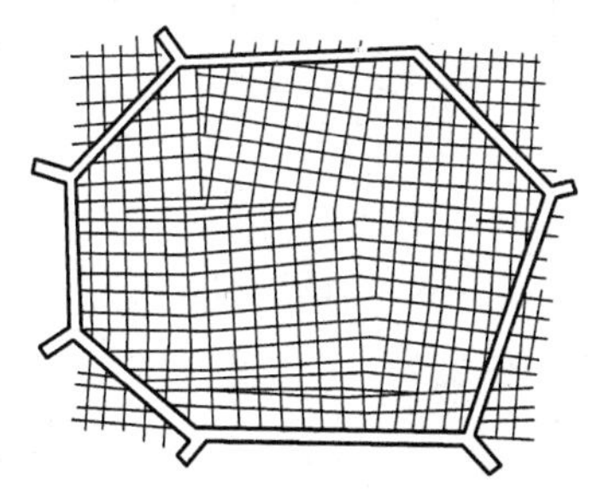

图 2-15　亚晶粒示意图

2. 晶体缺陷

由于结晶条件或加工等方面的影响，在纯金属的实际晶体结构中，总是不可避免地存在着一些原子偏离规律排列的不完整性区域，这就是晶体缺陷。根据晶体缺陷的几何形态特征，可以将它们分为以下三类。

1）点缺陷

点缺陷包括空位和间隙原子两种，其特征是三个方向上的尺寸都很小，相当于原子的尺寸。空位是晶格内应被原子占据的结点而未被原子占据，如图 2-16(a)所示。有的原子占据了原子之间的空隙，就形成了间隙原子，如图 2-16(b)所示。

2）线缺陷

线缺陷的特征是在两个方向上的尺寸很小，另一个方向上的尺寸相对很大。属于这一类的主要是位错。图 2-17 所示晶体的 *ABCD* 面以上，在垂直方向多出了一个原子面 *EFGH*，即晶体的上下两部分发生了有规律的错排现象。多余的原子面像刀刃插入晶体，刃口处的原子列称为刃型位错。刃型位错是位错中的一种。

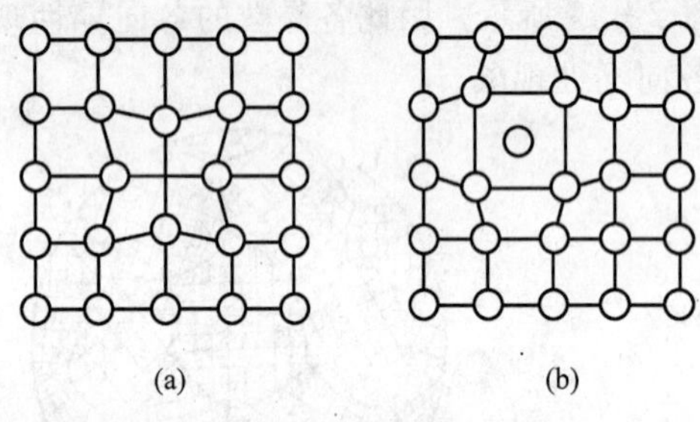

图 2-16 点缺陷

(a)空位；(b)间隙原子。

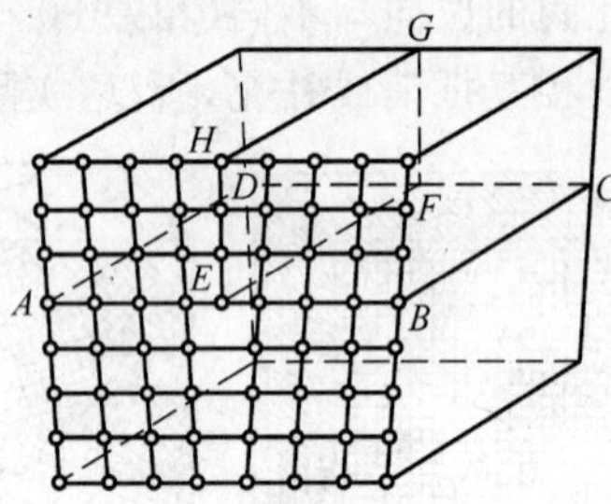

图 2-17 刃型位错示意图

3）面缺陷

面缺陷的特征是在一个方向上的尺寸很小，另外两个方向上的尺寸相对很大，晶界和亚晶界是面缺陷的两种主要形式。晶界和亚晶界是晶粒间或亚晶粒间的交界，都是晶体内不同区域的晶格位向过渡而引起的原子排列偏离理想状态的一种缺陷。各种晶界的位错密度高，且存在较多的空位和间隙原子等。

综上所述，纯金属的晶体结构不仅是多晶体的，而且还存在许多晶体缺陷。尽管从晶体的整体性来看，这些表现出不完整性的缺陷是局部的、少量的，但对金属的性能却有重大的影响。例如，由于晶体缺陷引起晶格畸变，这可提高常温下金属材料的强度和硬度，同时，晶体缺陷也能对金属的塑性变形、热处理等产生重要影响。

2.3 合金的晶体结构

纯金属的晶体结构比较单纯，因为它只有一种元素。而合金是由两种或更多的元素所组成的，因此，合金的晶体结构是比较复杂的。

2.3.1 基本概念

组成合金的最基本、独立的单元称为组元。它可以是元素，也可以是稳定化合物。由两个组元组成的合金称为二元合金，由三个组元组成的合金称为三元合金，依次类推。例如，铜镍合金是二元合金，铜和镍就是它们的组元。

合金中按组元成分比例不同，可配制一系列的合金，所形成的该合金系统称为合金系。

合金中化学成分、晶体结构、物理性能及化学性能均相同，并以界面相互分开的组成部分称为相。例如，纯金属和合金在液态时称液相，在固态时称固相，而在熔点时，则液相与固相共存。有些合金由一种固相组成，称为单相合金；由几种不同的固相所组成的合金，称为多相合金。

相的数量、形态、大小及其分布状态称为组织。可通过金相显微镜进行观察，所以也可称为显微组织。例如，前述的纯铁的显微组织。纯金属在室温时只有一种相，它是单相组织。合金也可能是单相组织，但大多数合金都是多相组织。

2.3.2 合金的相

组织是决定材料性能的一个极为重要的因素。在相同条件下，不同的组织使材料表现出不同的性能。而相是组成组织的基本组成部分。因此，了解相有助于弄清合金的晶体结构及其性能表现的原因。

根据相的晶体结构特点可以将其分为固溶体和金属化合物两大类。

1. 固溶体

固态合金中一种组元溶入另一种组元中而形成的固相称为固溶体。在固溶体中含量较多的，并能保持晶格不变的组元称为溶剂。含量较少，原晶格消失的另一种组元称为溶质。

1）固溶体的类型

根据溶质原子在溶剂晶格中所占位置，固溶体分为置换固溶体和间隙固溶体两种。

(1)置换固溶体。当溶质原子代替溶剂原子占据溶剂晶格的结点位置时，形成置换固溶体，如图 2-18(a)所示。置换固溶体中溶质与溶剂元素的原子半径相差越小，则溶解度越大。若溶剂元素与溶质元素在元素周期表中的位置靠近，且晶格类型相同，通常可以按任意比例配制，都能相互溶解，形成无限固溶体。例如，铜镍合金中，铜原子和镍原子可按任意比例相互溶解，形成无限固溶体。

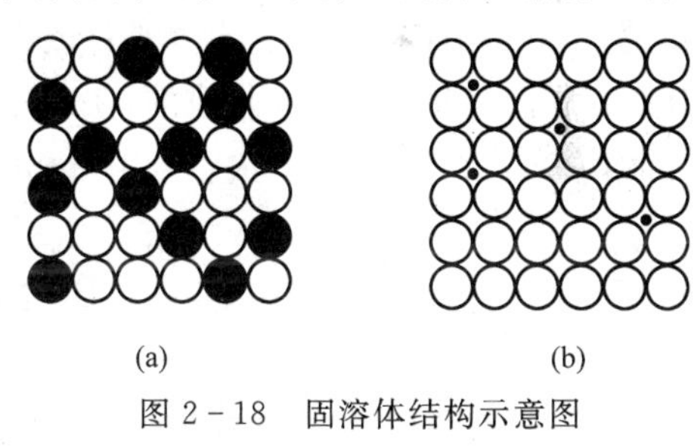

(a) (b)

图 2-18 固溶体结构示意图

(a)置换固溶体；(b)间隙固溶体。

○—溶剂原子；●—溶质原子；•—溶质原子。

(2)间隙固溶体。当溶质原子在溶剂晶格中不占据结点位置，而是嵌于结点之间的空隙时，形成间隙固溶体，如图 2-19(b)所示。间隙固溶体的溶质都是些原子半径很小的非金属元素，如碳、硼、氢等。由于溶剂晶格本身的间隙有限，所以间隙固溶体只能是有限固溶体。

2）固溶体的性能

溶质原子溶入溶剂晶格，会引起晶格畸变，如图 2-19 所示。一般来说，固溶体的强度和硬度总是比组成它的纯金属的平均值高。这种现象称为固溶强化。晶格畸变越大，强化效果则越好。在塑性和韧性方面，固溶体要比组成它的两个纯金属的平均值低，但比一般化合物要高得多。因此，综合起来看，固溶体比纯金属和化合物具有较好的综合力学性能，各种金属材料也总是以固溶体为其基体相。

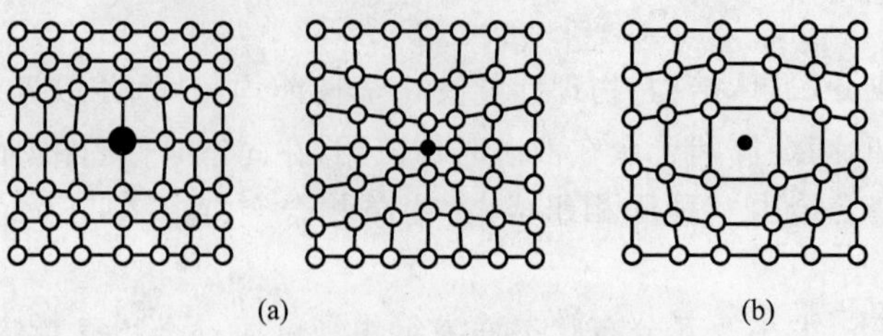

图 2-19 固溶体中晶格畸变示意图

(a)置换固溶体；(b)间隙固溶体。

●—溶质原子；○—溶剂原子。

2. 金属化合物

合金之间发生相互作用而生成的一种新相称为金属化合物。一般可用分子式表示，其晶格类型和性能完全不同于组成它的任一组元。金属化合物常具有较复杂的晶格结构，例如，铁碳合金中的渗碳体(Fe_3C)，其晶格与铁的体心立方晶格和碳的六方晶格均不相同，具有复杂的斜方晶格，如图 2-20 所示。

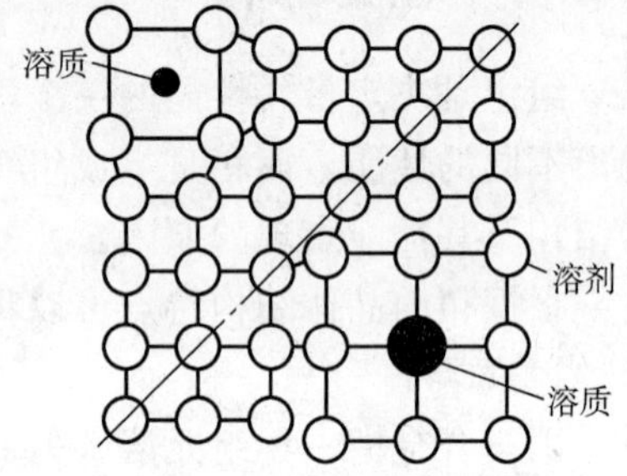

图 2-20 Fe_3C 的晶格结构示意图

金属化合物的性能特点是熔点高、硬而脆。实际上，很少使用单相金属化合物的合金，但当金属化合物呈细小颗粒均匀分布在固溶体基体上时，将显著提高合金的强度、硬度和耐磨性。所以，金属化合物主要用来作为许多合金的重要强化相。

纯金属、固溶体和金属化合物是组成合金的基本相。大部分合金的结构是金属化合物相分布在固溶体相基体上而形成的，在这种混合晶体结构中，各相仍然保持各自的晶格结构和性能，因此，合金的性能取决于各组成相的性能以及数量、形状、大小和分布状况等。

思考题与习题

2-1 什么叫理论结晶温度？什么叫过冷度？过冷度对结晶过程和晶粒的大小有何影响？

2-2 纯金属的结晶过程是怎样进行的？为何一般纯金属结晶后会形成很多晶粒？

2-3 合金的结晶产物与纯金属的结晶产物有何异同点？

2-4 试比较合金与纯金属的冷却曲线。

2-5 解释下列名词：晶格、晶胞、单晶体、多晶体、晶粒、晶界、亚晶粒、亚晶界、合金。

2-6 实际金属晶体中存在哪几种缺陷？这些缺陷对金属性能有何影响？

2-7 举例说明什么是相，什么是组织？

2-8 什么叫固溶强化？它对金属的性能有何重大影响？

2-9 合金的结构和纯金属的结构有什么不同？合金的力学性能为什么多优于纯金属？

第3章 铁碳合金

机械工程材料中应用最广泛的钢铁材料属于铁碳合金，其中，碳钢与铸铁是以铁和碳两种元素为主所组成的铁碳合金，而合金钢和合金铸铁也是以铁碳合金为主再加入其他合金元素所组成的。因此，研究和选用钢铁材料必须从认识铁碳合金开始。

3.1 基本概念

3.1.1 纯铁的同素异晶转变

大多数金属结晶后，其晶格类型不再发生变化。但有些金属如铁、钴、钛、锰和锡等，在固态下，随温度的变化，其晶格类型会发生转变。这种同一金属元素在固态下发生的晶格类型转变称为同素异晶转变。

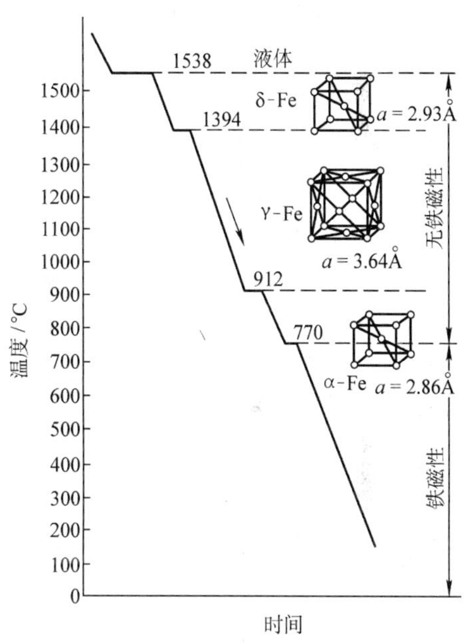

图 3-1 纯铁的冷却曲线

如图 3-1 所示，从纯铁的冷却曲线可看到其同素异晶转变现象。纯铁从液态冷却至1538℃时，结晶形成具有体心立方晶格，称为δ-Fe。当冷却到1394℃时，恒温转变为面心立方晶格，即发生了同素异晶转变。具有面心立方晶格的纯铁称为γ-Fe。继续冷却到912℃时，再次发生同素异晶转变，由面心立方晶格以恒温转变为体心立方晶格。为区别起见，低温下具有体心立方晶格的纯铁称为α-Fe，一直保持到室温。770℃是磁性转变点，称为居里点，在770℃以上纯铁无磁性，而在770℃以下有磁性。

纯金属的同素异晶转变，是在固态下的重新结晶。它基本上按液体结晶规律进行。结晶时，过冷度是必要条件，也有晶核形成和晶核长大的过程，转变也是在恒温下进行的。重新结晶时，因晶格发生了变化，将导致体积的变化。

正因为纯铁有同素异晶转变的特性，才使钢铁通过热处理来改变组织性能成为可能，这是热处理工艺的理论依据，也是钢铁材料性能多样化、用途广泛的原因之一。

3.1.2 铁碳合金的基本相

铁碳合金中的碳既可溶解在铁中形成间隙固溶体，又能与铁作用形成金属化合物。

铁碳合金重要的基本相有奥氏体、铁素体和渗碳体三种。

1. 奥氏体

碳溶于 $\gamma-Fe$ 中形成的间隙固溶体，称为奥氏体，用符号 A 表示。它仍保持 $\gamma-Fe$ 的面心立方晶格。奥氏体晶粒在显微镜下显示出边界比较平直的多边形特征，如图 3-2 所示。奥氏体一般只在 727℃以上高温存在。

奥氏体中碳的溶解度较大，在 1148℃时溶碳量为最高，$w_C=2.11\%$。随着温度的降低，溶解度减小，到 727℃时溶碳量为最低，$w_C=0.77\%$。

奥氏体具有一定的强度和硬度，塑性和韧性好（$\sigma_b=400$MPa、160HBS～220HBS、$\delta=40\%\sim50\%$）特别适宜压力加工，所以，生产中常将钢材加热到奥氏体状态进行锻压。

2. 铁素体

铁素体是碳熔于 $\alpha-Fe$ 中形成的间隙固溶体，用符号 F 表示。它仍保持 $\alpha-Fe$ 的体心立方晶格。铁素体晶粒在显微镜下呈现均匀明亮、边界平缓的多边形特征，如图 3-3 所示。

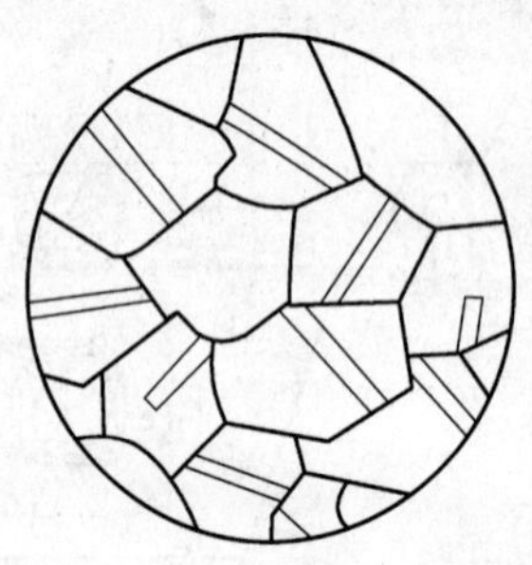

图 3-2　奥氏体组织示意图

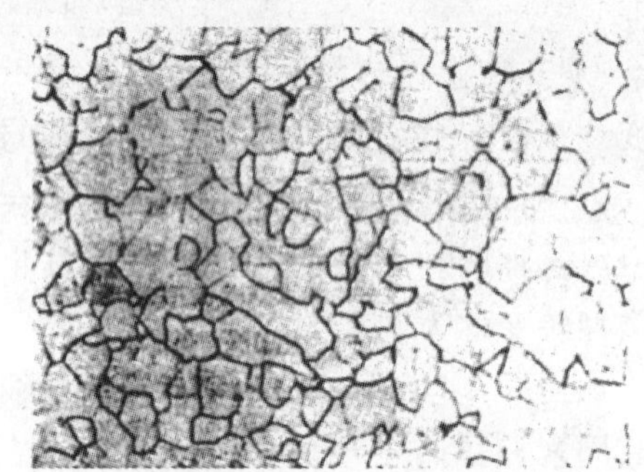

图 3-3　铁素体组织

铁素体中碳的溶解度很小，在 727℃时溶碳量为最高，$w_C=0.0218\%$。随着温度的降低，溶解度减小，室温时约为 0.0008%。

由于铁素体的含碳量很小，所以它的性能和纯铁相似，即强度和硬度低，而塑性和韧性好（$\sigma_b=180$MPa～280MPa、50HBS～80HBS、$\delta=30\%\sim50\%$）。

3. 渗碳体

渗碳体是铁与碳形成的一种具有复杂晶格的金属化合物，用分子式 Fe_3C 表示，其含碳量为 $w_C=6.69\%$。渗碳体的硬度很高（约 800HBW），但强度很低（$\sigma_b\approx30$MPa），塑性几乎为零，所以脆性很大。渗碳体的形态、数量及分布状态对铁碳合金的性能有很大的影响。

为了研究和分析的方便，通常把从液体直接结晶出的渗碳体称为一次渗碳体，以 Fe_3C_{I} 表示。从奥氏体析出的渗碳体称为二次渗碳体，以 Fe_3C_{II} 表示。从铁素体析出的渗碳体，以 Fe_3C_{III} 表示。共晶及共析渗碳体仍以 Fe_3C 表示。

3.1.3　铁碳合金的机械混合物

1. 珠光体

含碳量为 $w_C=0.77\%$的奥氏体在 727℃时同时析出铁素体和渗碳体两相组成的机

械混合物，称为珠光体，用符号 P 表示。其形态一般是层片状的，显微组织如图 3-4 所示。珠光体的力学性能介于铁素体和渗碳体之间，强度和硬度较高，具有一定的塑性和韧性。

2. 莱氏体

含碳量为 $w_C=4.3\%$ 的液相在 1148℃时，同时结晶出奥氏体和渗碳体的混合物，称为高温莱氏体，用符号 Ld 表示。高温莱氏体缓慢冷却至 727℃时，其中的奥氏体将转变为珠光体，组成了珠光体与渗碳体的机械混合物，称为低温莱氏体，以符号 L′d 表示。莱氏体性能硬而脆，低温莱氏体显微组织如图 3-5 所示。

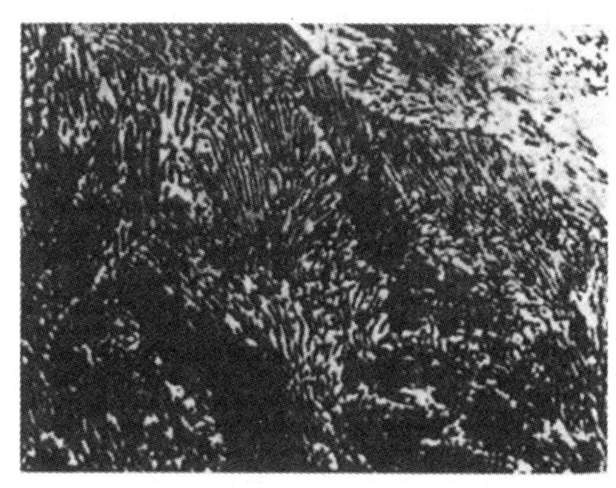

图 3-4　珠光体组织

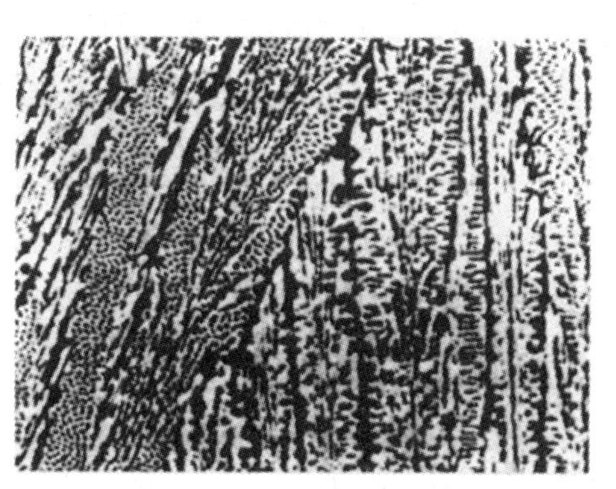

图 3-5　低温莱氏体组织

3.2　铁碳合金相图

铁碳合金相图是研究和了解铁碳合金的重要工具。由于实际所用的铁碳合金含碳量一般都在 $w_C=5\%$ 以下，含碳量超过 6.69% 的铁碳合金太脆，已无使用价值，所以通常所说的铁碳合金相图，实际上是指 $Fe-Fe_3C$ 相图。它是在极缓慢的冷却条件下测定的，故也称为平衡状态图，如图 3-6 所示。

一般为了研究和分析的方便，把该图左上角实用意义不大的包晶区予以省略。简化后的 $Fe-Fe_3C$ 相图如图 3-7 所示。

3.2.1　$Fe-Fe_3C$ 相图分析

1. 特性点

简化后的 $Fe-Fe_3C$ 相图中各特性点的温度、成分及其含义见表 3-1。

2. 特性线

(1) *ACD* 线为液相线，是铁碳合金缓慢冷却开始结晶或是缓慢加热完全熔化的温度线。在该线以上是液相区。在 *AC* 线以下将从液相中结晶出奥氏体，在 *CD* 线以下从液体中结晶出渗碳体。

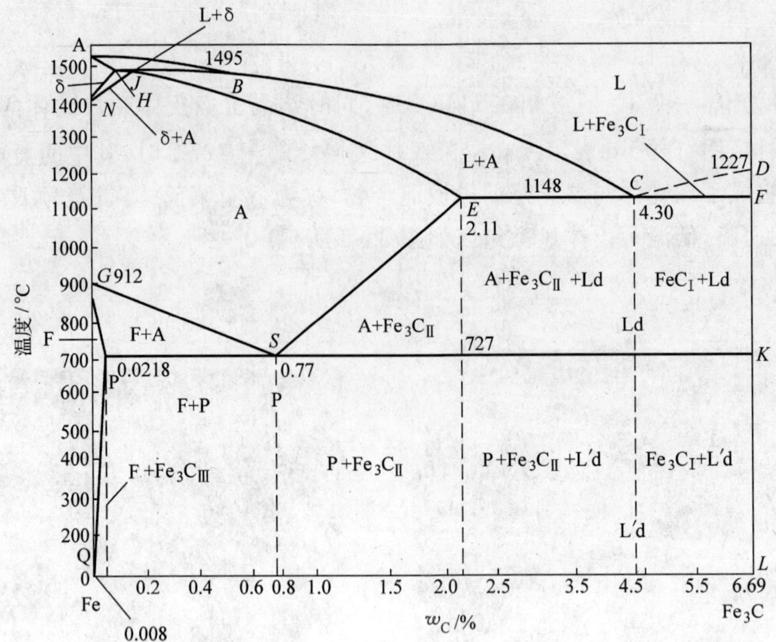

图 3－6　Fe－Fe₃C 相图

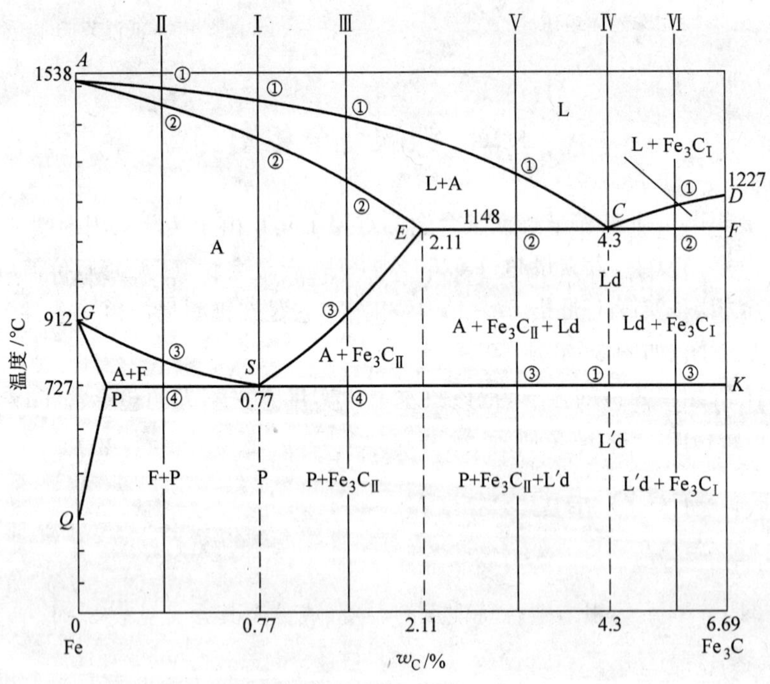

图 3－7　简化后的 Fe－Fe₃C 相图

表 3-1　简化的 $Fe-Fe_3C$ 相图中的特性点

特性点符号	温度/℃	w_C/%	含　　义
A	1538	0	纯铁的熔点
C	1148	4.3	共晶点
D	1227	6.69	渗碳体的熔点
E	1148	2.11	碳在 γ-Fe 中的最大溶解度
G	912	0	纯铁的同素异晶转变点
P	727	0.0218	碳在 α-Fe 中的最大溶解度
S	727	0.77	共析点
Q	600	0.008	碳在 α-Fe 中的溶解度

(2)$AECF$ 线为固相线，是铁碳合金结晶终了或开始熔化的温度线，在该线以下是固相区。

(3)ECF 线为共晶线，温度为 1148℃，含碳量在 $w_C=2.11\%$ 至 $w_C=6.69\%$ 间的铁碳合金，在此线都会发生共晶转变，即

$$L_{w_C=4.3\%}\xrightarrow{1148℃}(A_{w_C=2.11\%}+Fe_3C)=Ld$$

(4)PSK 线为共析线，温度为 727℃，含碳量在 $w_C=0.0218\%$ 至 $w_C=6.69\%$ 间的铁碳合金，在此线都会发生共析转变。此线又称 A_1 线。

$$L_{w_C=0.77\%}\xrightarrow{727℃}(F_{w_C=0.0218\%}+Fe_3C)=P$$

(5)ES 线为碳在奥氏体中的溶解度变化线。在 1148℃(E 点)时溶碳量为最高，$w_C=2.11\%$。随着温度的降低，溶解度减小，到 727℃(S 点)时溶碳量为最低，$w_C=0.77\%$。此线又称 A_{cm} 线。

(6)PQ 线为碳在铁素体中的溶解度变化线。碳的最大溶解度为 727℃(P 点)时的 $w_C=0.0218\%$，逐渐降低至 600℃(Q 点)时的 $w_C=0.008\%$

(7)GS 线为同素异晶转变线，是 A↔F 的转变线。此线也称 A_3 线。

3. 相图上各区域的相组成

简化后的 $Fe-Fe_3C$ 相图上，有四个单相区域，即液相区、奥氏体相区、铁素体相区和渗碳体相区(这里把 DFK 线看成渗碳体相区)。有五个两相区，即 $L+A$ 区、$L+Fe_3C_{I}$ 区、$A+F$ 区、$A+Fe_3C_{II}$ 区和 $F+Fe_3C_{III}$ 区。每个两相区都与相应的两个单相区相邻。

3.2.2　铁碳合金的分类

$Fe-Fe_3C$ 相图中的铁碳合金，按含碳量和室温组织的不同，一般分为以下三类：

(1)工业纯铁　$w_C\leqslant0.0218\%$

(2)钢　$0.0218\%<w_C\leqslant2.11\%$。

钢可分为以下三种：

亚共析钢：$0.0218\%<w_C<0.77\%$

共析钢：$w_C=0.77\%$

过共析钢：$0.77\%<w_C\leqslant2.11\%$

(3)白口铁：2.11％＜w_C＜6.69％

白口铁也可分为以下三种：

亚共晶白口铁：2.11％＜w_C＜4.3％

共晶白口铁：w_C＝4.3％

过共晶白口铁：4.3％＜w_C＜6.69％

3.2.3 典型铁碳合金的结晶过程分析

1. 共析钢的结晶过程

图3－7Ⅰ表示共析钢在相图中的位置。该合金在1点以上为液相(L)，缓慢冷却至①点时，从液相中开始结晶出奥氏体(A)，随着温度的下降，奥氏体的数量越来越多。温度降到②点时，液相全部结晶成奥氏体。从②点继续冷却至S点之间，合金是单一奥氏体没有发生转变。到达S点时，奥氏体发生共析转变，转变成珠光体(P)。S点以下，组织基本上不变化，最后合金的室温组织为珠光体，组成相为铁素体(F)和渗碳体(Fe_3C)。共析钢的结晶过程如图3－8所示。

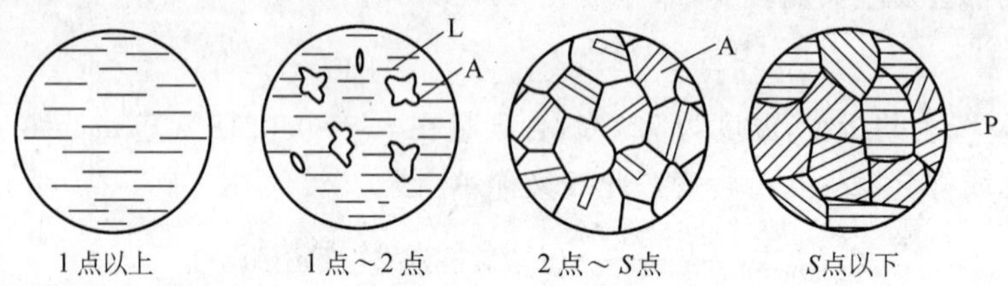

图3－8　共析钢结晶过程示意图

2. 亚共析钢的结晶过程

图3－7Ⅱ表示亚共析钢在相图中的位置。该合金在①点以上为液相。缓慢冷却至①点时，从液相中开始结晶出奥氏体。冷却至②点时，全部结晶成奥氏体。从②点继续冷却至③点之间，合金为单一的奥氏体没有发生转变。当到达③点时，由于同素异晶转变，奥氏体开始转变为铁素体。随着温度的下降，铁素体量不断增加，奥氏体的含碳量沿GS线变化。温度下降至④点(727℃)时，剩余奥氏体的含碳量达到S点的共析成分w_C＝0.77％，具备共析转变条件，即剩余奥氏体转变成了珠光体。共析转变结束后，合金的组织为珠光体加上原已转变的铁素体。继续冷却至室温，组织基本上不变，最后合金的室温组织为铁素体＋珠光体，组成相是铁素体和渗碳体。亚共析钢的结晶过程如图3－9所示。

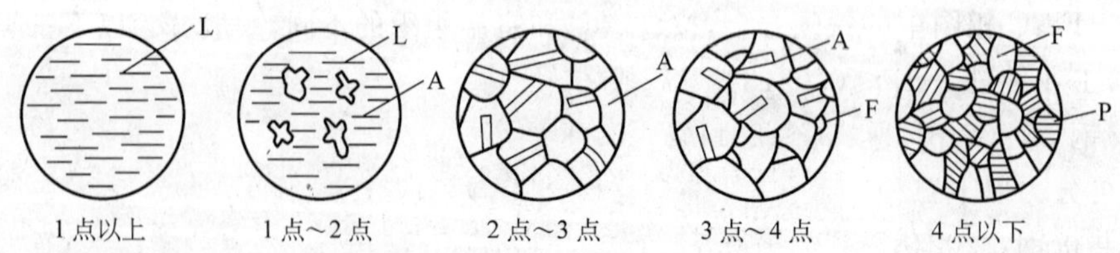

图3－9　亚共析钢结晶过程示意图

3. 过共析钢的结晶过程

图 3-7Ⅲ表示过共析钢在相图中的位置。该合金在①点以上为液相。缓慢冷却至①点时，从液相中开始结晶出奥氏体。冷却至②点时，全部结晶成奥氏体。从②点继续冷却至③点之间，合金为单一的奥氏体，没有发生转变。当到达③点时，由于碳在奥氏体中的溶解度下降，奥氏体中多余的碳开始以渗碳体的形式析出。随着温度下降，析出的二次渗碳体量不断增多，奥氏体的含碳量也沿 ES 线变化。温度下降至④点(727℃)时，剩余奥氏体的含碳量达到 S 点的共析成分 $w_C=0.77\%$，具备共析转变条件，即剩余奥氏体转变成了珠光体。共析转变结束后，合金的组织为珠光体加上已析出的二次渗碳体。继续冷却至室温，组织基本上不变，最后合金的室温组织为二次渗碳体+珠光体，组成相为铁素体和渗碳体。过共析钢的结晶过程如图 3-10 所示。

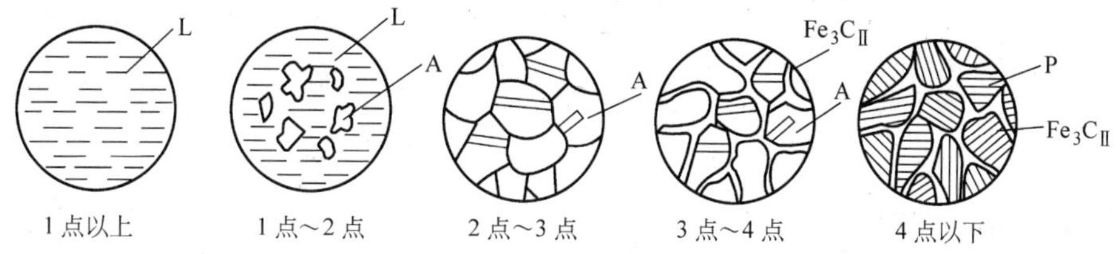

图 3-10　过共析钢结晶过程示意图

4. 共晶白口铁的结晶过程

图 3-7Ⅳ表示共晶白口铁在相图中的位置。该合金在 C 点以上为液相，缓慢冷却至 C 点时，液相发生共晶转变，同时，结晶出奥氏体与渗碳体的机械混合物，即高温莱氏体。整个转变过程是在 1148℃下进行的。当温度自 C 点下降到①点之间，从奥氏体中不断析出二次渗碳体，奥氏体的含碳量也沿 ES 线下降。温度到达①点(727℃)时，奥氏体的含碳量降至 $w_C=0.77\%$，具备共析转变条件，而转变成珠光体，转变结束时，合金的组织是珠光体+二次渗碳体+共晶渗碳体，这种机械混合物称为低温莱氏体。从①点继续冷却到室温，合金组织基本不变，最后合金在室温的组织为低温莱氏体。其组成相是铁素体和渗碳体。共晶白口铁的结晶过程如图 3-11 所示。

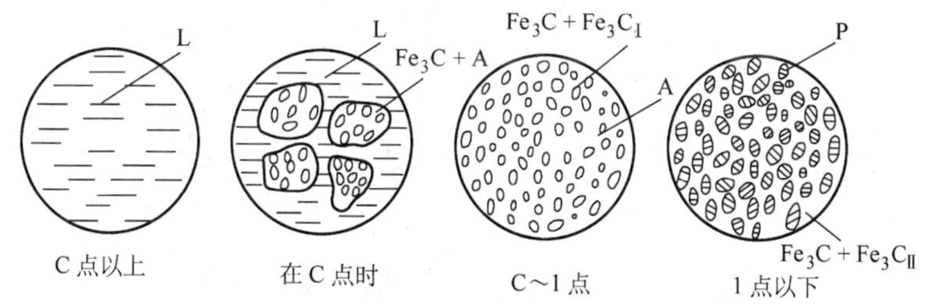

图 3-11　共晶白口铁结晶过程示意图

5. 亚共晶白口铁的结晶过程

图 3-7Ⅴ表示亚共晶白口铁在相图中的位置。该合金在①点以上为液相。缓慢冷却至①点时，从液相中开始结晶出奥氏体，随着温度的降低，结晶出的奥氏体不断增加，所以，液相的含碳量也将沿着 AC 线逐渐增大。冷却至②点(1148℃)时，剩余液相的含碳量达到 C 点的成分，即 $w_C=4.3\%$，剩余液相发生共晶转变，转变成高温莱氏体。转变结束

时，合金的组织为初生的奥氏体和高温莱氏体。

从②点继续冷却到③点之间，由于碳在奥氏体中溶解度减少，从初生奥氏体及高温莱氏体中的奥氏体（亦称为共晶奥氏体）内不断析出二次渗碳体，奥氏体的含碳量沿 *ES* 线逐渐减少。温度下降到③点（727℃）时，奥氏体的含碳量降至 $w_C=0.77\%$，发生共析转变，转变成珠光体。转变结束时，合金的组织为珠光体＋二次渗碳体＋低温莱氏体。从③点继续冷却到室温，组织基本不变，其组成相还是铁素体和渗碳体。亚共晶白口铁的结晶过程如图 3－12 所示。

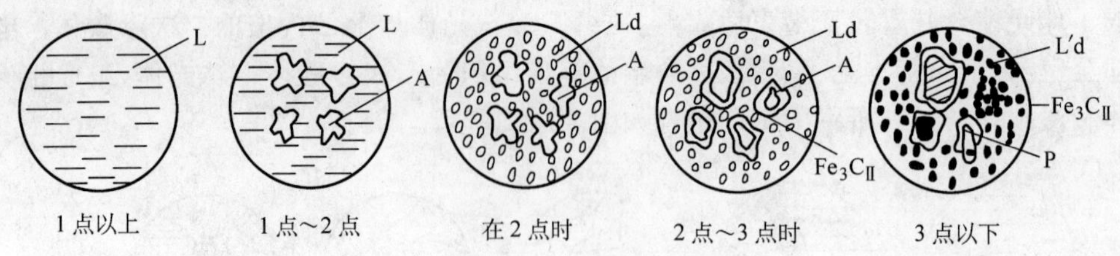

图 3－12　亚共晶白口铁结晶过程示意图

6. 过共晶白口铁的结晶过程

图 3－7Ⅵ表示过共晶白口铁在相图中的位置。该合金在①点以上为液相。缓慢冷却至①点时，从液相中开始结晶出一次渗碳体。随着温度的降低，结晶出的一次渗碳体不断增加，所以，液相的含碳量也将沿着 *CD* 线逐渐减少。冷却至②点（1148℃）时，剩余液相的含碳量降到 *C* 点的成分，即 $w_C=4.3\%$，剩余液相发生共晶转变，转变成高温莱氏体。转变结束时，合金的组织为初生的一次渗碳体和高温莱氏体。

从②点继续冷却到③点之间，由于碳在奥氏体中溶解度减少，从共晶奥氏体内不断析出二次渗碳体，奥氏体的含碳量沿 *ES* 线逐渐减少。温度下降到③点（727℃）时，奥氏体的含碳量降至 $w_C=0.77\%$，发生共析转变，转变成珠光体。转变结束时，合金的组织为一次渗碳体＋低温莱氏体。从③点继续冷却到室温，组织基本不变，其组成相还是铁素体和渗碳体。过共晶白口铁的结晶过程如图 3－13 所示。

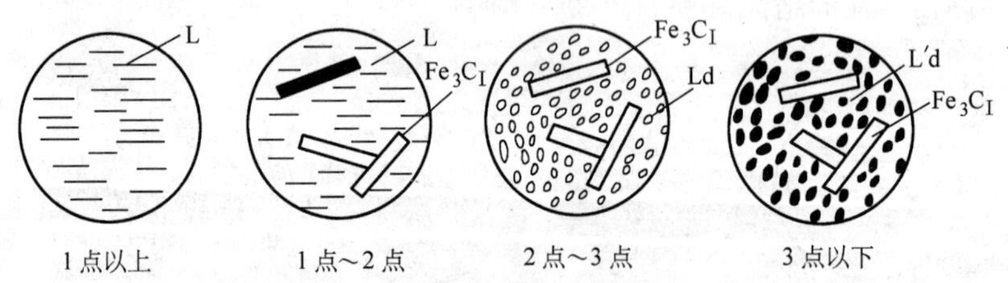

图 3－13　过共晶白口铁结晶过程示意图

3.3　含碳量对铁碳合金平衡组织和性能的影响

3.3.1　含碳量对铁碳合金平衡组织的影响

通过对 $Fe-Fe_3C$ 相图的分析可以了解到，不同含碳量的铁碳合金，在室温时的组成相都是铁素体和渗碳体，但两相相对比例有所变化。随着含碳量的增加，铁素体量由

100%减少到 0，而渗碳体量则由 0 增加到 100%，这种铁素体与渗碳体的相对量（亦称相组成物相对量）比例关系如图 3-14 所示。

含碳量不仅影响铁碳合金的相组成物相对量，而且还影响由这两种相组成的铁碳合金组织的类型及其组织组成物相对量。如图 3-14 所示，随着含碳量的变化，铁碳合金呈单一组织、两种或三种组织组成物的组织，并在高温和室温时按一定的规律变化。同时，铁碳合金的组织组成物相对量也呈直线比例关系。

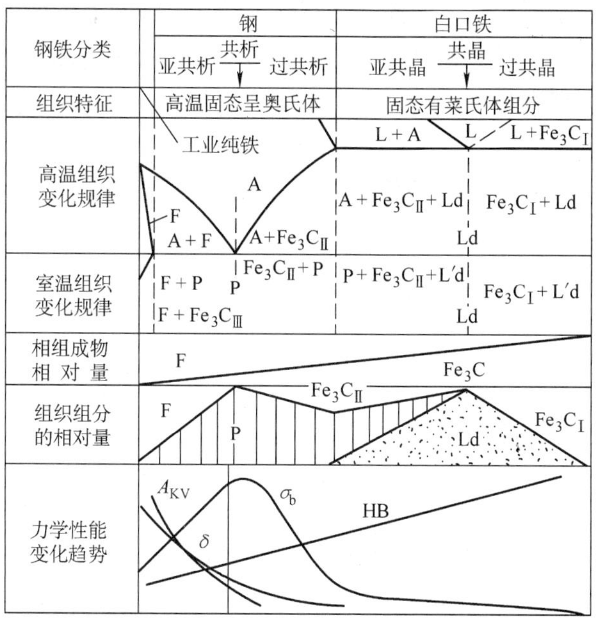

图 3-14　铁碳合金的含碳量与组织、性能的对应关系

3.3.2　含碳量对铁碳合金性能的影响

如前所述，铁碳合金的室温组织由铁素体和渗碳体两相组成。铁素体的强度和硬度低，塑性和韧性好；而渗碳体又硬又脆。所以，随着含碳量的变化，铁素体和渗碳体两相组成物的相对量呈直线比例变化，也决定着铁碳合金力学性能的变化趋势，如图 3-14 所示。较为详细的含碳量对钢力学性能的影响如图 3-15 所示。

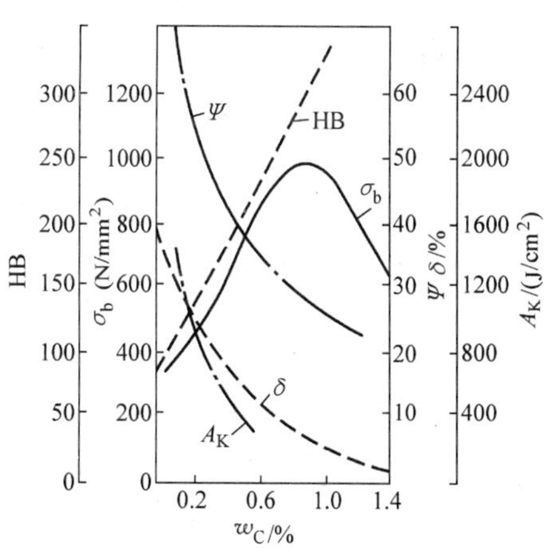

图 3-15　含碳量对钢力学性能的影响

由图可以看出，对于亚共析钢，随着含碳量的增加，铁素体减少，渗碳体逐渐增多，所以，强度升高，而塑性、韧性下降。当含碳量达到 0.77%时，其性能就是珠光体的性能。在过共析钢中，含碳量在接近 1%时其强度达到最高值。含碳量继续增加，强度开始下降。这是由于在含碳量超过 1%的合金晶体结构中，脆性很大的二次渗碳体在晶界处形成连续

的网络，这将增加钢的脆性，即其强度、塑性和韧性下降。

在白口铁中，相对而言，铁素体量少，渗碳体量多，所以塑性、韧性很差，强度很低。而且含碳量越多，这种脆性也就越大。当组织中出现以渗碳体为基体的莱氏体时，塑性降低到接近于零。

铁碳合金组织对韧性的影响非常大。随着含碳量增加，脆性的渗碳体也增多。当出现网状的二次渗碳体时，韧性急剧下降。一般来说，韧性比塑性下降的趋势要大。

组织组成物或组成相的形态对铁碳合金硬度的影响不大，硬度的高低主要取决于组成相的硬度。所以，随着含碳量的增加，高硬度的渗碳体增多，而低硬度的铁素体减少，铁碳合金的硬度便呈直线升高。

3.4 Fe－Fe_3C 相图的应用

通过 Fe－Fe_3C 相图可了解到合金的成分、温度及相变化之间的关系，这对实际生产具有重要的意义。实际上，Fe－Fe_3C 相图已成为合理选用钢铁材料和制订铸造、锻压、焊接和热处理等热加工工艺的重要理论依据。

3.4.1 选用钢铁材料方面的应用

Fe－Fe_3C 相图反映了铁碳合金的平衡组织、性能与含碳量之间的关系，由此，在工程上可根据零件的使用性能要求来合理选用钢铁材料。例如，桥梁、卡车车箱、液化气钢瓶等，需要塑性、韧性好的材料，可选用含碳较低的亚共析钢（w_C＝0.1％～0.25％）；轴、连杆、螺栓等零件，工作时，要求具有高的强度、硬度，又有一定的塑性和韧性，即良好的综合力学性能，可选用含碳量较高的亚共析钢（w_C＝0.25％～0.6％）；对于各种切削刃具、模具及量具等，则需要高强度、高硬度的材料，可选用含碳量更高的共析钢、过共析钢（w_C＝0.77％～1.44％）；白口铁硬而脆，很难进行切削加工，故这种铁碳合金很少直接使用，但对其加以改造，可得到灰口铸铁材料，用以制造形状复杂的箱体、机器底座等零件。这方面内容将在第 5 章介绍。

3.4.2 铸造工艺方面的应用

铁碳合金铸造工艺过程是熔化合金，将液态合金浇注在先前制作好的铸型内及冷却凝固的过程，所以，制订铸造工艺时，可根据 Fe－Fe_3C 相图上的液相线的位置来确定铁碳合金的浇注温度，一般在液相线以上 50℃～100℃为宜。另外，可根据相图分析铁碳合金的铸造工艺性能，例如，从 Fe－Fe_3C 相图上可以看出，由于共晶成分的白口铁和纯铁的结晶温度范围最小（为零），所以其流动性好，分散缩孔少，易得到质量好的铸件。因此，在铸造生产中接近共晶成分的铸铁得到了较为广泛的应用。而含碳量 w_C＝0.2％～0.6％的铸钢，总的来说由于其熔点高、结晶温度范围较大、收缩大等，所以铸造性能不如铸铁。

3.4.3 锻压工艺方面的应用

锻压就是利用钢的塑性，在外力的作用下使钢成形的一种加工方法。由 Fe－Fe_3C

相图可知，钢在室温时的组织是由铁素体和渗碳体两相组成的机械混合物，其塑性较差，变形抗力大。而钢的组织处于单相奥氏体状态时，则塑性好，变形抗力小，易于锻压加工。所以，在进行锻造和热轧加工时，要把坯料加热到单相奥氏体状态。在奥氏体区域内，加热温度过高，则钢氧化烧损严重，并可能使晶界熔化而报废。变形终止温度过低，则变形抗力增加，还会因塑性降低而导致开裂。所以，钢开始锻造或轧制温度一般为1150℃～1200℃。变形终止温度为750℃～850℃。

3.4.4 焊接工艺方面的应用

钢铁材料在焊接时，由于局部区域（焊缝）被加热到很高的温度，焊缝周围母材形成许多受热温度不同的区域，称之为热影响区。从 $Fe-Fe_3C$ 相图可知，不同温度可得到相应的组织。冷却至室温，也可能形成不同的组织性能，这直接影响到焊件的质量。因此，工件在焊接后，一般需要进行热处理来调整和改善，以获得均匀的组织性能。

3.4.5 热处理工艺方面的应用

$Fe-Fe_3C$ 相图在制订热处理工艺方面的应用显得特别重要。例如，钢的退火、正火、淬火及回火等热处理工艺的加热温度，必须根据相图中的 A_1 线、A_3 线和 A_{cm} 线的相应温度来确定。详细情况将在第4章“钢的热处理”中介绍。

3.4.6 应用 $Fe-Fe_3C$ 相图时应注意的问题

(1) $Fe-Fe_3C$ 相图是在极其缓慢冷却或加热时测定绘制的，其相变化是可逆的，所以又称为平衡相图。但在实际生产中，工件的加热和冷却速度一般比较大，这种条件下所得到的组织称为非平衡组织。非平衡组织有别于平衡组织。

(2) $Fe-Fe_3C$ 相图仅是铁碳二元合金相图。但实际生产中应用的钢铁材料，除了铁和碳外，常含有其他杂质元素或人为加入的合金元素。当这些元素含量较高时，合金的成分、温度及相变化之间的关系将发生变化，在这种情况下，$Fe-Fe_3C$ 相图只能作参考。

思考题与习题

3-1 什么叫纯铁的同素异晶转变？它对铁碳合金有何影响？

3-2 试绘出简化后的 $Fe-Fe_3C$ 相图，说明各特性点和特性线的符号、温度、含碳量及含义，并填写各区域的组织。

3-3 简述 $w_C=0.45\%$、$w_C=1.2\%$ 和 $w_C=3\%$ 的铁碳合金自液态冷却至室温的结晶过程。

3-4 以铁碳合金为例说明什么叫相组成物？什么叫组织组成物？

3-5 随着含碳量的增加，钢的力学性能有何变化？为什么？

3-6 $Fe-Fe_3C$ 相图对钢的热处理、锻造和铸造工艺方面有何应用？

第 4 章　钢的热处理

热处理是指采用适当的方式对固态金属进行加热、保温和冷却，以获得所需要的组织结构和性能的工艺。整个过程可用热处理工艺曲线图来表示，如图 4-1 所示。

加热、保温和冷却是热处理工艺过程中的三个重要阶段，也称之为热处理三要素。改变三要素，可使工件获得不同的组织和性能，要掌握钢的热处理工艺技术，首先应了解钢在加热、保温和冷却时组织的变化规律。

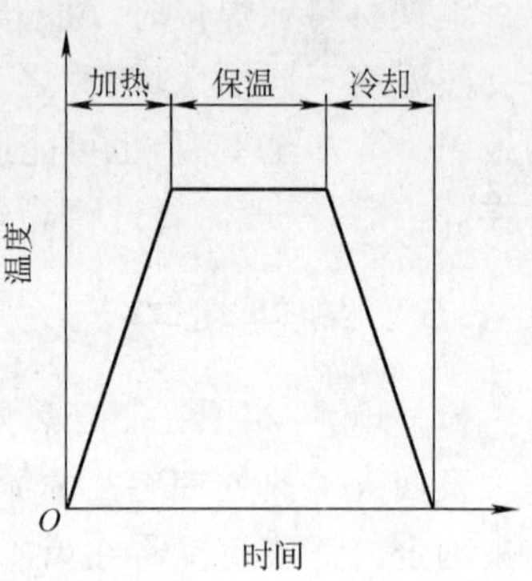

图 4-1　热处理工艺曲线图

在机械制造过程中，要改变工件的力学性能，最直接、最广泛采用的方法就是热处理。许多机械零件在加工中，都需要进行一次，甚至多次热处理，以满足其工艺性能和使用性能的要求。

常用的热处理方法可分为整体热处理和表面热处理两大类。

4.1　钢加热时的组织转变

从 Fe-Fe_3C 相图（图 4-2）可知，在平衡条件下固态钢被加热或冷却到 A_1、A_3 和 A_{cm} 线时会发生组织转变。而在实际生产中，加热和冷却速度都要比平衡条件下的快，所以实际相变温度将发生不同程度的变化。加热时，相变温度将提高；冷却时，相变温度将降低。变化的大小取决于加热或冷却速度的快慢。通常将加热时实际相变温度线分别用 Ac_1、Ac_3 和 Ac_{cm} 表示，将冷却时实际相变温度线分别用 Ar_1、Ar_3 和 Ar_{cm} 表示。

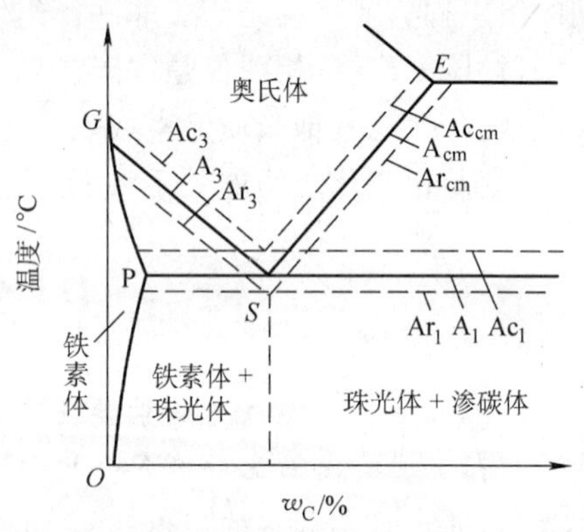

图 4-2　钢在加热和冷却时的相变温度

加热是热处理工艺过程的第一阶段，其目的主要是把钢从室温组织转变为奥氏体，也称为钢的奥氏体化。

4.1.1　奥氏体的形成

以共析钢为例，共析钢在室温时的组织是珠光体，而珠光体是铁素体和渗碳体两相的机械混合物，因此，珠光体向奥氏体转变过程中，必须进行晶格改组和铁、碳原子的扩散。研究表明，这种转变遵循形核和核长大的基本规律，如图 4-3 所示。

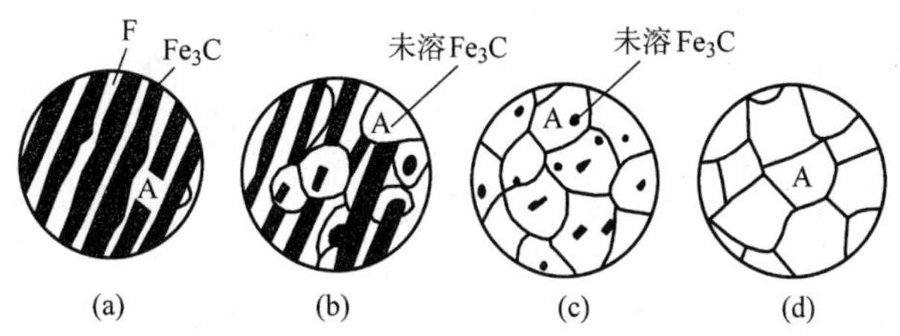

图 4-3 共析钢奥氏体的形成过程示意图

(a)奥氏体晶核形成；(b)奥氏体晶核长大；(c)残余渗碳体溶解；(d)奥氏体成分均匀化。

1. 奥氏体晶核的形成

奥氏体含碳量处于铁素体和渗碳体之间，而在珠光体组织的铁素体与渗碳体相界面处，位错密度较高、空位较多，原子排列紊乱，容易获得形成奥氏体的能量和成分。所以，相界面处常常优先形成奥氏体晶核，如图 4-3(a)所示。

2. 奥氏体晶核的长大

奥氏体晶核形成以后即开始长大。它是通过渗碳体的溶解、碳在奥氏体和铁素体中的扩散以及铁素体继续向奥氏体转变而进行的，如图 4-3(b)所示。当铁素体全部转变为奥氏体时，可以认为珠光体向奥氏体的转变基本完成，但是仍有部分剩余渗碳体尚未溶解，说明奥氏体化过程仍在继续。

3. 剩余渗碳体的溶解

铁素体消失后，在该温度下保温或继续加热，随着碳在奥氏体中继续扩散，剩余渗碳体不断向奥氏体中溶解，直至全部消失，如图 4-3(c)所示。

4. 奥氏体成分均匀化

当渗碳体刚刚全部溶入奥氏体时，奥氏体成分是不均匀的，原来是渗碳体的地方含碳量较高，而原来是铁素体的地方含碳量较低，经过一定时间的保温或继续加热，让碳原子进行充分地扩散才能获得成分均匀的奥氏体。如图 4-3(d)所示。

亚共析钢和过共析钢的奥氏体化过程与共析钢的基本相同。但是加热温度仅到 Ac_1 时，只能使原室温组织中的珠光体转变为奥氏体，仍保留一部分铁素体或渗碳体，称之为不完全奥氏体化。只有当加热温度超过 Ac_3 或 Ac_{cm} 并保温足够时间后，才能获得均匀的单相奥氏体，称之为完全奥氏体化。

4.1.2 奥氏体晶粒大小及其影响因素

钢在加热时奥氏体化的条件不同，所获得的奥氏体晶粒大小就会粗细各异。奥氏体晶粒度是衡量晶粒大小的尺度，通常以单位体积内晶粒数目来表示。为了生产上的方便，国家标准 GB6394—89《金属平均晶粒度测定法》将奥氏体标准晶粒度分为 00，0，1，2～10 共 12 个等级，如图 4-4 所示。一般认为，1 级～4 级为粗晶粒，5 级～8 级为细晶粒，8 级以上为超细晶粒。实际检测奥氏体晶粒度时，将试样在放大 100 倍的显微镜下观察，与标准评级图进行对比以确定晶粒度级别。

在钢的热处理工艺中，奥氏体晶粒大小对冷却转变后钢的组织和力学性能有着重要的影响。加热时获得的奥氏体晶粒细小，则冷却后转变产物的晶粒也细小，其强度、塑性

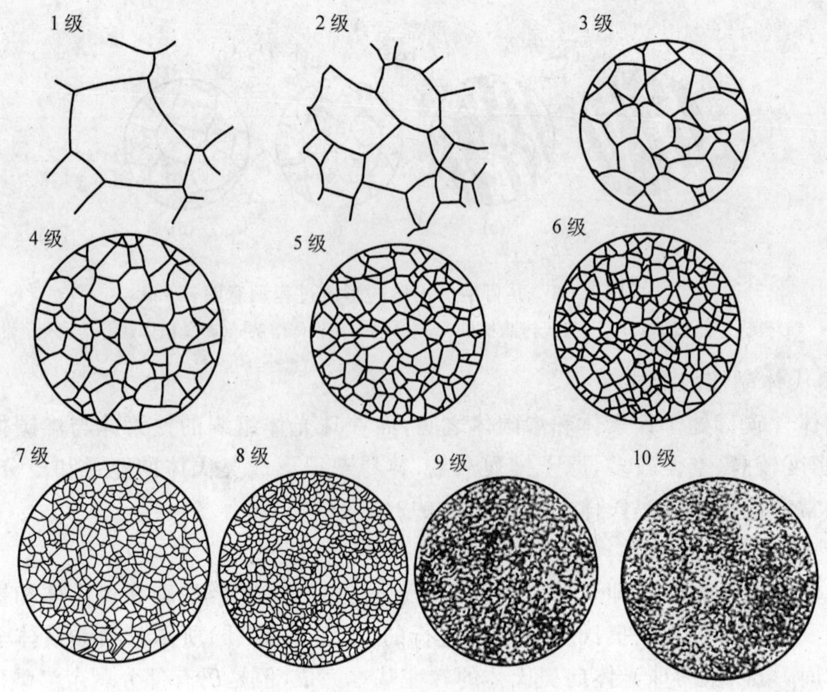

图 4-4　金属平均晶粒度标准评级图

和韧性较好。而粗大的奥氏体晶粒冷却后转变产物也是粗大的，其强度、塑性较差，特别是韧性显著降低，如图 4-5 所示。因此，在钢的热处理过程中应注意控制奥氏体晶粒的大小。

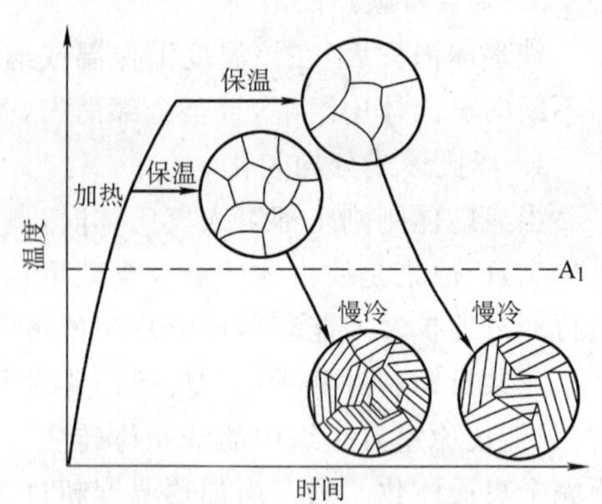

图 4-5　奥氏体晶粒大小对冷却后组织的影响

影响奥氏体晶粒大小的因素有很多，如加热温度、保温时间、加热速度、钢的化学成分及原始组织等，其中最主要的是加热温度和保温时间。加热温度越高，保温时间越长，奥氏体晶粒就越粗大。所以，在钢的热处理工艺上要合理选择加热温度和保温时间，以保证获得晶粒细小、成分均匀的奥氏体组织，这也是钢的热处理在加热和保温两阶段的目的。

4.2　钢在冷却时的组织转变

钢在加热和保温一定时间后，所获得的高温奥氏体组织不是热处理的最终目的。因为绝大多数零件是在室温下工作，所以高温奥氏体最终要冷却下来。钢的性能也最终取决于奥氏体冷却转变后的组织。而且，不同的冷却条件下可使钢获得不同的力学性能，例如，将 45 钢加热至 840℃，保温一定时间后完全奥氏体化。随后的冷却条件不同，其力学性能表现也不同。如表 4-1 所示。因此，研究不同冷却条件下钢中奥氏体组织的转变规律，对于合理制订钢的热处理工艺、获得预期的组织和性能具有重要的实际意义。

表 4-1　不同冷却条件对 45 钢力学性能的影响

冷却方法	力学性能				
	σ_b/MPa	σ_s/MPa	δ/%	ψ/%	硬度 HRC
随炉冷却	519	272	32.5	49	15～18
空气冷却	657～706	333	15～18	45～50	18～24
油冷却	882	608	18～20	48	40～50
水冷却	1078	706	7～8	12～14	52～60

在热处理生产中，钢在奥氏体化后通常采取两种冷却方式，一种是连续冷却方式，如图 4-6 曲线 2 所示，钢从高温奥氏体状态一直连续冷却到室温。另一种是等温冷却方式，如图 4-6 曲线 1 所示，将奥氏体状态下的钢迅速冷却到 A_1 以下某一温度保温，整个转变过程是在恒温下进行的，转变结束后再冷却到室温。

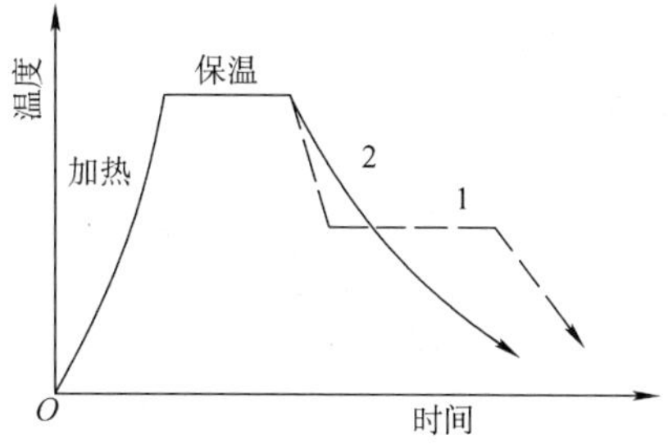

图 4-6　奥氏体不同冷却方式示意图
1—等温冷却；2—连续冷却。

4.2.1　奥氏体的等温转变

奥氏体在相变温度 A_1 线以上是稳定的，不会发生转变。而冷却至 A_1 线以下，在热力学上处于不稳定状态，必将发生分解转变。但这种分解转变不会立即发生，在转变前需要停留一段时间，这段时间称为孕育期。在 A_1 温度以下暂时存在的不稳定奥氏体称为过冷奥氏体。

1. 奥氏体等温转变曲线

奥氏体等温转变曲线是表示过冷奥氏体在不同过冷度下的等温转变时，转变温度、转变时间与转变产物之间关系的曲线。

奥氏体等温转变曲线是根据试验测定而绘制的，如图 4-7 所示。以共析钢为例，其过程如下：将共析钢制成若干个一定尺寸的试样（如 ϕ10mm×1.5mm），在相同条件下，加热至 A_1 以上温度，保温一定时间，使其奥氏体化且成分均匀。再分别投入到 A_1 温度以下不同温度的等温槽中等温冷却，如 700℃、650℃、600℃、550℃、500℃、450℃、350℃、280℃等。通过仪器观察、分析、测定不同过冷条件下的奥氏体向其他组织转变的开始时间、转变终了时间、转变产物的形状特征及性能特点等。在温度一时间坐标图上，将过冷奥氏体开始转变时间与等温温度的交点定为转变的起始点，过冷奥氏体转变终了点也以相同的方法来确定。然后分别将开始转变点和转变终了点用光滑曲线连接起来，便得到两对曲线，即奥氏体等温转变曲线，如图 4-8 所示。其中一对因形状与字母“C”相似，故又称为 C 曲线。另一对是平行时间轴的直线，是过冷奥氏体等温转变产物的多少与时间无关、只与温度有关为特征的特殊曲线。分别定为上马氏体点线和下马氏体点线，以 Ms 和 Mf 表示。钢的等温曲线比较容易测定，一般常用钢都有已测定的等温曲线，应用时可查阅有关材料手册。共析钢奥氏体等温转变曲线如图 4-8 所示。

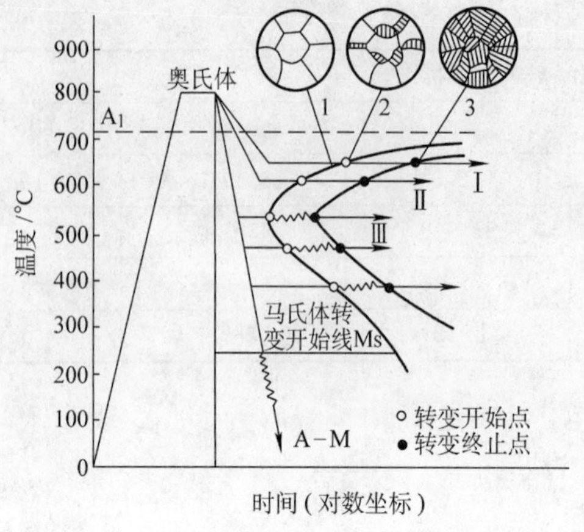

图 4-7　奥氏体等温转变曲线的绘制

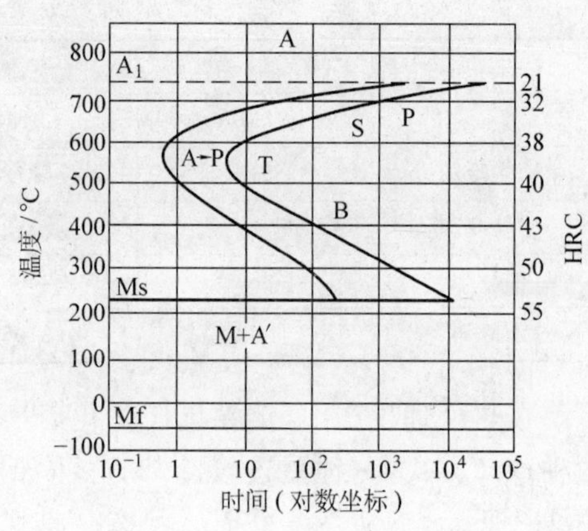

图 4-8　共析钢奥氏体等温转变曲线

2. 奥氏体等温转变产物的组织及其性能

过冷奥氏体等温转变的温度不同，其转变特征和转变产物也不同，由此，可将奥氏体等温转变曲线由上至下分为三个区域：A_1～550℃之间为珠光体型转变区；550℃～Ms之间为贝氏体型转变区；Ms～Mf之间为马氏体型转变区。

1) 珠光体型转变

过冷奥氏体在 A_1～550℃之间等温时，由于转变温度高，碳原子扩散容易，称为扩散型转变(又称高温转变)。转变产物是铁素体与渗碳体两相交替重叠的层片状组织，即珠光体型组织。等温温度越低，过冷奥氏体越不稳定，孕育期缩短，约在550℃时处于最佳转变状态，曲线向温度轴靠近，形成“鼻尖”；另一方面，由于过冷度的增大，过冷奥氏体转变速度增大，铁素体和渗碳体的形核率大于线长大速度，所以组织越来越细，层状越来越薄、越短。为区别起见，将这些层间距不同的珠光体型组织分别称为珠光体(P)、索氏体(S)和托氏体(T)，其金相组织如图 4-9、图 4-10、图 4-11 所示。其组织形态及其硬度见表 4-2。

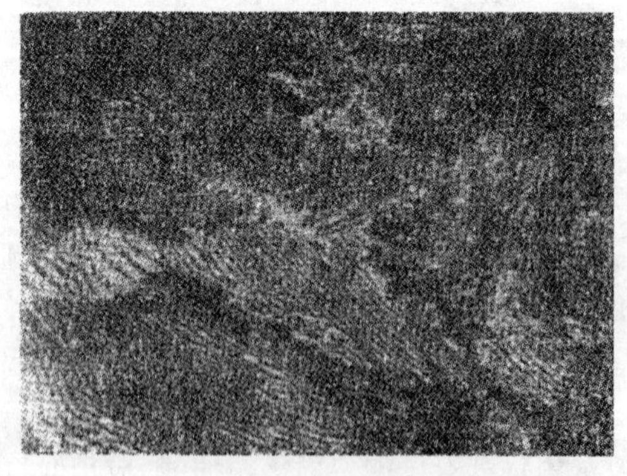

图 4-9　珠光体组织

图 4-10　索氏体组织

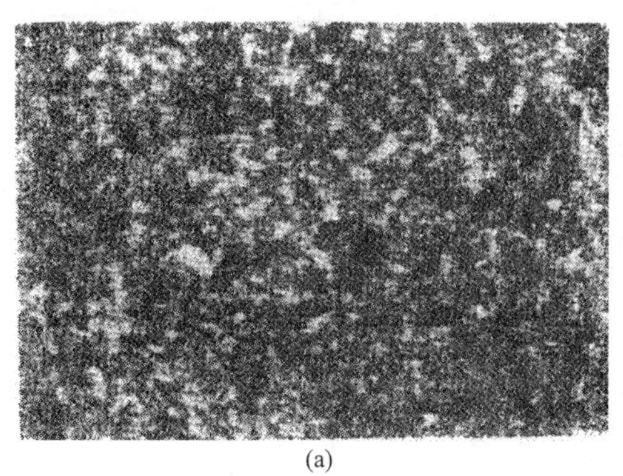
(a)

(b)

图 4-11　托氏体组织

(a)托氏体组织；(b)托氏体组织电子显微镜照片。

表 4-2　共析钢过冷奥氏体转变产物的组织及其硬度

组织名称	符　号	转变温度/℃	组织形态	硬度 HRC
珠光体	P	A_1～650	粗层状	<25
索氏体	S	650～600	细层状	25～35
托氏体	T	600～550	极细针状	35～40
上贝氏体	$B_{上}$	550～350	羽毛状	40～45
下贝氏体	$B_{下}$	350～Ms	黑色针状	45～55

2)贝氏体型转变

贝氏体组织是过冷奥氏体在 550℃～Ms 之间等温形成的，由于转变温度较低，碳原子扩散受到一定的抑制，所以在这个温度范围的转变，称为半扩散型转变(又称中温转变)。随着过冷度的增加，过冷奥氏体的稳定性得到加强，孕育期延长，转变速度降低。贝氏体组织是由含碳过饱和的铁素体和弥散分布的渗碳体组成的，但等温温度不同，组织形态特征有很大的区别，其力学性能也有很大的差异。所以，贝氏体组织又分为上贝氏体和下贝氏体两种。其金相组织如图 4-12、图 4-13 所示。其组织形态及其硬度见表 4-2。上贝氏体组织形态呈羽毛状，强度较低，塑性和韧性差，实际生产中很少应用。下贝氏体组织形态呈黑色针状，强度、硬度高，塑性和韧性也较好，具有良好的综合力学性能，这种组织在生产上应用较多。

(a)

(b)

图 4-12　上贝氏体组织

(a)上贝氏体；(b)上贝氏体电子显微照片。

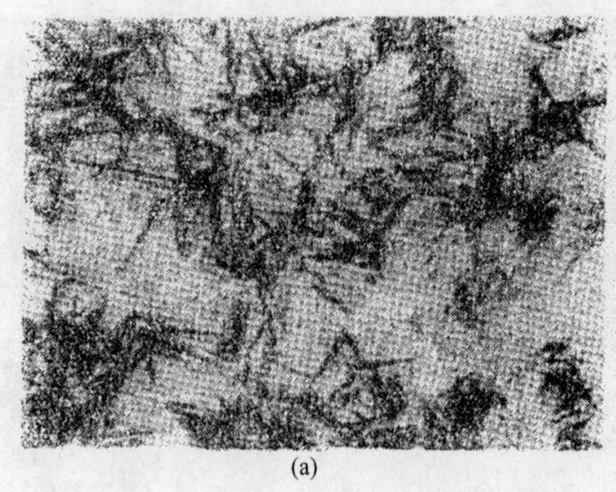

(a)

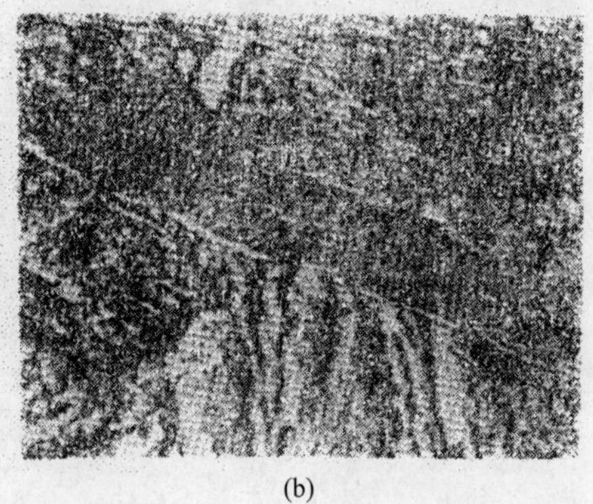

(b)

图 4-13　下贝氏体组织

(a)下贝氏体；(b)下贝氏体电子显微照片。

3)马氏体转变

过冷奥氏体在 Ms～Mf 温度范围转变时，由于温度低，碳原子扩散完全受到抑制，属于非扩散型的转变(又称低温转变)。只是基体相变遵循同素异晶转变，即从 γ-Fe 到 α-Fe的晶格改组，但碳仍保留在 α-Fe 中形成过饱和。这种碳溶于 α-Fe 中的过饱和固溶体，称为马氏体组织，用符号 M 表示。

高温奥氏体直接冷却到 Ms 与 Mf 之间某一温度进行等温转变，获得的马氏体量与等温时间无关，而与温度有关，即马氏体量是随过冷度的增大而增加。到马氏体转变终了温度 Mf，过冷奥氏体可基本上转变为马氏体。在 Ms 与 Mf 之间因马氏体转变停止而残存的奥氏体称为残余奥氏体，用符号 A′表示。马氏体和残余奥氏体，都是不稳定的组织，在一定的温度条件下，马氏体将分解，残余奥氏体将发生转变。

马氏体组织形态有多种类型，但常见的有板条状马氏体和片状马氏体两种。

板条状马氏体由一束束平行的长条状晶体组成，其单个晶体呈板条状。钢中碳的含量 $w_C \leqslant 0.2\%$时，形成的马氏体全部为板条状马氏体，板条状马氏体有良好的塑性、韧性和一定的强度、硬度，具有良好的综合力学性能。

片状马氏体的立体形态是双凸透镜状，在金相显微镜下所观察到的是马氏体截面，故呈片状形态。钢中碳的含量 $w_C \geqslant 1.0\%$时，形成的马氏体全部为片状马氏体。片状马氏体的硬度很高，但塑性和韧性较差，呈脆性。

钢中碳的含碳量在 0.2%～1.0%之间，是板条、片状混合马氏体，其力学性能随含碳量的变化而变化。例如，马氏体的硬度主要取决于含碳量，如图 4-14 所示。

图 4-14　马氏体硬度与含碳量的关系

3. 亚共析钢和过共析钢等温转变曲线

亚共析钢和过共析钢等温转变曲线如图 4-15 所示。与共析钢等温转变曲线相比，亚共析钢和过共析钢的过冷奥氏体在转变为珠光体之前，要分别先析出铁素体和渗碳体，所以，都多了一条先析出相的开始转变线。同时，由于含碳量多少的影响，亚共析钢和过共析钢过冷奥氏体的稳定性要比共析钢的差，转变孕育期较短，因此，亚共析钢和过共析钢的 C 曲线位置距温度轴也相对近些。

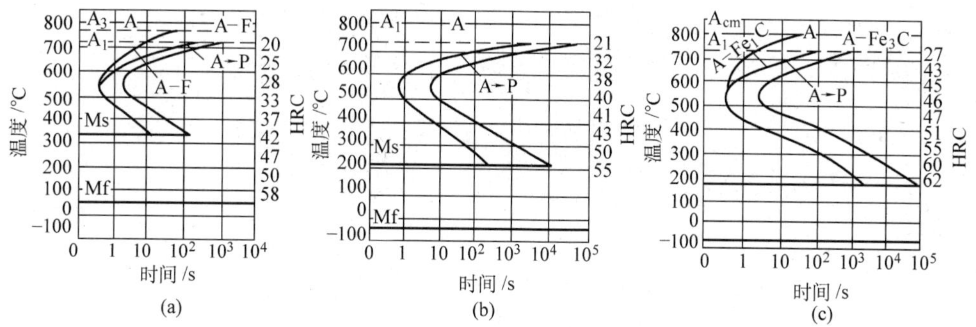

图 4-15 亚共析钢、共析钢、过共析钢等温转变曲线的比较
(a)亚共析钢；(b)共析钢；(c)过共析钢。

4.2.2 奥氏体的连续冷却转变

等温转变曲线反映过冷奥氏体在等温条件下的转变规律，可以用来指导等温热处理工艺。但在实际生产中，很多热处理工艺采用的是连续冷却方法，例如，将钢加热保温奥氏体化后，随炉冷却、在空气中冷却、在油中冷却和在水中冷却等。所以，也需要利用冷却转变曲线来了解过冷奥氏体在连续冷却条件下的转变规律。同样的，连续冷却转变曲线也是通过实验测定绘制的。共析钢连续冷却转变曲线如图 4-16 所示。

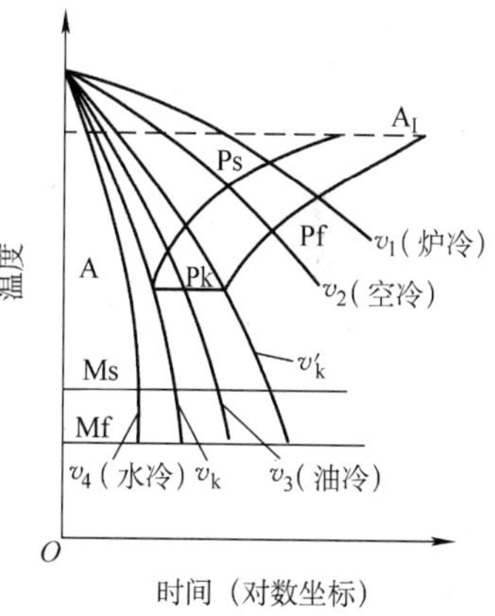

图 4-16 共析钢连续冷却转变曲线

1. 共析钢连续冷却转变曲线分析

在共析钢连续转变曲线中，由 Ps、Pf 和 Pk 线组成珠光体型组织转变区。其中 Ps、Pf 线分别为珠光体转变开始线和转变终了线，Pk 线为珠光体转变中止线。Ms 和 Mf 线组成马氏体转变区。而在两区之间并没有出现贝氏体转变区，其主要原因是，由于转变温度低，原子不易扩散，过冷奥氏体比较稳定，转变孕育期较长。连续冷却时，过冷奥氏体通过该区域的时间很短，贝氏体组织来不及形成，过冷奥氏体已进入马氏体转变区，发生马氏体转变，因此，没有出现贝氏体转变区。

图 4-16 中，v_1、v_2、v_3、v_4、v_k、v_k'分别是在不同冷却条件下的冷却速度曲线。v_k 又称为马氏体临界冷却速度，是过冷奥氏体向单一马氏体组织转变时的最低冷却速度。v_k'是获得珠光体型组织时的临界冷却速度，当实际连续冷却速度 $v_{冷} \leqslant v_k'$时，过冷奥氏体才能全部转变成珠光体型组织。实际连续冷却速度 $v_{冷}$ 在 $v_k \sim v_k'$之间时，获得混合组织，一般为托氏体、马氏体和残余奥氏体组织。

2. 过冷奥氏体连续冷却转变产物的组织及其性能

由于过冷奥氏体连续冷却转变是动态的，不易测定、绘制较准确的冷却转变曲线，所以，通常应用等温曲线定性地分析过冷奥氏体连续冷却时转变产物的组织及其性能。以共析钢为例，将连续冷却的冷却曲线绘制在等温转变曲线图上，如图 4-17 所示。根据它们在曲线中的位置，就可大致估计过冷奥氏体的转变产物，见表 4-3。

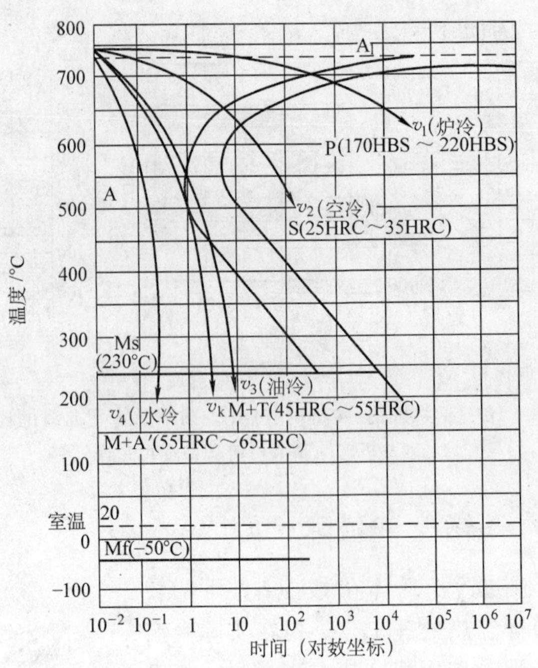

图 4-17　共析钢等温曲线在连续冷却时的应用

表 4-3　共析钢过冷奥氏体连续冷却转变产物的组织和硬度

冷却速度	冷却方法	转变产物	符号	硬度
v_1	随炉冷却	珠光体	F	170HBS～220HBS
v_2	空气冷却	索氏体	P	25HRC～35HRC
v_3	油中冷却	托氏体＋马氏体＋残余奥氏体	T＋M＋A′	45HRC～55HRC
v_4	水中冷却	马氏体＋残余奥氏体	M＋A′	55HRC～65HRC

4.3　钢的整体热处理

钢整体热处理的特点是经过热处理后，工件整体获得基本一致的组织和性能。常用的方法有退火、正火、淬火和回火等。

4.3.1　钢的退火

退火是将钢加热到适当温度，保持一定时间，然后缓慢冷却以获得接近于平衡状态组织的热处理工艺。退火工艺的种类很多，常用的有完全退火、球化退火和去应力退火。

1. 完全退火

将钢加热保温完全奥氏体化后缓慢冷却，获得接近平衡状态组织的热处理工艺称为完全退火。

完全退火主要用于中碳钢和中碳合金钢的铸件、锻件、焊件和轧制件等。其目的是细化晶粒、均匀组织、消除内应力、降低硬度和改善钢的切削加工性能。而低碳钢和过共析钢不宜采用完全退火。低碳钢完全退火后硬度偏低，不利于切削加工。过共析钢加热保温完全奥氏体化后缓慢冷却时，有网状二次渗碳体析出，使钢的强度、塑性和韧性显著降低。

完全退火的加热温度是 Ac_3 以上 30℃～50℃，保温时间与钢的成分、加热介质、工件厚度、装炉量和装炉方式等因素有关，合理的保温时间不仅要使工件心部达到加热温度，而且要保证全部得到均匀化的奥氏体，达到完全重新结晶。保温后的冷却一般是随炉缓慢冷却，生产中，为了提高生产率，退火冷却至 600℃左右可出炉空冷。

2. 球化退火

球化退火是使钢中碳化物球化，获得球状珠光体的一种热处理方法，主要用于共析钢和过共析钢。其目的是降低硬度、均匀组织、改善切削加工性能，并为淬火做组织准备。

球化退火的加热温度为 Ac_1 以上 20℃～30℃，保温时间不能太长，一般以 2h～4h 为宜。冷却方式有两种，一是随炉缓冷至 600℃左右出炉空冷。另一种是先迅速冷到 Ar_1 以下 20℃等温足够时间（称为等温球化退火），而后随炉缓冷至 600℃左右出炉空冷。

如前所述，过共析钢的平衡组织是片状的珠光体加网状二次渗碳体，这种组织不仅硬而脆，难以进行切削加工，而且在以后的淬火过程中容易产生变形和开裂。与此相比，球状珠光体硬度低、塑性好，有利于切削加工，在淬火时，易获得细小组织，工件产生变形和开裂的倾向也小。

球化退火之所以能获得球状珠光体，是由于过共析钢加热到稍高于 Ac_1 时，还没有完全奥氏体化，在组织中有一部分未溶入奥氏体的二次渗碳体，这些渗碳体在保温过程中会自发球化。在随后的缓冷（或在 Ar_1 以下 20℃等温）时，新析出的渗碳体就以已经球化的渗碳体为晶核，也以球状形式出现。因此，经球化退火后，过共析钢组织中的渗碳体（二次和共析渗碳体）呈球状均匀分布在铁素体基体上，获得球状珠光体组织。

应该注意的是，过共析钢的原始组织若存在严重的网状二次渗碳体，球化退火后也难以得到球化的组织。因此，在球化退火前必须先进行一次正火，以消除网状组织，而后再进行球化退火，才能取得良好的效果。

3. 去应力退火

为了消除钢在锻压、铸造以及焊接过程中引起的残余内应力的热处理工艺称为去应力退火。通过这种热处理工艺，还可降低工件硬度、提高尺寸稳定性，防止开裂。

去应力退火的加热温度较低，一般在 500℃～650℃之间。一些大的焊接构件，难以在加热炉内进行去应力退火，常常采用火焰或工频感应加热局部退火，其退火加热温度一般略高于炉内加热。

去应力退火的保温时间也要根据工件的厚度、装炉方式以及装炉量来决定。在实际生产中，可大致按工件的有效厚度计算，钢的保温时间为 3min/mm，铸铁的保温时间为 6min/mm。

去应力退火的冷却应尽量缓慢，以免产生新的应力。

4.3.2 钢的正火

将钢加热到 Ac_1（Ac_{cm}）以上 20℃～30℃，保温一定时间后，在静止空气中冷却的热处理工艺称为正火。与退火相比，正火冷却速度较快，转变温度较低。所以，正火后获得的组织较细，钢的强度和硬度也较高。

正火保温时间和完全退火相同，也应根据有关因素和具体情况来确定。

正火处理在生产中得到广泛的应用，主要有以下几个方面：

(1)改善钢的切削加工性能。含碳量低于0.25%的碳素钢和低合金钢，退火后硬度较低，不利于切削加工。采用正火处理，可获得细片状的珠光体组织，使其硬度得到提高，从而改善钢的切削加工性。

(2)消除组织结构缺陷。中碳钢和中碳合金钢铸件、锻件、轧制件和焊接件等在热加工后出现缺陷组织和晶粒粗大等，通过正火处理可以消除这些缺陷组织，同时达到细化晶粒、均匀组织和消除内应力的目的。

(3)消除过共析钢的网状碳化物，以加强球化退火处理的效果，如前所述。

(4)作为淬火返修前的预先热处理。当工件因淬火不当，需要进行重新淬火时，必须先进行一次正火，消除内应力和细化组织，以防止重淬时产生大的变形或开裂。

(5)对于受力不大、力学性能要求不高的普通结构零件，采用正火处理，达到一定的综合力学性能，可以代替生产周期较长、成本较高的调质处理，作为零件的最终热处理。

常用退火和正火工艺的加热温度范围和工艺曲线如图4-18所示。

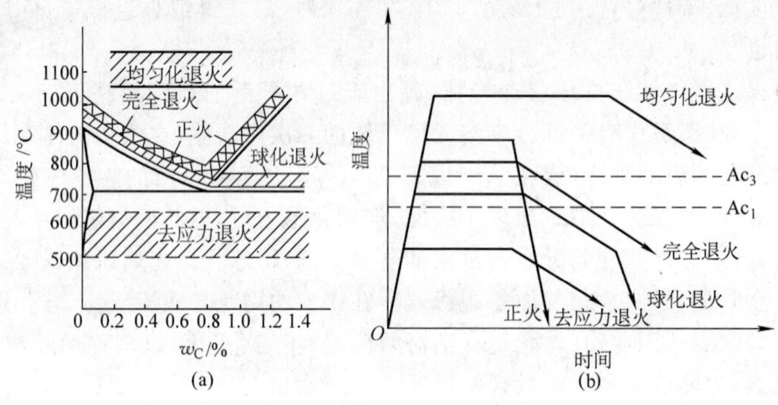

图4-18 常用退火和正火工艺示意图

(a)加热温度范围；(b)工艺曲线。

4.3.3 钢的淬火

淬火是将钢加热到Ac_3或Ac_1以上某一温度，保温一定时间，然后以适当的冷却方法获得马氏体或下贝氏体组织的热处理工艺。

淬火的目的主要是为了获得马氏体组织。有了这种组织，再配以不同温度回火处理，就可获得所需的各种组织及其性能。

1. 淬火加热温度和保温时间

淬火加热温度的选择应以得到均匀细小的奥氏体晶粒为原则，以便淬火后获得细小的马氏体组织。碳钢的淬火加热温度可根据其化学成分利用$Fe-Fe_3C$相图来确定。亚共析钢为Ac_3以上30℃～50℃，共析钢、过共析钢为Ac_1以上30℃～50℃，如图4-19所示。合金钢的淬火加热温度

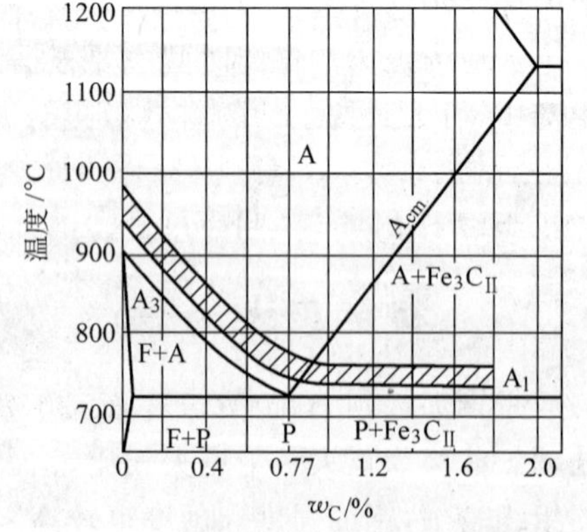

图4-19 碳钢的淬火加热温度范围

可根据其相变点来选择，但由于大多数合金元素在钢中有提高组织稳定性的作用，为了加速奥氏体化，淬火加热温度可以适当提高。而含碳、锰量较高的本质粗晶粒钢则应采用较低的淬火温度，以防止奥氏体晶粒粗化。

淬火保温时间的长短也与诸多因素有关，如前所述。生产中计算保温时间的方法很多，其中较常用的是以工件的有效厚度计算。

在箱式炉中：碳　钢：1min/mm～1.3min/mm；

合金钢：1.5min/mm～2min/mm。

在盐浴炉中：碳　钢：0.4min/mm～0.5min/mm；

合金钢：0.5min/mm～1min/mm。

2. 淬火冷却介质

钢进行淬火冷却时所使用的冷却介质称为淬火冷却介质。常用介质有水、盐水、碱水溶液及各种矿物油等。各种介质的冷却特性如表 4-4 所示。

表 4-4　常用淬火介质的冷却特性

淬火冷却介质	最大冷却速度		平均冷却速度/(℃/s)	
	所在温度/℃	冷却速度/(℃/s)	650℃～550℃	320℃～200℃
水(20℃)	340	775	135	450
水(60℃)	220	275	80	185
w_{NaCl}=10%的水溶液水(20℃)	580	2000	1800	1000
w_{NaOH}=10%的水溶液水(60℃)	560	2830	2750	775
机油(20℃)	430	230	60	65
机油(80℃)	430	230	70	55

由碳钢的等温转变曲线图可知，为了避免钢在淬火时出现珠光体型组织的转变，钢的淬火冷却速度必须大于马氏体临界冷却速度。但是，冷却速度过大将产生巨大的淬火应力，易使工件产生变形甚至开裂。因此，理想的淬火冷却速度曲线应当如图 4-20 所示。过冷奥氏体在C曲线的鼻尖处(550℃左右)应当快速冷却，以通过过冷奥氏体最不稳定的区域，避免发生珠光体转变。而在 650℃以上或 400℃以下，应当缓慢冷却以尽量减小淬火应力。这样就能够得到马氏体组织，又不会发生变形与开裂。

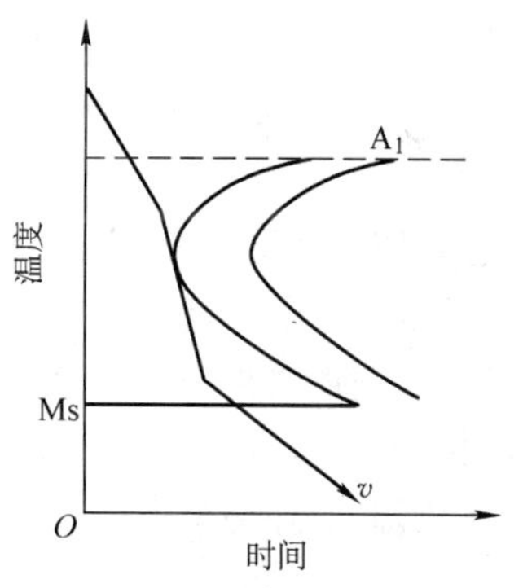

图 4-20　钢的理想淬火冷却曲线

到目前为止，还没有找到一种完全满足理想的淬火冷却速度曲线的冷却介质。在实际生产中，解决能够得到马氏体而又不发生变形与开裂的矛盾，主要是采用合理的淬火冷却方法。

3. 淬火方法

常见的淬火方法如图 4-21 所示。

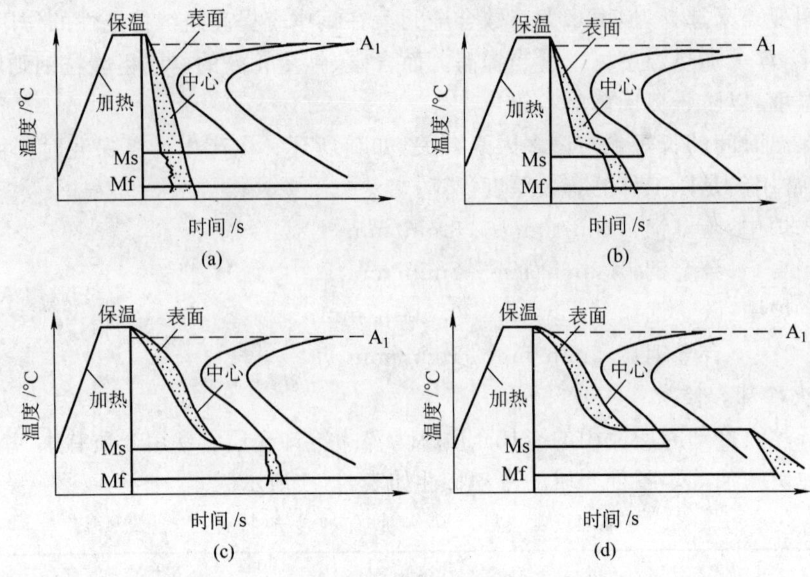

图 4-21　常用淬火冷却方法示意图

(a)单介质淬火；(b)双介质淬火；(c)分级淬火；(d)等温淬火。

1)单介质淬火

它是将奥氏体状态的工件放入一种淬火介质中，并一直冷却到室温的淬火方法。如图 4-21(a)所示。例如，碳钢在水中淬火、合金钢在油中淬火、较大尺寸的碳钢在盐水或碱水中进行淬火等。

为了减少单介质淬火引起工件的变形与开裂，当工件出炉后，不是立即放入冷却介质中，而是先在空气中或预冷炉中稍作停留，使其在较为缓慢的冷却速度下冷至 700℃左右，再放入冷却介质中快速冷却。这种方法称为预冷淬火法。用这种方法可以减小工件变形或开裂倾向。

单介质淬火的优点是操作简便。但只适用于小尺寸且形状简单的工件，对尺寸较大的工件采用这种方法则容易产生较大的变形或开裂。

2)双介质淬火

它是先将奥氏体状态的工件放入冷却能力强的淬火介质中快速冷却至接近 Ms 点温度时，再立即转入冷却能力较弱的淬火介质中冷却，直到完成马氏体转变。如图 4-21(b)所示。例如，碳钢工件先水后油、合金钢工件先水后空气等。这种方法减慢了马氏体转变时的冷却速度，所以能减小产生变形和裂纹的倾向。它主要用于形状较复杂的碳钢工件和形状简单、截面较大的合金钢工件。但双介质淬火法仍未很好地改变工件表面与心部存在温差这一缺点，而且，操作上也难以掌握。

3)分级淬火

它是将奥氏体状态的工件首先放入略高于钢的 Ms 点的盐浴或碱浴炉中保温，当工件内外整体温度均匀后，再从浴炉中取出空冷至室温，完成马氏体转变，如图 4-21(c)所示。这种方法不仅淬火应力小，从而有效地减小或防止了工件淬火变形和开裂，同时还克服了双介质淬火操作困难的缺点。但由于工件在盐浴或碱浴中淬火的冷却速度不够大，大截面零件难以达到其马氏体临界冷却速度。所以，分级淬火只适用于尺寸较小的工件，如刀具、量具和要求变形很小的精密零件。

4)等温淬火

它是将奥氏体化后的工件放入 Ms 点以上某温度(下贝氏体转变温度范围)盐浴中等温，保温足够时间，使其转变成下贝氏体组织，然后在空气中冷却的淬火方法。如图 4－21(d)所示。采用这种淬火方法，能显著地减少变形或开裂，所得到的下贝氏体组织具有较高的硬度和韧性。常用于形状复杂、强度、硬度和韧性要求较高的小型零件，如各种模具、成形刀具和弹簧等。

4. 钢的淬透性

钢淬火的主要目的是获得马氏体组织，但钢件在某种介质中淬火能否得到全部马氏体则取决于钢的淬透性。

1)淬透性的概念

钢件在淬火冷却时，其截面上各点的冷却速度是不同的，表面冷却最快，越往中心冷却越慢，如图 4－22(a)所示。只有冷却速度大于马氏体临界冷却速度的那部分将转变成马氏体组织。如果中心部分低于临界冷却速度，则心部将转变为非马氏体组织，即钢件没有被淬透。如图 4－22(b)所示。通常把淬成马氏体的那一层深度称为淬透层深度。

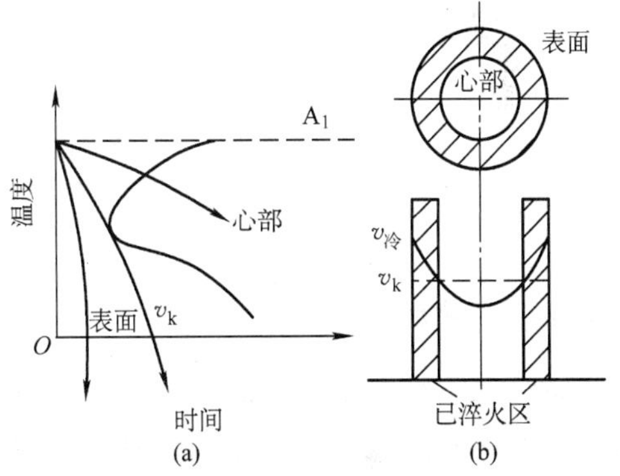

图 4－22　钢件淬火截面冷却速度、马氏体组织分布示意图

(a)冷却速度示意图；(b)马氏体组织分布示意图。

钢的淬透性就是指钢在淬火时获得马氏体层深度的能力，用淬透层的深度来表示。一般规定淬透层的深度是从表面至半马氏体层(50％马氏体＋50％非马氏体)的深度。

2)影响淬透性的因素

钢的淬透性主要取决于过冷奥氏体的稳定性。因此，凡是影响过冷奥氏体稳定性的因素，均能影响钢的淬透性。

钢的化学成分是影响淬透性的主要因素。钢中的合金元素除 Co 外，只要溶入奥氏体都能提高钢的淬透性。其次还有淬火加热温度和保温时间。加热温度越高，保温时间越长，奥氏体晶粒就越粗大，成分越均匀，奥氏体也就越稳定，从而提高了钢的淬透性。

另外，工件截面尺寸大小和淬火介质的冷却能力对淬透层的深度也有很大的影响，如图 4－23 所示。同一钢材，淬火介质相同，工件截面越大，则淬透层的深度越小；同一钢材，工件截面尺寸相同，淬火介质的冷却能力越强，则淬透层的深度越大。

3)淬透性的实用意义

工件在整体淬火条件下，从表面至中心是否淬透，对其热处理后的力学性能有很大的影响。例如，用淬透性不同的钢制成直径相同的轴，进行淬火＋高温回火热处理后，其中淬透性好的整个截面都能淬透，而另一根由于其淬透性差，未能淬透。这两根轴热处理工艺相同，但其力学性能有很大的差异，如图 4－24 所示。因此，淬透性是钢的重要的热处理工艺性能，也是合理选用钢材和正确制定热处理工艺的重要依据之一。

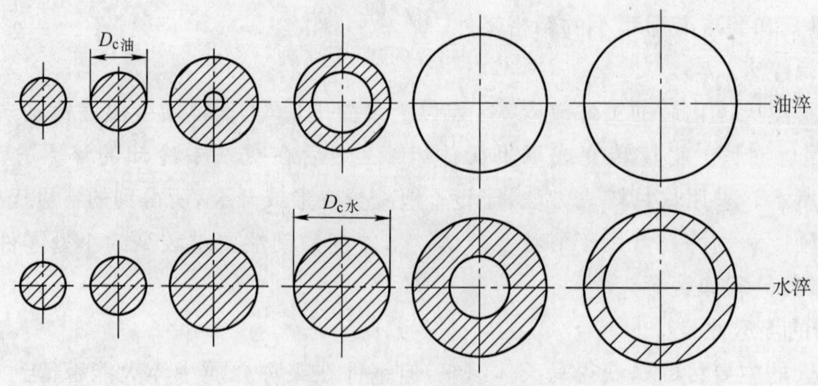

图 4-23　不同直径的 45 钢在油中和水中淬火时的淬透层深度

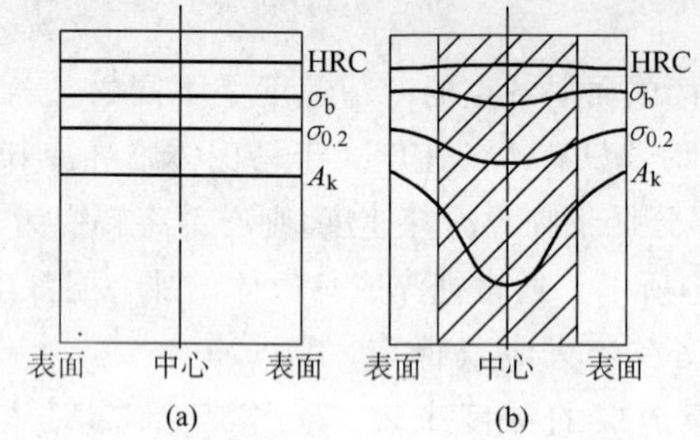

图 4-24　钢的淬透性对淬火＋高温回火后力学性能的影响

(a)淬透的钢件高温回火后的性能沿截面分布情况；

(b)未淬透的钢件高温回火的性能沿截面分布情况。

4.3.4　钢的回火

钢经淬火后的组织一般是由马氏体和残余奥氏体组成。中碳钢和高碳钢的淬火组织虽然具有很高的强度和硬度，但脆性很大，并存在较大的淬火应力，随时间的延长，易产生变形甚至开裂。因此，工件淬火后，一般都不能直接使用，而将其再加热到 A_1 以下的某一温度，保温一定时间，然后冷却至室温，这种热处理工艺称为回火。经过回火的工件才能使用。

归纳起来回火的目的有以下两个方面：

(1)通过采用不同的回火温度，以获得所需要的组织和性能。

(2)稳定组织，消除或减小淬火应力，以防止工件在以后的加工和使用过程中产生变形和开裂。

1. 钢在回火时组织和性能的变化

钢经淬火后的组织主要是马氏体或马氏体加残余奥氏体。在室温下都处于亚稳定状态，马氏体处于含碳过饱和状态，残余奥氏体处于过冷状态，它们都有着向铁素体加渗碳体的稳定状态转变的倾向。但在室温下，原子扩散能力很低，这种组织转变很困难。而回火时，随着回火温度升高和回火时间的延长，原子的活动能力逐渐得到提高，相应地要发生组织转变，一般分为四个阶段，即马氏体的分解、残余奥氏体的转变、碳化物类型的转变和渗碳体的聚集长大等。各个阶段组织转变情况不同，转变后的产物也不同。与此同时，其力学性能表现也不同。一般地，随着回火温度的提高，钢的强度和硬度下降，而塑性和韧性提高。如图 4－25 所示。

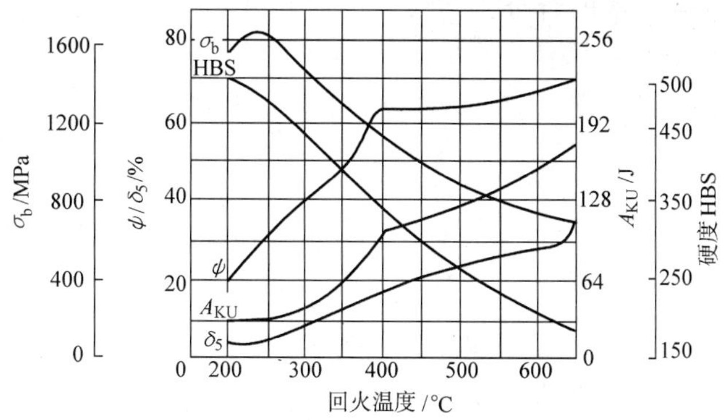

图 4－25　40 钢力学性能与回火温度的关系

决定淬火钢回火后组织和性能的主要因素是回火温度。根据工件的性能要求不同，钢的回火温度范围常采用如下三类：

1)低温回火

低温回火的温度范围为 150℃～250℃，到这个温度时，淬火马氏体分解成由极细的过渡碳化物和含碳过饱和的铁素体组成的组织，称为回火马氏体；残余奥氏体也发生了转变，得到的组织是弥散分布的过渡碳化物和含碳过饱和的铁素体组成的机械混合物，称为下贝氏体或回火马氏体。与淬火马氏体相比，回火马氏体既保持了钢的高硬度(58HRC～64HRC)、高强度和良好耐磨性，又适当提高了韧性。因此，低温回火主要用于高碳钢和高碳合金钢制造的刃具、量具、冷作模具和滚动轴承以及渗碳件和表面淬火工件。

2)中温回火

中温回火的温度范围为 350℃～500℃，到这个温度时，马氏体中过饱和碳以渗碳体的形式完全析出，得到的组织是由铁素体和分布在铁素体基体内的极细小的渗碳体组成的机械混合物，称为回火托氏体。其硬度一般为 35HRC～50HRC，具有很高的弹性极限、屈服点和较好的韧性。中温回火主要用于弹性零件及热锻模具等。

3)高温回火

高温回火的温度范围为 500℃～650℃，到这个温度时，渗碳体聚集长大而粗化，得到在铁素体基体上分布着粗粒状渗碳体的机械混合物，称为回火索氏体，硬度一般为 220HBS～330HBS，具有强度、塑性和韧性都较好的综合力学性能。

工件淬火后进行高温回火的复合热处理工艺称为调质。调质处理广泛应用于各种重要的结构零件如轴、齿轮、连杆和螺栓等。

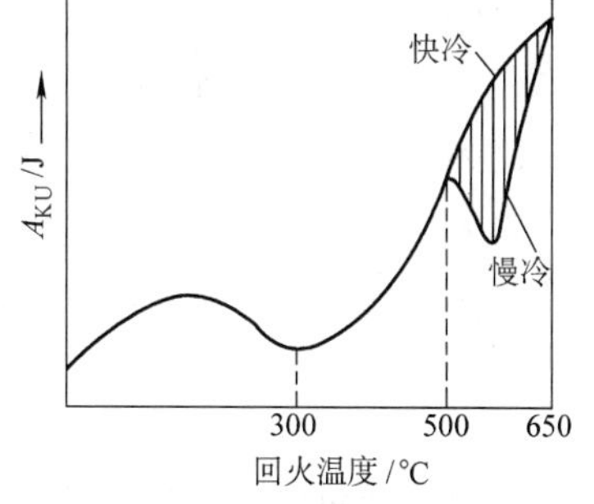

图 4－26　钢的韧性(冲击吸收功)与回火温度的关系

2．回火脆性

淬火钢在回火时，其韧性的变化总趋势是随着回火温度的升高而上升。但是，在 300℃左右回火时，钢的韧性不仅没有上升，反而下降。如图 4－26 所示。

这种现象称为低温回火脆性，也称为第一类回火脆性。低温回火脆性一旦产生就无法消除。因此，生产中一般不在此温度范围内回火。

含有铬、锰、镍等元素的合金钢不仅会出现低温回火脆性，而且在较高温度范围内(550℃～650℃)回火时，如果是缓慢冷却(炉冷或空冷)，其韧性也会显著下降。这种现象称为高温回火脆性，也称为第二类回火脆性。它可以通过再次用较高温度回火后快速冷却来消除。

4.4 钢的表面热处理

为改变工件表面的组织和性能，仅对其表层进行的热处理工艺称为表面热处理。齿轮、凸轮以及各种轴类等零件通常在交变应力下工作时，还承受摩擦和冲击，其表面要比心部承受更高的应力。因此，要求零件表面具有高的强度、硬度和耐磨性，而心部又要具有一定的强度、足够的塑性和韧性。采用表面热处理工艺可以满足这种“表硬心韧”的性能要求。常用的表面热处理有表面淬火和化学热处理两种。

4.4.1 表面淬火

表面淬火是将工件快速加热到淬火温度，然后迅速冷却，仅使表层得到淬火组织的热处理工艺。钢件表面淬火后，还需进行低温回火，使钢件表层获得回火马氏体组织，具有高的强度和硬度，而中心部分仍保持原有组织和性能，从而满足其使用要求。钢件在表面淬火前的预备热处理，一般为调质处理。

表面淬火方法较多，按加热热源分，常用的方法有感应加热表面淬火和火焰加热表面淬火两种方法。

1. 感应加热表面淬火

1)感应加热表面淬火的基本原理

如图4－27所示，将钢件放入铜管制作的感应器(线圈)中，感应器通入一定频率的交流电，在其周围产生频率相同的交变磁场，于是在工件中产生频率相同、方向相反的感应电流，此电流在工件内自成回路，故称此电流为涡流。涡流在工件截面上分布是不均匀的，表面密度大，而越向中心密度越小，并且随电流频率的增加，电流密度分布特点越明显，此现象称为集肤效应。由于涡流的集肤效应和热效应，工件表层被迅速加热到淬火温度，而心部则仍处于相变温度以下，随即喷水快冷，就可达到表面淬火的目的。

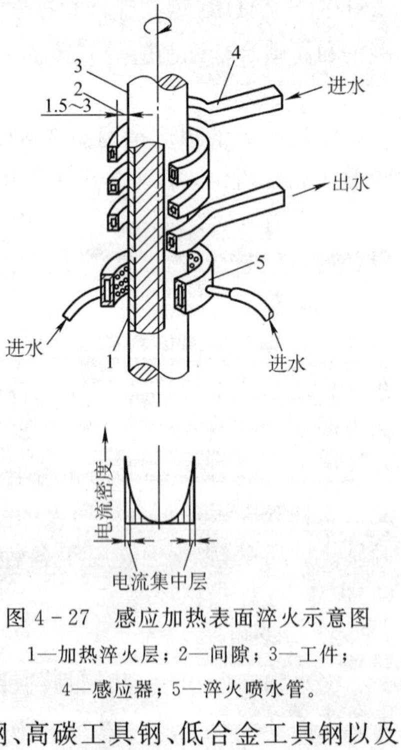

图4－27　感应加热表面淬火示意图
1—加热淬火层；2—间隙；3—工件；
4—感应器；5—淬火喷水管。

2)感应加热表面淬火的应用及特点

感应加热表面淬火主要适用于中碳钢、中碳合金钢、高碳工具钢、低合金工具钢以及铸铁等材料制作的工件。根据电流频率不同，感应加热分为高频、中频和工频加热三种。

在生产中，可根据工件尺寸大小和所要求的淬硬深度来选择，如表 4-5 所列。

表 4-5 感应加热的分类及应用

分 类	频率范围/kHz	淬硬深度/mm	应 用 范 围
高频加热	200～300	0.5～2	中小型轴类、销、套及小模数齿轮等零件
中频加热	2.5～8	2～10	大模数、尺寸较大的轴类等零件
工频加热	50(Hz)	10～15	大直径轧辊、火车车轮等大型零件

与普通淬火相比，感应加热表面淬火有如下特点：

(1)由于感应加热速度非常快，加热温度稍高，无保温时间，因此，奥氏体形核多，不易长大，淬火后表层可获得极细的马氏体组织。表面硬度比普通淬火高 2HRC～3HRC，且脆性较低；因加热时间短，工件氧化脱碳少，淬火变形小。

(2)因马氏体体积增大，所以在工件表层形成较大的残余压应力，这将使工件的疲劳强度提高约 20%～30%。

(3)淬硬层深度易控制，生产率高，容易实现机械化和自动化。

但感应加热表面淬火设备比较昂贵。对形状复杂的工件而言，感应器制造困难。不适于单件小批量生产。

2. 火焰加热表面淬火

火焰加热表面淬火是利用氧—乙炔(或其他气体)的火焰，对工件快速加热，随即快速冷却的热处理工艺，操作方法如图 4-28 所示。

火焰加热淬火的淬硬深度一般为 2mm～6mm。这种方法操作简便，不需特殊设备，成本较低，但加热温度及淬硬层深度不易控制，也不易均匀。因此，淬火质量不稳定，甚至会产生过热、过烧现象。只适于单件、小批量生产或大型工件的表面淬火。

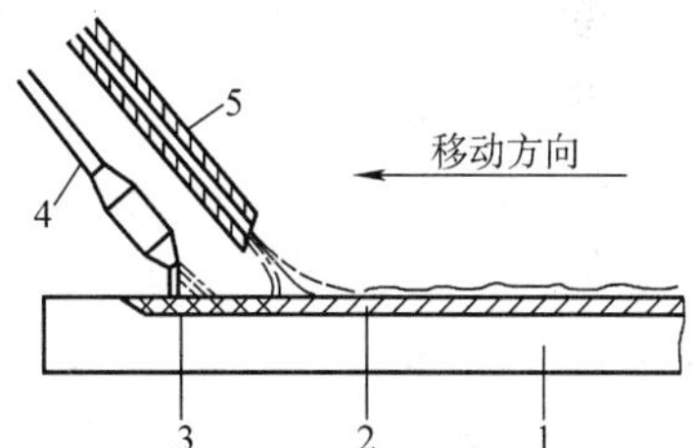

图 4-28 火焰加热表面淬火示意图
1—工件；2—淬硬层；3—加热层；
4—烧嘴；5—喷水管。

4.4.2 化学热处理

将工件放置在特定的介质中加热到一定温度，保温一定时间，使某种元素的原子渗入到钢的表层中，表层化学成分发生变化，从而改变工件表面组织及性能的热处理工艺，称为化学热处理。

根据渗入元素不同，常用的化学热处理方法有渗碳、渗氮和碳氮共渗等。

化学热处理一般由分解、吸收和扩散三个基本过程组成，即在一定条件下从介质中分解出要渗入元素的活性原子。活性原子被工件表面所吸收，被吸收的活性原子由工件表面逐渐向里扩散，形成一定深度的渗层。渗入的活性原子溶入铁的晶格则形成固溶体，或与钢中某元素形成化合物。

1. 钢的渗碳

钢的渗碳是将工件放在含有活性碳原子的介质中加热到一定温度，保持适当时间，使其表层含碳量增高的化学热处理工艺。它主要应用于要求表面硬度高、耐磨性好，而心部具有一定的强度和良好的韧性的零件。渗碳钢一般为低碳钢或低碳合金钢(含碳量为

0.10%～0.25%)。

渗碳所用的介质称为渗碳剂。根据渗碳剂的状态不同,渗碳可分为气体渗碳、固体渗碳和液体渗碳。生产中应用最多的是前面两种。

1)气体渗碳

气体渗碳时,将工件放入密封的渗碳炉炉膛中,如图4-29所示。将炉温加热到900℃～950℃,并向炉内滴入煤油、甲醇或丙酮等渗碳剂。渗碳剂在高温下分解,产生的活性碳原子渗入工件并向内扩散形成渗碳层。渗碳层深度与渗碳时间、温度有关,可按0.10mm/h～0.15mm/h估算,或用试棒实测确定。

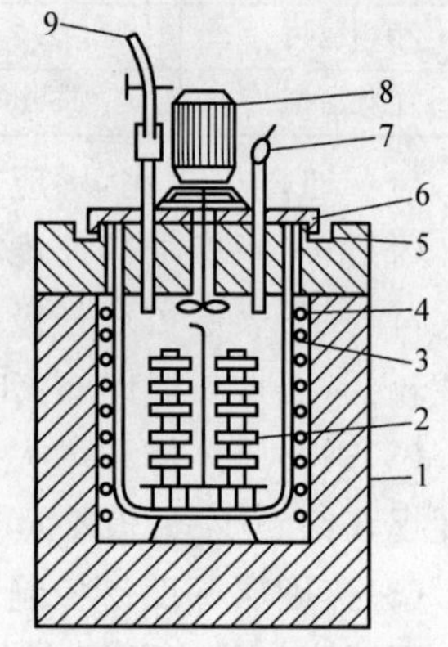

图4-29 气体渗碳示意图

1—炉体;2—工件;3—耐热罐;4—电阻丝;5—砂封;6—炉盖;7—废气火焰;8—风扇电动机;9—煤油。

气体渗碳过程容易控制、质量稳定、生产率高、适于大批量生产、便于实现机械化与自动化。但设备成本高,不适宜单件小批量生产。

2)固体渗碳

将工件放在填满粒状渗碳剂的密封箱中进行渗碳的热处理工艺称为固体渗碳。渗碳剂由木炭和碳酸盐($BaCO_3$ 或 Na_2CO_3)组成。固体渗碳法生产率低,渗碳过程不易控制,但设备简单、成本低。

3)渗碳后的组织

低碳钢工件经渗碳后,由表层到心部的含碳量逐渐降低,大约由1.1%逐渐降到原材料的含碳量。因此,工件经渗碳后缓冷,其组织由表层到心部也不同,依次为过共析层、共析层、亚共析层,心部为原始组织。

4)渗碳后的热处理

工件经渗碳后必须进行淬火和低温回火,才能显著提高其表面强度和硬度。根据渗碳钢的特点及对组织性能的要求,通常采用直接淬火法或一次淬火法,如图4-30所示。渗碳工件经热处理后,其表层组织为回火马氏体及碳化物。硬度可达58HRC～64HRC。心部组织取决于淬透性和工件截面尺寸,一般低碳钢为珠光体+铁素体,硬度为110HBS～150HBS;低碳合金钢为低碳马氏体或低碳马氏体+铁素体,硬度为25HRC～35HRC。因此,工件经热处理后表面具有高的硬度和耐磨性,而心部具有良好的韧性。

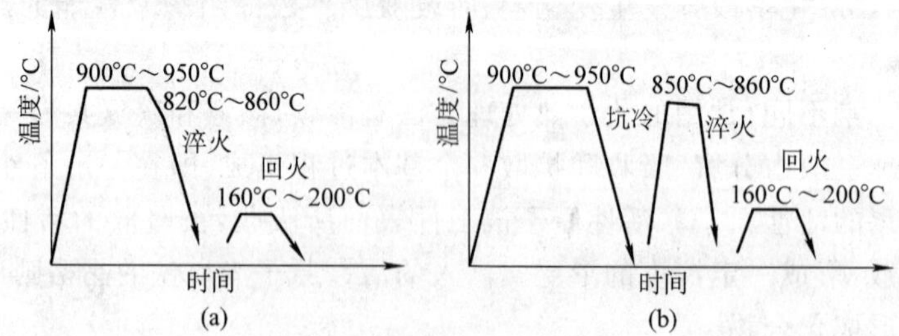

图4-30 渗碳工件的热处理工艺

(a)渗碳后直接淬火;(b)渗碳后一次淬火。

2. 钢的渗氮

在一定温度下使活性氮原子渗入工件表层的化学热处理工艺,称为渗氮。钢经渗氮后不仅能提高其表面硬度、耐磨性和疲劳强度，还可使钢件表面具有良好的耐蚀性。

为了使零件表面具有高硬度，而心部具有足够的强度，常选用合金结构钢进行渗氮，其表层硬度可达 1000HV～1200HV（69HRC～74HRC）。常用牌号有 20Cr、38Cr、20CrMnTi、35CrAl、38CrMoAl、40CrMoA、50CrVA、18Cr2Ni4WA、38CrWVAlA 等。

渗氮与渗碳相比，渗氮后工件无需热处理便具有高的硬度和耐磨性，且变形小。但生产率低、成本高，只适用于精密的耐磨零件，如精密镗床的镗杆及精密磨床主轴等。也常用于模具，提高其使用寿命。

3. 钢的碳氮共渗

在一定温度下同时将活性碳、氮原子渗入工件表层，并以渗碳为主的化学热处理工艺称为碳氮共渗。常用的方法是气体碳氮共渗。

气体碳氮共渗钢大多数是低碳钢、中碳钢以及合金结构钢。碳氮共渗后应进行淬火和低温回火。与渗碳相比，碳氮共渗具有温度低、变形小、硬度高、耐磨性好、抗蚀性好和生产率高等优点。

上述几种表面热处理工艺的比较，如表 4－6 所列。在实际生产中可根据零件的技术要求、结构尺寸以及经济性等因素，选择合适的表面热处理工艺。

表 4－6　几种表面热处理工艺的比较

热处理方法	表面淬火	渗　碳	渗　氮	碳氮共渗
主要工艺过程	表面加热淬火、低温回火	渗碳、淬火、低温回火	渗氮	碳氮共渗，淬火、低温回火（或不进行）
生产周期	较短	长，约 3h～9h	很长，约 30h～50h	短
硬化层深度/mm	0.5～7	0.5～2	0.3～0.6	0.2～0.5
硬度	58HRC～63HRC	58HRC～63HRC	1000HV～1200HV	58HRC～67HRC
耐磨性	较好	良好	最好	良好
疲劳强度	良好	较好	最好	良好
耐蚀性	一般	一般	最好	较好
热处理后变形情况	较小	较大	最小	较小

4. 其他化学热处理简介

1）渗铝

表面渗铝是为了提高零件的抗高温氧化和高温燃气腐蚀能力。常用于燃气轮机、锅炉、石油、化工管道容器以及炉底板等零部件。

2）渗铬

表面渗铬主要是为了提高零件的抗氧化和耐磨性能，常用于燃气轮机、汽车、锅炉、化工部门以及锻模、锉刀、丝锥等。

3）渗硫

渗硫能提高刀具的耐磨性，延长刀具寿命，也可用于低速运动的零件，如滚压模等。

4）渗硼

渗硼主要是为提高钢件的硬度和耐磨性，用于模具和其他耐磨件。

5)硫氮共渗

硫氮共渗，常用于高速工具钢制造的刀具，能改善钢的磨擦性能、提高其耐磨性和抗疲劳性能。

6)硫氮硼共渗

硫氮硼共渗，用于碳钢和低合金钢结构件，以提高抗蚀性和耐磨性。

4.5 其他热处理方法简介

上述热处理方法还存在一些缺点，如工件在热处理过程中易产生氮化、脱碳和变形等缺陷，还不能满足某些技术条件更高、更严的零件的要求。科学技术的发展，特别是计算机技术和新热源逐步应用于热处理工艺，大大地改善和发展了热处理技术，使大幅度提高热处理质量和生产效率成为可能。

4.5.1 形变热处理

形变热处理是将塑性变形与热处理结合起来，以提高工件力学性能的复合工艺。基本原理是利用金属的塑性变形和相变，细化晶粒，提高位错密度，增大晶格畸变程度，使化合物充分弥散，可获得比单一强化方法更好的综合强化效果。形变热处理根据形变温度不同，可分为低温形变热处理和高温形变热处理。

1. 低温形变热处理

低温形变热处理是将工件奥氏体化保温后，快冷至500℃～600℃进行塑性变形，随后淬火、回火的工艺。由于变形温度低、强化效果好，但变形量不能过大，所以这种工艺只适用于合金钢制造的高强度的小型零件。

2. 高温形变热处理

高温形变热处理是将钢加热到稳定的奥氏体区内，在该温度下进行塑性变形，随即淬火、回火的工艺。与普通热处理相比，这种工艺能显著改善工件的力学性能，尤其是在提高工件的韧性和疲劳强度方面效果显著。

形变热处理除应用于钢外，还可应用于耐热合金和时效强化型非铁金属，如铝合金、镁合金等。

4.5.2 真空热处理

真空热处理是指在低于一个大气压的环境(真空炉)中进行加热的热处理，包括真空退火、真空淬火、真空回火和真空化学热处理。

工件在真空炉中加热速度很慢，截面温差很小，不易氧化。在1.33Pa～0.0133Pa真空度下加热，可使工件表面无氧化、不脱碳，热处理变形小。提高了疲劳强度、耐磨性和韧性，改善了生产劳动条件。但真空设备结构复杂、价格较高，一般只用于工模具、精密零件的热处理。

4.5.3 可控气氛热处理

工件在普通热处理过程中，将不可避免地出现氧化与脱碳。如果工件热处理时，往炉中通入或形成其种气氛以调节炉气成分，就能有效防止氧化、脱碳，提高表面质量。这种在炉气成分可以控制的炉内对工件进行加热或冷却的热处理工艺，称为可控气氛热处理。可控气氛有渗碳性、还原性和中性气氛三种。而根据气氛产生方式，又分为滴注式、吸热式和放热式三种。

4.5.4 激光热处理和电子束表面淬火

用激光作为热源的热处理，称激光热处理。激光热处理利用高能量密度（$1000W/cm^2$～$100000W/cm^2$）的激光束，对工件表面照射，使其在极短时间（约 0.01s～1s）被加热到相变温度以上，停止照射后，热量迅速向周围未被加热的部分传递，而加热处则迅速冷却，达到自冷淬火的目的。

电子束表面淬火是利用电子枪发射成束电子，轰击工件表面，使之极快加热，以达到自冷淬火的热处理工艺。

激光热处理和电子束表面淬火与其他表面热处理工艺比较，加热速度极快，加热影响区域小，不需淬火介质，变形极小、表面光洁，对任何复杂工件均可局部淬火，而不影响相邻部位的组织和表面质量，目前主要用于精密零件和重要零件的局部表面淬火，也用于对微孔、沟槽、盲孔等部位进行淬火。

思考题与习题

4-1 什么是热处理？它对零件制造有何重要意义？

4-2 热处理加热时的奥氏体晶粒大小与哪些因素有关？为什么说奥氏体晶粒大小直接影响钢经热处理冷却后的组织和性能？

4-3 画出共析钢等温转变曲线图，说明不同组织转变温度和组织形状特征以及力学性能变化倾向？

4-4 共析钢的等温转变曲线与连续转变曲线有什么不同？原因是什么？

4-5 将两个同尺寸的的 T12 钢试样分别加热到 770℃和 870℃，保温相同时间后以大于 v_k 的同一冷却速度冷至室温，试问：

(1)哪个试样中马氏体的含碳量较高？

(2)哪个试样中残余奥氏体量较多？

(3)哪个试样中未溶碳化物较多？

(4)哪个淬火加热温度较合适？为什么？

4-6 试述钢的退火、正火、淬火加热温度范围，45 钢、T12 钢淬火加热温度是多少？

4-7 何谓钢的淬透性和淬硬性？它们有什么区别？

4-8 何谓回火？回火分几种类型？各获得什么组织？其应用范围有何不同？

4-9 表面热处理包括哪些方法？

4-10 渗碳的目的是什么？为什么渗碳钢一般采用低碳钢和低碳合金钢？

4-11 钢渗氮后性能有什么特点？

4-12 制造下列零件或工具：虎钳口、锉刀、弹簧垫圈、承力螺栓和连杆，应采用什么热处理工艺？获得什么组织？其性能如何？

第 5 章　钢和铸铁材料

钢和铸铁材料(简称钢铁材料)是应用最广泛的机械工程材料。了解钢铁材料的生产、分类、成分、性能、牌号及其用途,对钢铁材料的合理选择、使用以及加工是非常重要的。

5.1 钢铁生产

钢铁生产是在原材料生产厂即钢铁厂进行的。基本过程是首先从铁矿石中炼出生铁,该生铁分为两类,一类用做铸铁件生产的原料;另一类作为主要原料熔炼成钢。冶炼出来的钢除一部分直接用来浇注铸钢件外,绝大部分是先浇注成钢锭,再经过轧制或锻压制成各种钢材或锻件,供进一步加工使用。图 5-1 为钢铁生产过程示意图。

5.1.1 钢铁的冶炼

1. 炼铁

铁是钢铁材料的主要组成元素。在自然界里,铁主要以 Fe_2O_3 和 Fe_3O_4 的形式存在,并且同其他物质混合在一起,这种混合物称为铁矿石。所以,铁的冶炼过程,实质上就是将铁矿石中的氧化铁还原为铁,并且将其他物质分离的物理化学过程。

炼铁的主要原料是铁矿石、焦炭和石灰石。炼铁时,各种原料必须按一定比例混合冶炼。

1)炼铁的基本过程

炼铁的主要设备是高炉。高炉炼铁如图 5-2 所示。

炼铁时,将混合原料从加料口装入,同时,经热风炉预热后的空气从进风口吹入炉中,使焦炭燃烧产生高温和大量的 CO 气体。焦炭和 CO 气体不断把铁从铁矿石中还原出来,由于高炉内存在大量的碳,从铁矿石中还原出来的铁与碳接触便发生渗碳作用,变成含碳较高而熔点较低的生铁,在炉内的高温下最终都熔化成铁水,从出铁口流出。由于焦炭中还含有硫等杂质,铁矿石内又夹带有硅、锰、磷、硫等成分,在高炉冶炼的条件下,这些元素也会渗入到铁中,这样,生铁除了铁、碳两种主要成分外,还含有硅、锰、磷、硫等杂质。

炼铁时,焦炭燃烧形成的灰粉及矿石中的其他物质与铁混在一起。通过加入石灰石,使之与灰粉、其他物质等构成造渣反应,结果形成熔点较低、密度较小的熔渣,浮在铁液上面。可从稍高于出铁口的出渣口排出熔渣。

2)高炉炼铁产品

如前所述,高炉冶炼出的铁不是纯铁,而是含有 C、Si、Mn、P、S 等元素的物质,称为生铁。按含硅量不同,生铁分为炼钢生铁和铸造生铁。铸造生铁的含硅量较高($w_{Si}=$

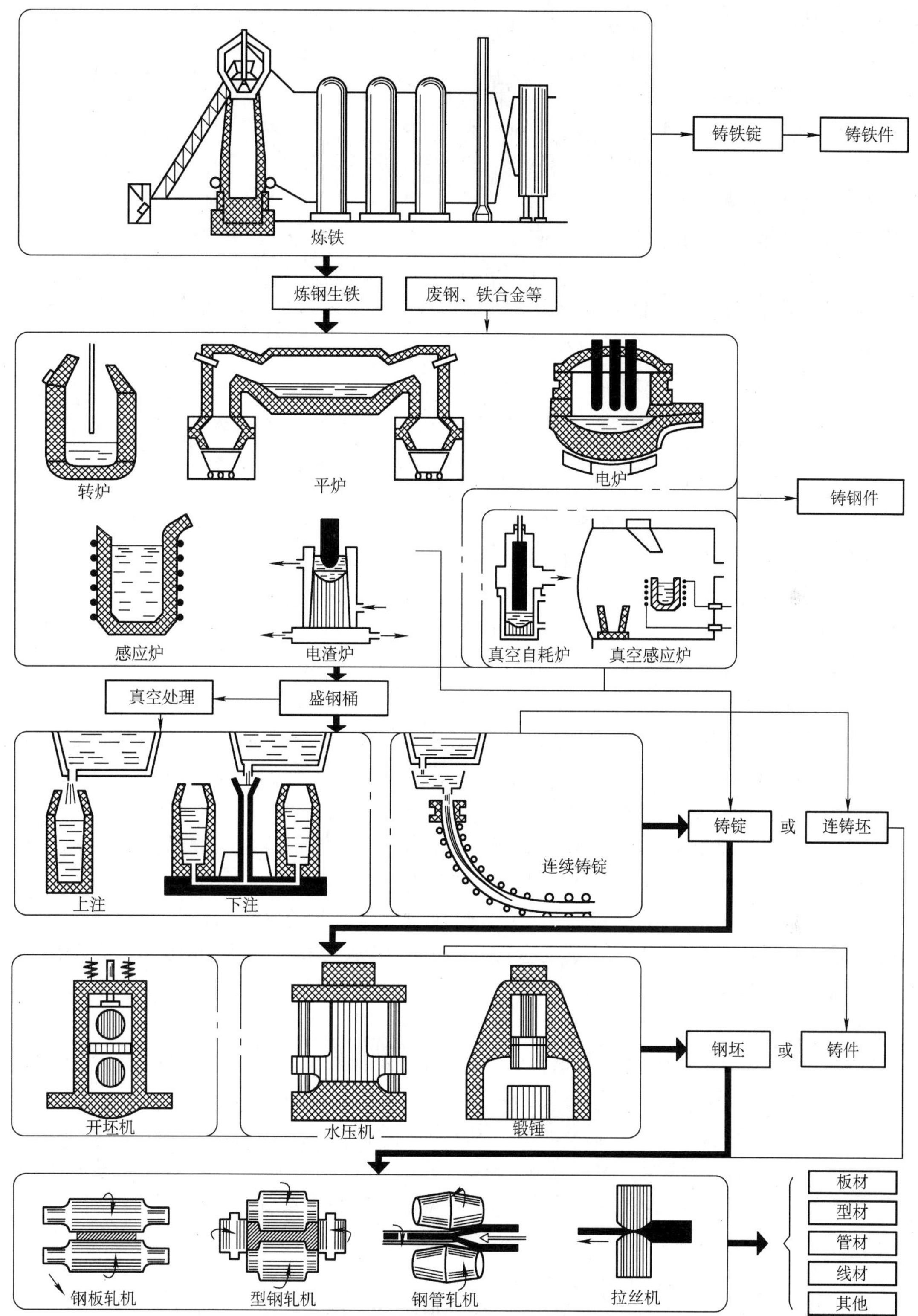

图 5-1 钢铁生产过程示意图

1.25%～3.2%)，主要用做铸铁件生产的原料。炼钢生铁的含硅量较低(w_{Si}＜1.25%)，主要用做炼钢原料。

高炉冶炼的副产品主要有炉渣和高炉煤气。炉渣可用做制造水泥等建筑材料的原料；高炉煤气经净化后，可作为气体燃料使用，如加热热风炉及民用管道煤气等。

2. 炼钢

与钢的成分相比，生铁含碳量高，且含有较多硅、锰、硫、磷等杂质，力学性能差，其加工和应用都受到限制。炼钢过程实质上就是将生铁中多余的成分除去的过程，使之达到钢的成分要求。

1)炼钢的基本过程

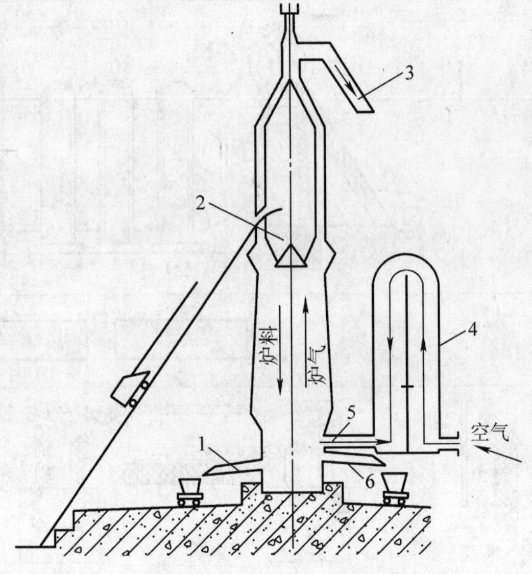

图 5－2　高炉炼铁

1—出铁口；2—进料口；3—煤气出口；4—热风炉；5—进风口；6—出渣口。

(1)氧化过程。生铁中的碳、硅、锰、磷等在高温条件下与氧的亲和力比铁强。炼钢时加入的氧化剂(氧气、铁矿石)将优先与这些杂质产生化学反应。生成的CO气体在逸出时使熔池产生沸腾，造成强烈搅拌，因而加速了化学反应的进行；生成的硅、锰、磷等的氧化物及混合入铁中的硫，将与熔剂CaO等构成一系列造渣反应生成炉渣。

(2)脱氧过程。由于要向生铁液中供入大量的氧以去除杂质，因而当杂质氧化至所需程度时，钢液中却溶入了过多的氧，因此，在炼钢后期必须进行脱氧，才能获得符合要求的成品钢。

钢液在浇注前用锰铁、硅铁和铝进行充分的脱氧，以至钢液在凝固时不析出CO，得到成分比较均匀，组织比较致密的钢锭，这种钢称为镇静钢。

如果在冶炼末期对钢液仅进行轻度脱氧，而使相当数量的氧留在钢液中，则钢液注入锭模后，钢中的氧与碳会发生化学反应，大量CO气体从钢液逸出，引起浇注时钢液沸腾，这种钢叫沸腾钢。沸腾钢的成分偏析大、组织不致密、力学性能较差，所以对力学性能要求较高的零件，应选用镇静钢。

脱氧程度介于镇静钢与沸腾钢之间的，称为半镇静钢。

2)炼钢方法

炼钢的方法有转炉炼钢法、电弧炉炼钢法和平炉炼钢法等，目前常用的是前两种。

(1)转炉炼钢法。图 5－3(a)所示为氧气顶吹转炉。氧气顶吹转炉炼钢法是目前应用最广的炼钢法。冶炼时直接利用吹氧管将氧气从炉顶吹入温度约为 1200℃～1300℃生铁液中，以纯氧作为氧化剂，使其中的C、Si、Mn、P等元素迅速氧化，并靠这些元素氧化时所放出的大量热量进行冶炼。

氧气顶吹转炉炼钢法生产率高，不需要外加热源，成本低，钢的质量也较好，所以应用很广。

(2)电弧炉炼钢法。图 5－3(b)所示为电弧炉。冶炼时利用电流通过电极和金属炉料间产生的电弧，放出大量的热量，炉料温度可高达2000℃。同时冶炼过程可以调节，化学成分容易控制。但电弧炉耗电量大，炼钢成本高，所以电弧炉主要用于冶炼优质合金钢。

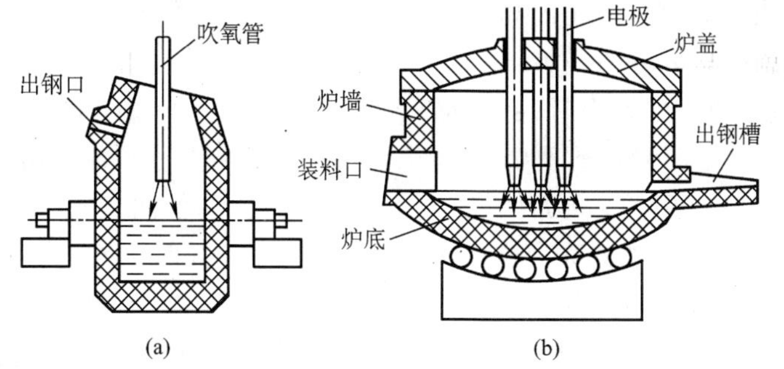

图 5-3　转炉、电弧炉结构示意图

(a)转炉；(b)电弧炉。

钢在冶炼后，除少数直接铸成铸钢件外，绝大部分都要铸成钢锭。铸造钢锭是炼钢生产的最后一个环节。

5.1.2　钢材的生产

冶炼成的钢锭，除一部分用于大型锻件外，大部分要通过轧制、挤压、拉拔等压力加工方法制成型材、板材、管材和线材等，如图 5-1 所示。

对钢锭进行压力加工不仅可以获得一定形状的工件，而且能改善钢锭的组织和性能。

5.2　杂质元素和合金元素在钢中的作用

钢的主要成分是铁元素和碳元素，除此之外，还含有其他一些元素。通常把这些元素分为两类，一类是在冶炼过程或在加工过程中残留的或带入的、非特意加入的，称为钢的杂质元素；另一类是为了改善钢的性能而有意加入的，称为钢的合金元素。

根据国家标准 GB/T 13304—91《钢分类》规定，钢按化学成分分为非合金钢、低合金钢和合金钢三类。

非合金钢是指 $w_C<2.11\%$，并含有少量 Si、Mn、S、P 等杂质元素的铁碳合金，习惯上称为碳素钢(简称碳钢)。

低合金钢与合金钢是指在非合金钢基础上有目的地加入了合金元素的钢种。

5.2.1　钢中的常存杂质元素及其作用

钢中的常存杂质元素主要是 Si、Mn、S、P 以及 H、O、N 等。

1. 硅的作用

钢中的硅来自炼钢原料。硅与钢液中的 FeO 经化学反应生成炉渣，从而能消除 FeO 夹杂对钢质量的不良影响。同时，硅能溶于铁素体中产生固溶强化，提高钢的强度和硬度。所以，硅在钢中是有益元素，但作为杂质元素存在时，其质量分数通常不超过 0.4%。

2. 锰的作用

钢中的锰也来自炼钢原料。锰能溶于钢中铁素体，还可以溶入渗碳体，形成(Fe,Mn)3C，对钢有一定的强化作用。锰在钢中可夺取硫，以形成高熔点的 MnS，减轻或消除硫在钢中有害的热脆现象，并提高钢的热加工性能。所以，锰在钢中也是有益元素，但作为杂质元素存在时，其质量分数应不超过 0.8%。

3. 硫的作用

硫是从炼钢原料和燃料中带入钢中的。硫与铁形成 FeS，而 FeS 进一步与铁形成共晶体，分布在奥氏体晶界处。这种共晶体熔点低（985℃），因此，当钢在 1000℃以上进行热加工时，由于晶界处低熔点共晶体（FeS+Fe）的熔化，晶粒间失去了结合力，钢变得很脆，并沿晶界处裂开，这种现象称为热脆。所以硫在钢中是有害元素，必须严格控制其含量。

4. 磷的作用

磷也是从炼钢原料和燃料中带入钢中的。磷溶于铁素体，也可以形成脆性很大的化合物 Fe_3P。磷具有强烈的固溶强化作用，可显著提高钢的强度和硬度，但也使钢的韧性和塑性急剧降低。在低温时（100℃以下）变脆现象十分严重，称为冷脆。因此，磷在钢中也是有害元素，其含量也必须严格控制。

钢中含硫和磷也有它有利的一面，例如，硫在钢中易形成 MnS 等微粒，可使钢在切削加工时易断屑，以提高钢的切削性能。

5. 氧、氢、氮的作用

氧、氢、氮一般都是在冶炼及热加工过程中，从空气或其他途径溶入钢中的，它们都是有害的杂质元素。

氧在钢中是以氧化物夹杂的形式存在的，主要有 FeO、Al_2O_3、CaO、MnO、SiO_2 等。这些夹杂物破坏了钢基体的连续性，将降低钢的塑性、韧性、疲劳强度和耐蚀性。

含有氢的钢，在低应力载荷作用下，经一定时间后会突然发生断裂，称为钢的氢脆现象。

钢中的氮能溶于铁素体，在钢空冷或淬火冷却时，会析出脆化相 Fe_4N，使钢变脆。

5.2.2 合金元素在钢中的作用

钢中常加入的合金元素有 Cr、Mn、Si、Ni、Mo、W、V、Ti、Co、B、Nb、Al 等。

1. 合金元素对钢力学性能的影响

合金元素在钢中的存在形式主要有两种，一是溶入铁素体形成固溶体，形成固溶体的合金元素，大都是与碳的亲合力较低的元素，有 Ni、Al、Si、Co 等；二是与碳的亲合力较强的元素，Fe、Mn、Cr、Mo、V、Nb、Ti 等与碳形成碳化物。

合金元素溶入铁素体后，由于原子半径的差异，引起内部晶格畸变，起固溶强化作用，如图 5-4 所示。而钢中形成细小的碳化物，分布在固溶体的基础上，阻碍位错运动，起到弥散强化作用，能显著提高钢的强度、硬度和耐磨性。

2. 合金元素对 $Fe-Fe_3C$ 相图的影响

合金元素对 $Fe-Fe_3C$ 相图的影响比较复杂，主要介绍以下三点：

(1)扩大奥氏体区。Mn、Ni、Co 等元素加入钢中，使相图中的 A_1 线和 A_3 线下降，奥氏体区扩大，如图 5-5(a)所示。当钢中该类元素含量很高时，奥氏体区可能扩展到室温以下，使钢在高温或者室温都能获得稳定的单相奥氏体组织，这种钢称为奥氏体钢。该钢具有一定的强度、硬度和良好的塑性、韧性，并具有一定的耐热性和耐蚀性。

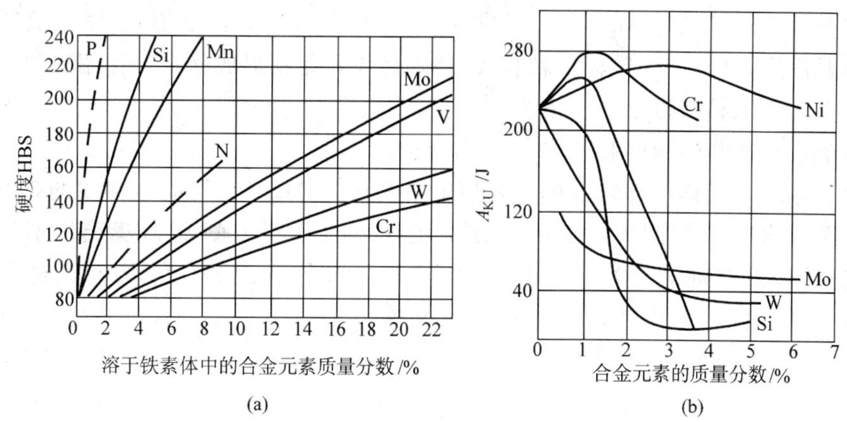

图 5-4 合金元素对铁素体力学性能的影响

(a)对硬度影响；(b)对冲击吸收功的影响。

(2)缩小奥氏体区。Cr、Mo、W、V、Ti、Al 等元素加入钢中，使相图中的 A_1 线和 A_3 线上升，奥氏体区缩小，如图 5-5(b)所示。当钢中该类元素含量很高时，奥氏体区消失，使钢在高温或者室温都能获得稳定的铁素体组织，这种钢称为铁素体钢，铁素体钢在性能方面与奥氏体钢相近。

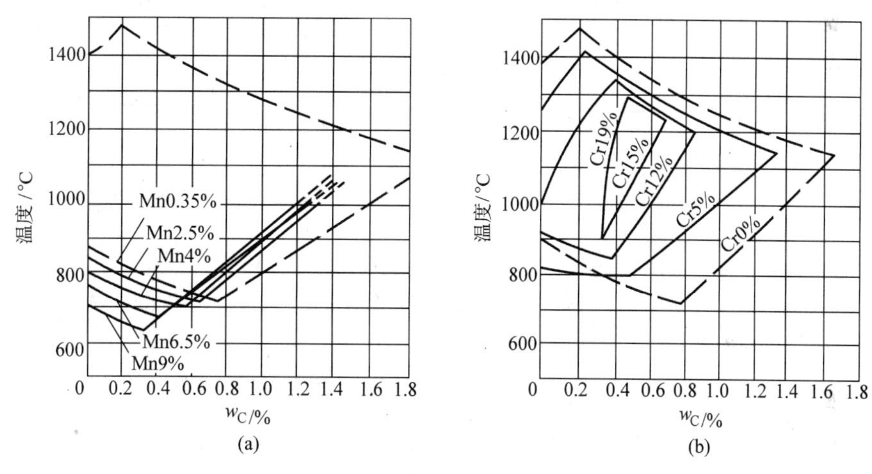

图 5-5 合金元素对 Fe-Fe_3C 相图奥氏体相区的影响

(a)Mn 的影响；(b)Cr 的影响。

(3)对 E 点和 S 点位置的影响。几乎所有的合金元素都使 S 点和 E 点左移。S 点左移意味着共析成分的含碳量降低，如碳质量分数 $w_C=0.4\%$ 的钢为亚共析钢，而碳质量分数相同、加入合金元素铬，其质量分数 $w_{Cr}=14\%$ 的钢却具有过共析钢的组织；E 点左移意味着出现莱氏体组织的含碳量降低，使钢的组织中可能出现莱氏体。例如，高速钢中碳的质量分数仅为 1%左右，可是在铸态下却出现了莱氏体组织。

3. 合金元素对热处理的影响

1)对钢加热转变的影响

除了 Mn 及其他少数元素外，大多数元素均减慢奥氏体的形成过程，延长奥氏体成分均匀化的时间。因此，为了加快碳化物的溶解和奥氏体成分的均匀化，应提高热处理加热温度和延长保温时间。

大多数合金元素(除 Mn、P 外)形成的碳化物,在高温下较稳定,且以弥散质点分布在奥氏体晶界上,可阻止奥氏体晶粒长大,特别是强碳化物形成元素的作用更显著。含有这些合金元素的钢易获得细晶粒组织。

2)对奥氏体冷却转变的影响

合金元素对奥氏体冷却转变的影响集中反映在对奥氏体冷却转变曲线的影响上。

钢中加入合金元素,除 Co 外,都能增大奥氏体的稳定性,使过冷奥氏体不易发生转变,延长过冷奥氏体向珠光体型组织转变时间,使冷却转变曲线右移,甚至有些强碳化物形成元素还使 C 曲线形状也发生变化,出现了两个鼻尖,降低了马氏体临界冷却速度,提高了钢的淬透性,如图 5-6 所示。

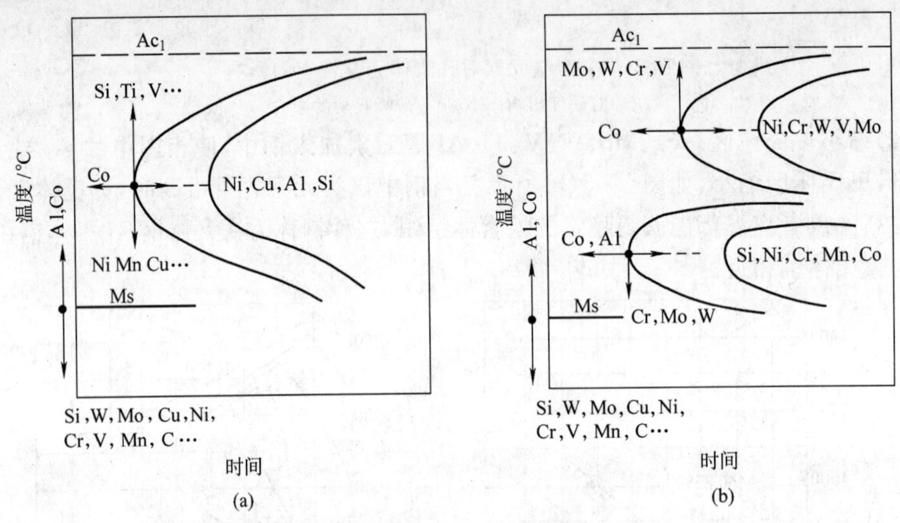

图 5-6 合金元素对过冷奥氏体转变的影响

(a)一个鼻尖的 C 曲线;(b)两个鼻尖的 C 曲线。

3)对马氏体点的影响

钢中加入合金元素 Mn、Cr、Ni、Mo、W 等,均可不同程度地降低上马氏体点 Ms 和下马氏体点 Mf,含有该类合金元素的钢淬火后,会增加残余奥氏体量,如图 5-7 所示。

4)对钢耐回火性的影响

耐回火性是指淬火钢件在回火时抵抗软化的能力。回火时,由于合金元素阻碍铁和碳原子扩散,马氏体不易分解,残余奥氏体向马氏体或下贝氏体转变困难,碳化物不易析出或聚集。要使马氏体分解、残余奥氏体转变,必须提高回火温度、延长保温时间。因此,合金钢的耐回火性好。同时,提高回火温度、延长保温时间,有利于消除钢件内部应力,提高塑性、韧性。

5)产生二次硬化

钢中含有强碳化物形成元素如 Cr、W、Mo、V、Ti、Nb 等,并且其含量超过一定数值,在 500℃~600℃回火时,会从马氏体中析出合金碳化物,如 Cr_7C_3、Mo_2C、W_2C、VC 等。这类碳化物硬度高、数量多、颗粒小,弥散分布在钢的基体组织上,钢在回火后不仅硬度没有下降,反而有所提高,该现象称为二次硬化。二次硬化实质上是一种弥散强化。此外,某些含合金元素较多的合金钢在此温度回火时,部分残余奥氏体转变为马氏体或贝氏体,

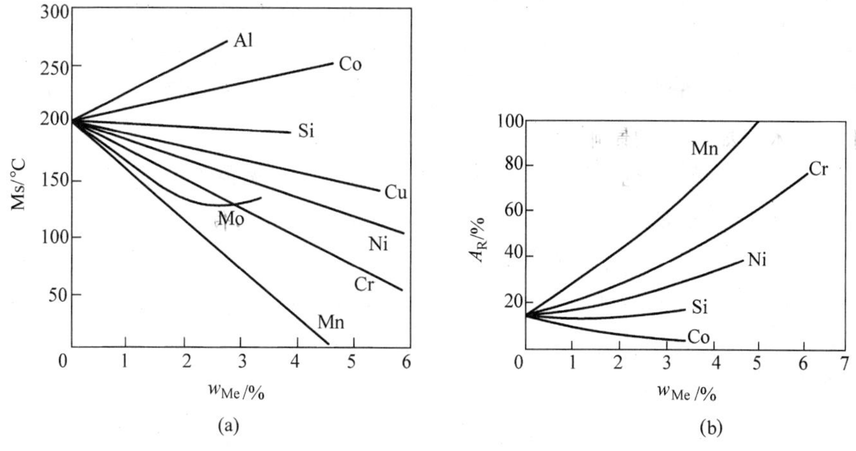

图 5－7　合金元素对马氏体转变的影响

(a)对 Ms 的影响；(b)对残余奥氏体量的影响。

也是产生二次硬化的一个原因。

由于二次硬化，合金钢在较高温度(500℃～600℃)回火后仍保持很高的强度、硬度和韧性。因此，这一特性对高速切削刀具及热变形模具等具有重要意义。

5.3 非合金钢

5.3.1 非合金钢的分类

非合金钢的分类方法很多，通常按碳的含量、钢的质量以及用途进行分类。

1. 按钢中的含碳量分类

(1)低碳钢：$w_C<0.25\%$

(2)中碳钢：$0.25\%\leqslant w_C\leqslant 0.60\%$

(3)高碳钢：$w_C>0.60\%$

2. 按钢的质量分类

(1)普通质量碳钢：$w_S\geqslant 0.045\%$，$w_P\geqslant 0.045\%$

(2)优质碳钢：$w_S\leqslant 0.035\%$，$w_P\leqslant 0.035\%$

(3)特殊质量碳钢：$w_S\leqslant 0.020\%$，$w_P\leqslant 0.030\%$

3. 按钢的用途分类

(1)碳素结构钢：主要用于制造各种机械零件和工程构件，一般为低、中碳钢。

(2)碳素工具钢：主要用于制造各种刃具、量具和模具，一般为高碳钢。

(3)碳素铸钢：主要用于制造形状复杂的铸钢件。

5.3.2 非合金钢的编号、性能和应用

1. 碳素结构钢

1)碳素结构钢的编号

碳素结构钢的牌号是以屈服点的符号、屈服点数值、质量等级符号及脱氧方法符号等

四部分依次组成的。其中，屈服点的符号用屈服点的汉语拼音首字母 Q 表示。质量等级有 A、B、C、D 和 E 五种，A 级的硫和磷含量最高，质量等级最低；E 级的硫和磷含量最低，质量等级最高。脱氧方法用汉语拼音字母 F(沸腾钢)、b(半镇静钢)、Z(镇静钢)、TZ(特殊镇静钢)表示，通常“Z”和“TZ”可省略。

例如，Q215AF，表示 $\sigma_s \geqslant 215$MPa，质量等级为 A 级的碳素结构钢(属沸腾钢)。

2)碳素结构钢的性能及应用

碳素结构钢的牌号、化学成分和力学性能见表 5-1。

碳素结构钢的杂质元素含量较高，属普通质量碳钢。它一般以板材、棒材、管材、角钢、槽钢及钢筋等型材热轧状态供应，加工成机械零件或工程结构件后，往往可不经热处理就直接使用。

Q195、Q215A、Q215B 强度低、塑性好，可用来制造薄板、焊接钢管、铁丝、铁钉及烟囱等。

Q235A、Q235B、Q235C、Q235D 强度较低、塑性较好，可用来制造钢筋、钢管、铆钉、小轴、外壳及焊接件等。

Q255A、Q255B、Q275 强度较高、塑性较低，可用来制造拉杆、连杆、轴、键及销钉等强度要求较高的零件。

2. 优质碳素结构钢

1)优质碳素结构钢的编号

优质碳素结构钢的牌号用两位数字表示，代表钢中平均碳的质量分数的万分数。例如，20 表示平均碳的质量分数为万分之二十($w_C=0.2\%$)的优质碳素结构钢。一般优质碳素钢锰的质量分数为 0.25%～0.9%，而在 0.9%～1.2%间则为锰的质量分数较高的优质碳素结构钢，在牌号数字后面加上锰的元素符号“Mn”，如 40Mn、65Mn 等。若为沸腾钢，则在两位数字后面加符号“F”，如 08F。

2)优质碳素结构钢的性能及应用

优质碳素结构钢的牌号、化学成分和力学性能见表 5-2。

优质碳素结构钢有害杂质元素 P、S 受到严格限制，非金属夹杂物含量较少，主要用于制造重要的机械零件，一般都要经过热处理之后使用。

08F 钢是一种含碳量很低的沸腾钢，强度很低、塑性很好。主要用于制造冷冲压件，如汽车和仪器仪表的外壳、容器、罩子等。

10～25 钢属低碳钢，强度、硬度较低，塑性、韧性好，具有良好的焊接性能。常用做冲压件和焊接件，以及受力不大、韧性要求高的机械零件及渗碳件，如螺栓、螺钉、螺母、小轴、套筒、法兰盘及齿轮等零件。其中 20 钢是常用的渗碳钢。

30～55 钢属中碳钢，一般是在正火状态，或调质状态，或表面淬火状态下使用，具有良好的综合力学性能，主要制造受力较大的机械零件，如轴、连杆、齿轮、齿条及活塞杆等零件。

60～70 钢属高碳钢，经热处理(正火或淬火＋中温回火)后，可获得较高强度和高弹性。常用来制造各类弹性零件及要求耐磨性较高的零件，如圈簧、板簧、凸轮、轧辊及钢丝绳等零件。

含锰量较高的优质碳素结构钢其性能和用途与上述相应牌号钢基本相同，但淬透性

表 5-1　碳素结构钢的牌号、化学成分和力学性能(摘自 GB/T 700—88)

牌号	等级	化学成分 w_{Me}/%					脱氧方法	拉伸试验													冲击试验	
		C	Mn	Si	S	P		屈服点 σ_s/MPa						抗拉强度 σ_b/MPa	伸长率 δ_5/%						温度 t/℃	V 型冲击吸收功(纵向) A_{KV}/J
				不大于				钢材厚度(直径)$\delta(d)$/mm							钢材厚度(直径)$\delta(d)$/mm							
								≤16	>16~40	>40~60	>60~100	>100~150	>150		≤16	>16~40	>40~60	>60~100	>100~150	>150		
								不小于							不小于							不小于
Q195		0.06~0.12	0.25~0.50	0.30	0.050	0.045	F,b,Z	(195)	(185)					315~390	33	32						
Q215	A	0.09~0.15	0.25~0.55	0.30	0.050	0.045	F,b,Z	215	205	195	185	175	165	335~410	31	30	29	28	27	26		
	B				0.045																20	27
Q235	A	0.14~0.22	0.30~0.65		0.050	0.045	F,b,Z															
	B	0.12~0.20	0.30~0.70	0.30	0.045			235	225	215	205	195	185	375~460	26	25	24	23	22	21	20	27
	C	≤0.18	0.35~0.80		0.040	0.040	Z														0	
	D	≤0.17			0.035	0.035	TZ														−20	
Q255	A	0.18~0.28	0.40~0.70	0.30	0.050	0.045	Z	255	245	235	225	215	205	410~510	24	23	22	21	20	19		
	B				0.045																20	27
Q275		0.28~0.38	0.50~0.80	0.35	0.050	0.045	Z	275	265	255	245	235	225	490~610	20	19	18	17	16	15		

注:1. 表中力学性能 σ_s、δ_5 均由钢材厚度或直径小于等于 16mm 的试样测得。
2. Q235A、B 级沸腾钢锰的质量分数上限为 0.60%

表 5-2 优质碳素结构钢的牌号、化学成分和力学性能(摘自 GB/T 699—88)

牌号	化学成分 w_{Me}/%					力学性能						
	C	Si	Mn	P	S	屈服点 σ_s /MPa	抗拉强度 σ_b /MPa	伸长率 δ /%	断面收缩率 ψ/%	冲击吸收功 A_K/J	硬度(HBS)不大于	
						不小于					热轧钢	退火钢
08F	0.05～0.11	≤0.03	0.25～0.50	≤0.040	≤0.040	180	300	35	60	—	131	—
08	0.05～0.12	0.17～0.37	0.35～0.65	≤0.035	≤0.040	200	330	33	60	—	131	—
10	0.07～0.14	0.17～0.37	0.35～0.65	≤0.035	≤0.040	210	340	31	55	—	137	—
15	0.12～0.19	0.17～0.37	0.35～0.65	≤0.040	≤0.040	230	380	27	55	—	143	—
20	0.17～0.24	0.17～0.37	0.35～0.65	≤0.040	0.040	250	420	25	55	—	156	—
25	0.22～0.30	0.17～0.37	0.50～0.80	≤0.040	≤0.040	280	460	23	50	72	170	—
30	0.27～0.35	0.17～0.37	0.50～0.80	≤0.040	≤0.040	300	500	21	50	64	179	—
35	0.32～0.040	0.17～0.37	0.50～0.80	≤0.040	≤0.040	320	540	20	45	56	187	—
40	0.37～0.45	0.17～0.37	0.50～0.80	≤0.040	≤0.040	340	580	19	45	48	219	187
45	0.42～0.50	0.17～0.37	0.50～0.80	≤0.040	≤0.040	360	610	16	40	40	241	197
60	0.57～0.65	0.17～0.37	0.50～0.80	≤0.040	≤0.040	410	490	12	35	—	255	229
65	0.62～0.70	0.17～0.37	0.50～0.80	≤0.040	≤0.040	420	710	10	30	—	255	229
65Mn	0.62～0.70	0.17～0.37	0.90～1.20	≤0.040	≤0.040	440	750	9	30	—	285	229
70	0.67～0.75	0.17～0.37	0.50～0.80	≤0.040	≤0.040	430	730	9	30	—	269	229
75	0.72～0.80	0.17～0.37	0.50～0.80	≤0.040	≤0.040	900	1100	7	20	—	285	241
80	0.77～0.85	0.17～0.37	0.50～0.80	≤0.040	≤0.040	950	1100	6	30	—	285	241
85	0.82～0.90	0.17～0.37	0.50～0.80	≤0.040	≤0.040	1000	1150	6	30	—	302	255

稍好、强度稍高，可制造截面较大或要求强度较高的零件。

3. 碳素工具钢

1)碳素工具钢的编号

碳素工具钢的牌号以“碳”字汉语拼音首位字母“T”后面加数字来表示。“T”代表碳素工具钢，数字表示平均碳的质量分数的千分数。例如，T10 表示平均碳的质量分数为千分之十(w_C=1%)的碳素工具钢。

碳素工具钢一般都是优质钢。如果含硫、磷量更少，则是高级优质钢，在牌号末尾标注“A”。

例如，T12A 表示平均碳的质量分数为 1.2%的高级优质碳素工具钢。

2)碳素工具钢的性能及应用

碳素工具钢的牌号、化学成分、性能和用途见表 5-3。

表 5-3 碳素工具钢的牌号、化学成分、性能和用途(摘自 GB/T1298—86)

牌号	化学成分 w_{Me}/%			硬度			用途举例
				退火状态	试样淬火		
	C	Mn	Si	HBS 不大于	淬火温度/℃和冷却剂	HRC 不小于	
T7 T7A	0.65～0.74	≤0.40	≤0.35	187	800～820 水	62	淬火、回火后，常用于制造能承受振动、冲击，并且在硬度适中情况下有较好韧性的工具，如凿子、冲头、木工工具、大锤等
T8 T8A	0.75～0.84	≤0.40	≤0.35	187	780～800 水	62	淬火、回火后，常用于制造要求有较高硬度和耐磨性的工具，如冲头、木工工具、剪切金属用剪刀等
T8Mn T8MnA	0.80～0.90	0.40～0.60	≤0.35	187	780～800 水	62	性能和用途与 T8 相似，但由于加入锰，提高淬透性，故可用于制造截面较大的工具
T9 T9A	0.85～0.94	≤0.40	≤0.35	192	760～780 水	62	用于制造一定硬度和韧性的工具，如冲模、冲头、凿岩石用凿子等
T10 T10A	0.95～1.04	≤0.40	≤0.35	197	760～780 水	62	用于制造耐磨性要求较高，不受剧烈振动，具有一定韧性及具有锋利刃口的各种工具，如刨刀、车刀、钻头、丝锥、手锯锯条、拉丝模、冷冲模等

（续）

牌号	化学成分 $w_{Me}/\%$			硬度			用途举例
				退火状态	试样淬火		
	C	Mn	Si	HBS 不大于	淬火温度/℃和冷却剂	HRC 不小于	
T11 T11A	1.05～1.14	≤0.40	≤0.35	207	760～780 水	62	用途与 T10 钢基本相同，一般习惯上采用 T10 钢
T12 T12A	1.15～1.24	≤0.40	≤0.35	207	760～780 水	62	用于制造不受冲击、要求高硬度的各种工具，如丝锥、锉刀、刮刀、绞刀、板牙、量具等
T13 T13A	1.25～1.35	≤0.40	≤0.35	217	760～780 水	62	适用于制造不受振动、要求极高硬度的各种工具，如剃刀、刮刀、刻字刀具等

碳素工具钢经热处理（淬火＋低温回火）后，具有高强度、高硬度和良好的耐磨性，但各牌号的钢在程度上有所差别。

T7、T8 钢因含碳量相对较低，所以，除了有较高的硬度、强度外，还有较好的韧性，用于制造承受一定冲击而要求韧性较好的工具，如手锤、凿子、冲头、木工锯、斧头及虎钳钳口等。

T9、T10、T11 钢用于制造要求高硬度、高耐磨性，不受较大冲击，需有一定韧性的工具，如丝锥、小钻头、冷冲模及木工切削工具等。

T12、T13 钢由于含碳量很高，虽然其硬度、耐磨性很高，但韧性低，不能承受冲击，可用于制造锉刀、量具、板牙、锯片及刻字刀等。

4. 碳素铸钢

1）碳素铸钢的编号

工程用铸造碳钢的牌号用“铸钢”两字的汉语拼音字首“ZG”加两组数字表示，第一组数字表示最小屈服点，第二组数字表示最小抗拉强度值。若牌号末尾标注“H”，则表示是焊接结构用铸造碳钢。

例如，ZG230—450 表示最小屈服点为 230MPa，最小抗拉强度为 450MPa 的铸钢。

2）碳素铸钢的性能及应用

在生产中，有些力学性能要求较高，形状又复杂的工件，从工艺上难以用锻压方法生产，用铸铁又不能满足其性能的要求，就可选用铸钢进行铸造成形。虽然铸钢的铸造性能不如铸铁，但力学性能远比铸铁好，多用于制造重型机械上的零件。

工程用铸造碳钢的牌号、化学成分、力学性能和用途见表 5-4。

表 5-4 工程用铸造碳钢的牌号、化学成分、力学性能和用途

牌号	主要化学成分 w_{Me}/%				室温力学性能(不小于)					用途举例
	C 不大于	Si 不大于	Mn 不大于	P、S 不大于	$\sigma_s(\sigma_{0.2})$ /MPa	σ_b /MPa	δ /%	ψ /%	A_{KV}/J	
ZG200—400	0.20	0.50	0.80	0.04	200	400	25	40	30	良好的塑性、韧性和焊接性,用于受力不大的机械零件,如机座、变速箱壳等
ZG230—450	0.30	0.50	0.90	0.04	230	450	22	32	25	一定的强度和好的塑性、韧性,焊接性良好。用于受力不大、韧性好的机械零件,如砧座、外壳、轴承盖、阀体、犁柱等
ZG270—500	0.40	0.50	0.90	0.04	270	500	18	25	22	较高的强度和较好的塑性,铸造性良好,焊接性尚好,切削性好。用于轧钢机机架、轴承座、连杆、箱体、曲轴、缸体等
ZG310—570	0.50	0.60	0.90	0.04	310	570	15	21	15	强度和切削性良好,塑性、韧性较低。用于载荷较高的大齿轮、缸体、制动轮、辊子等
ZG340—640	0.60	0.60	0.90	0.04	340	640	10	18	10	有高的强度和耐磨性,切削性好,焊接性较差,流动性好,裂纹敏感性较大。用做齿轮、棘轮等

5.4 低合金钢

5.4.1 低合金钢的分类

1. 按主要质量等级分

1)普通质量低合金钢

普通质量低合金钢是指在生产过程中不规定需要特别控制质量要求的、一般用途的低合金钢,如低合金钢筋钢、铁道用一般低合金钢等,钢中硫、磷含量较高,$w_S \geqslant 0.045\%$,$w_P \geqslant 0.045\%$。

2)优质低合金钢

优质低合金钢是指除普通质量低合金钢和特殊质量低合金钢以外的低合金钢,与普通质量低合金钢相比,这类钢在生产过程中有特别控制质量的要求,但不如特殊质量低合金钢严格。

优质低合金钢主要包括可焊接的低合金高强度结构钢、锅炉和压力容器用低合金钢、造船用低合金钢、汽车用低合金钢、易切削结构钢、桥梁用低合金钢、低合金高耐候钢、铁道用低合金钢等。

3)特殊质量低合金钢

特殊质量低合金钢是指在生产过程中需要特别严格控制质量和性能的低合金钢。钢中硫、磷含量较低，$w_S \leqslant 0.020\%$，$w_P \leqslant 0.020\%$。

特殊质量低合金钢主要包括低温用低合金钢、铁道用特殊低合金钢、核能用低合金钢、舰船与兵器等。

2. 按主要性能和使用特性分

可以分为可焊接的低合金高强度结构钢、低合金耐候钢、低合金钢筋钢、铁道用低合金钢、矿用低合金钢以及其他低合金钢等。

5.4.2 低合金钢的编号

1. 低合金高强度结构钢的编号

低合金高强度结构钢的牌号与碳素结构钢的牌号表示方法相同。

例如，Q390 表示 $\sigma_S \geqslant 390$MPa 的低合金高强度结构钢。

2. 易切削结构钢的编号

易切削结构钢的牌号由“易”的汉语拼音字首“Y”、钢中平均碳质量分数的万分数及加入的主要元素的符号组成。

例如，Y45Ca 表示平均碳质量分数为万分之四十五($w_C = 0.45\%$)、加入的主要元素为 Ca 的易切削结构钢。

5.4.3 常用低合金钢

1. 低合金高强度结构钢

低合金高强度结构钢是在低碳钢的基础上加入少量合金元素冶炼而成。钢中 $w_C <$ 0.20%，加入的合金元素主要有 Mn、Si、Ti、Nb、V 等，其总含量 $w_{Me} < 3\%$。

低合金高强度结构钢大多在热轧后经退火或正火供应，一般不再进行热处理就可使用。

低合金高强度结构钢的主要性能特征是：强度高、塑性好、韧性好、焊接性和冷塑性成形良好、耐蚀性较好、韧脆转变温度低等。如用这类钢代替碳素结构钢，可增加承载能力，减小结构质量，节约材料。

低合金高强度结构钢常用于桥梁、车辆、船舶、锅炉、压力容器、输油管以及低温下工作的构件等。

常用低合金高强度结构钢的牌号、化学成分、力学性能以及新旧牌号的对照分别见表 5-5、表 5-6、表 5-7。

2. 易切削结构钢

通过增加钢中的 S、P、Mn 元素的含量，以及加入一定量的 Pb、Ca 等元素可提高钢的切削性能，这类钢称为易切削结构钢。

表 5-5 常用低合金高强度结构钢的牌号和化学成分

牌号	质量等级	化学成分 w_{Me}/%										
		C 不大于	Mn	Si 不大于	P 不大于	S 不大于	V	Nb	Ti	Al① 不小于	Cr 不大于	Ni 不大于
Q295	A	0.16	0.08～1.50	0.55	0.045	0.045	0.02～0.15	0.015～0.060	0.02～0.20	—		
	B	0.16	0.08～1.50	0.55	0.040	0.040	0.02～0.15	0.015～0.060	0.02～0.20	—		
Q345	A	0.20	1.00～1.60	0.55	0.045	0.045	0.02～0.15	0.015～0.060	0.02～0.20	—		
	B	0.20	1.00～1.60	0.55	0.040	0.040	0.02～0.15	0.015～0.060	0.02～0.20	—		
	C	0.20	1.00～1.60	0.55	0.035	0.035	0.02～0.15	0.015～0.060	0.02～0.20	0.015		
	D	0.18	1.00～1.60	0.55	0.030	0.030	0.02～0.15	0.015～0.060	0.02～0.20	0.015		
	E	0.18	1.00～1.60	0.55	0.025	0.025	0.02～0.15	0.015～0.060	0.02～0.20	0.015		
Q390	A	0.20	1.00～1.60	0.55	0.045	0.045	0.02～0.20	0.015～0.060	0.02～0.20		0.30	0.70
	B	0.20	1.00～1.60	0.55	0.040	0.040	0.02～0.20	0.015～0.060	0.02～0.20		0.30	0.70
	C	0.20	1.00～1.60	0.55	0.035	0.035	0.02～0.20	0.015～0.060	0.02～0.20	0.15	0.30	0.70
	D	0.20	1.00～1.60	0.55	0.030	0.030	0.02～0.20	0.015～0.060	0.02～0.20	0.15	0.30	0.70
	E	0.20	1.00～1.60	0.55	0.025	0.025	0.02～0.20	0.015～0.060	0.02～0.20	0.15	0.30	0.70
Q420	A	0.20	1.00～1.70	0.55	0.045	0.045	0.02～0.20	0.015～0.060	0.02～0.20	—	0.40	0.70
	B	0.20	1.00～1.70	0.55	0.040	0.040	0.02～0.20	0.015～0.060	0.02～0.20	—	0.40	0.70
	C	0.20	1.00～1.70	0.55	0.035	0.035	0.02～0.20	0.015～0.060	0.02～0.20	0.15	0.40	0.70
	D	0.20	1.00～1.70	0.55	0.030	0.030	0.02～0.20	0.015～0.060	0.02～0.20	0.15	0.40	0.70
	E	0.20	1.00～1.70	0.55	0.025	0.025	0.02～0.20	0.015～0.060	0.02～0.20	0.15	0.40	0.70
Q460	C	0.20	1.00～1.70	0.55	0.035	0.035	0.02～0.15	0.015～0.060	0.02～0.20	0.15	0.70	0.70
	D	0.20	1.00～1.70	0.55	0.030	0.030	0.02～0.15	0.015～0.060	0.02～0.20	0.15	0.70	0.70
	E	0.20	1.00～1.70	0.55	0.025	0.025	0.02～0.15	0.015～0.060	0.02～0.20	0.15	0.70	0.70

①表中的 Al 为全铝含量，如分析酸溶铝时，其 $w_{Al} \geqslant 0.010\%$

表 5-6 低合金高强度结构钢的力学性能

牌号	质量等级	厚度(直径)/mm				σ_b(MPa)	δ_5/%	冲击吸收功 A_{KV}(纵向)/J				180°弯曲试验 d=弯心直径，a=试样厚度，钢材厚度(直径)/mm	
		<16	>16～35	>35～50	>50～100			+20℃	0℃	−20℃	−40℃		
		σ_s/MPa 不小于					不小于					<16	>16～100
Q295	A	295	275	255	235	390～570	23					$d=2a$	$d=3a$
	B	295	275	255	235	390～570	23	34				$d=2a$	$d=3a$
Q345	A	345	325	295	275	470～630	21					$d=2a$	$d=3a$
	B	345	325	295	275	470～630	21	34				$d=2a$	$d=3a$
	C	345	325	295	275	470～630	22		34			$d=2a$	$d=3a$
	D	345	325	295	275	470～630	22			34		$d=2a$	$d=3a$
	E	345	325	295	275	470～630	22				27	$d=2a$	$d=3a$

（续）

牌号	质量等级	厚度（直径）/mm				σ_b（Mpa）	δ_5 /%	冲击吸收功 A_{KV}（纵向）/J				180°弯曲试验 d=弯心直径，a=试样厚度，钢材厚度（直径）/mm	
		<16	>16～35	>35～50	>50～100			+20℃	0℃	−20℃	−40℃		
		σ_s/MPa 不小于						不小于				<16	>16～100
Q390	A	390	370	350	330	490～650	19					$d=2a$	$d=3a$
	B	390	370	350	330	490～650	19	34				$d=2a$	$d=3a$
	C	390	370	350	330	490～650	20		34			$d=2a$	$d=3a$
	D	390	370	350	330	490～650	20			34		$d=2a$	$d=3a$
	E	390	370	350	330	490～650	20				27	$d=2a$	$d=3a$
Q420	A	420	400	380	360	520～680	18					$d=2a$	$d=3a$
	B	420	400	380	360	520～680	18	34				$d=2a$	$d=3a$
	C	420	400	380	360	520～680	19		34			$d=2a$	$d=3a$
	D	420	400	380	360	520～680	19			34		$d=2a$	$d=3a$
	E	420	400	380	360	520～680	19				27	$d=2a$	$d=3a$
Q460	C	460	440	420	400	550～720	17		34			$d=2a$	$d=3a$
	D	460	440	420	400	550～720	17			34		$d=2a$	$d=3a$
	E	460	440	420	400	550～720	17				27	$d=2a$	$d=3a$

表 5-7　新旧低合金高强度结构钢标准牌号对照及其用途

新标准	旧标准	用途举例
Q295	09MnV，9MnNb，09Mn2，12Mn	车辆的冲压件、冷弯型钢、螺旋焊管、拖拉机轮圈、低压锅炉汽包、中低压化工容器、输油管道、储油罐、油船等
Q345	12MnV，14MnNb，16Mn，18Nb，16MnRE	船舶、铁路车辆、桥梁、管道、锅炉、压力容器、石油储罐、起重及矿山机械、电站设备厂房钢架等
Q390	15MnTi，16MnNb，10MnPNbRE，15MnV	中高压锅炉汽包、中高压石油化工容器、大型船舶、桥梁、车辆、起重机及其他较高载荷的焊接结构件等
Q420	15MnVN，14MnVTiRE	大型船舶、桥梁、电站设备、起重机械、机车车辆、中压或高压锅炉及容器及其大型焊接结构件等
Q460		可淬火加回火后用于大型挖掘机、起重运输机械、钻井平台等

易切削结构钢一般属于低碳或中碳钢，可经调质、表面淬火及渗碳等热处理来提高其使用性能。但易切削结构钢的锻压加工性和焊接性差。

易切削结构钢主要制造大批量、对力学性能要求不高的紧固件及其他小零件。

常用易切削结构钢的牌号、成分、力学性能和用途见表 5-8。其中 Y12、Y15、Y30 属非合金易切削结构钢，其余均属低合金易切削钢。

表 5-8 常用易切削结构钢的牌号、成分、力学性能和用途

牌号	化学成分 w_{Me}/%						力学性能(热轧)				用途举例
	C	Si	Mn	S	P	其他	σ_b /MPa	δ/%	Ψ/%	HBS	
								不小于		不大于	
Y12	0.08~0.16	0.15~0.35	0.70~1.00	0.10~0.20	0.08~0.15		390~540	22	36	170	双头螺柱、螺钉、螺母等一般标准紧固件
Y12Pb	0.08~0.16	≤0.15	0.70~1.10	0.15~0.25	0.05~0.10	Pb 0.15~0.35	390~540	22	36	170	同 Y12,但切削加工性提高
Y15	0.10~0.18	≤0.15	0.80~1.20	0.23~0.33	0.05~0.10		390~540	22	36	170	同 Y12,但切削加工性显著提高
Y30	0.27~0.35	0.15~0.35	0.70~1.00	0.08~0.15	≤0.06		510~655	15	25	187	强度较高的小件,结构复杂、不易加工的零件,如纺织机、计算机上的零件
Y40Mn	0.37~0.45	0.15~0.35	1.20~1.55	0.20~0.30	≤0.05		590~735	14	20	207	要求强度、硬度较高的零件,如机床丝杠和自行车、缝纫机上的零件
Y45Ca	0.42~0.50	0.20~0.40	0.60~0.90	0.04~0.08	≤0.04	Ca 0.002~0.006	600~745	12	26	241	同 Y40Mn,齿轮、轴

3. 低合金耐候钢

低合金耐候钢即耐大气腐蚀的钢,它是在低碳钢的基础上加入少量合金元素,主要有Cu、Cr、Ni、Mo、Ti 等,这样可在钢的表面形成一层致密的保护膜,从而提高了钢的抗大气腐蚀能力。

常用的低合金耐候钢有 12MnCuCr、09CuPCrNiA 等,主要用于铁道车辆、农业机械、起重运输机械、建筑和塔架等方面,可制造螺栓、焊接结构件等。

5.5 合金钢

5.5.1 合金钢的分类

1. 按质量等级分类

按质量等级可分为优质合金钢和特殊质量合金钢两大类。

(1)优质合金钢是指在生产过程中严格控制质量和性能的合金钢,但其严格程度不如特殊质量合金钢。优质合金钢主要有一般工程结构用合金钢、电工用硅(铝)钢、铁道用合金钢及硫和磷含量均大于 0.035%的耐磨钢、地质、石油钻探用合金钢。

(2)特殊质量合金钢是指在生产过程中需要特别严格控制质量和性能的合金钢。除优质合金钢以外的其他合金钢都是特殊质量合金钢,主要有压力容器用合金钢、合金弹簧钢、合金工具钢、高速工具钢、轴承钢、不锈钢、耐候钢等。

2. 按主要性能及使用特性分

按主要性能及使用特性可分为机械结构用合金钢、工程结构用合金钢、合金工具钢、高速工具钢、不锈钢、耐蚀钢、耐热钢以及特殊物理性能钢等。

5.5.2 机械结构用合金钢与工程结构用合金钢

1. 机械结构用合金钢与工程结构用合金钢的编号

1) 调质处理合金结构钢、表面硬化合金结构钢和合金弹簧钢的编号

这三类钢的牌号由“两位数字+元素符号+数字”组成。其中,前两位数字表示钢中平均碳的质量分数的万分数;元素符号表示钢中所含的合金元素;元素符号后面的数字表示该元素平均含量的百分数,但合金元素平均含量小于1.5%时,可不标明含量。若为高级优质钢,则在编号末尾标注“A”。

例如,12Cr2Ni4 表示 $w_C=0.12\%$、$w_{Cr}=2\%$、$w_{Ni}=4\%$的合金渗碳钢;60Si2CrA 表示 $w_C=0.60\%$、$w_{Si}=2\%$、$w_{Cr}<1.5\%$的高级优质合金弹簧钢。

2)轴承钢的编号

轴承钢的牌号由“滚”字汉语拼音字首“G”、铬元素符号“Cr”及其含量的千分数组成,不标出碳质量分数。若钢中含有其他合金元素,其表示方法与前述合金弹簧钢相同。

例如,GCr15 表示 $w_{Cr}=1.5\%$的轴承钢;GCr15SiMn 表示 $w_{Cr}=1.5\%$、$w_{Si}<1.5\%$、$w_{Mn}<1.5\%$的轴承钢。

3)高锰耐磨钢的编号

高锰耐磨钢的牌号由“铸钢”两字的汉语拼音字首“ZG”、锰元素符号“Mn”加两组数字组成,前一组数字表示钢中锰的平均质量分数(百分数),最后的数字表示钢的序号。

例如,ZGMn13-1 表示 $w_{Mn}=13\%$、序号为1的高锰耐磨钢。

2. 合金渗碳钢

有些零件如汽车、拖拉机中的齿轮以及内燃机中的活塞销、凸轮轴等,工作中受冲击和交变载荷作用,同时还受到强烈摩擦。这类零件的使用性能总的要求是零件表面有高的硬度和耐磨性,心部有足够的强度和良好的韧性。通常,采用合金渗碳钢经渗碳后再进行淬火加低温回火即可满足要求。

1)成分特点

合金渗碳钢的碳质量分数 $w_C=0.10\%\sim0.25\%$,属低碳钢范围,以保证零件心部有足够的塑性和韧性。加入Cr、Mn、Ni、Mo、W、V、Ti等合金元素的主要目的是改善钢的淬透性,保证心部组织与性能的同时抑制在渗碳过程中奥氏体晶粒粗化和防止回火脆性。

2)热处理特点

为满足零件的使用性能和切削加工性能的要求,合金渗碳钢应在锻造后进行正火;渗碳后进行淬火+低温回火。例如,用20CrMnTi钢制造汽车齿轮,要求表面硬度为58HRC~60HRC,内部硬度为30HRC~45HRC。工艺路线如下:

下料—锻造—正火—机加工—非渗碳部位镀铜—渗碳—淬火+低温回火—退铜—机加工—表面处理—检验。

3)常用合金渗碳钢

常用合金渗碳钢的牌号、成分、热处理、力学性能及用途见表5-9。

表 5-9 常用合金渗碳钢的牌号、化学成分、热处理、性能及用途(摘自 GB/T 3077—1999)

类别	牌号	化学成分 $w/\%$					热处理工艺			力学性能					退火或高温回火供应 HBS	用途举例
		C	Si	Mn	Cr	其他	第一次淬火温度/℃	第二次淬火温度/℃	回火温度/℃	σ_b/MPa	σ_s/MPa	δ_5/%	ψ/%	A_K/J		
										不小于					不大于	
低淬透性	20Cr	0.18～0.24	0.17～0.37	0.50～0.80	0.70～1.00		880 水,油	780～820 水,油	200 水,空	835	540	10	40	47	179	截面在 30mm 以下形状复杂,心部要求较高强度、工作表面承受磨损的零件,如机床变速箱齿轮、凸轮、蜗杆、活塞销、爪形离合器等
低淬透性	20MnV	0.17～0.24	0.17～0.37	1.30～1.60		V0.07～0.12	880 水,油		200 水,空	785	590	10	40	55	187	锅炉、高压容器、大型高压管道等较高载荷的焊接结构件,使用温度上限为 450℃～475℃,亦可用于冷拉、冷冲压零件,如活销、齿轮等
中淬透性	20CrMnTi	0.17～0.23	0.17～0.37	0.80～1.10	1.00～1.30	Ti 0.04～0.10	880 油	870 油	200 水,空	1080	850	10	45	55	217	在汽车、拖拉机工业中用于截面在 30mm 以下,承受高速、中或重载荷以及受冲击、摩擦的重要渗碳件,如齿轮、轴、齿轮轴、爪形离合器、蜗杆等
中淬透性	20MnVB	0.17～0.23	0.17～0.37	1.20～1.60		V0.07～0.12 B0.0005～0.0035	860 油		200 水,空	1080	885	10	45	55	207	模数较大、载荷较重的中、小渗碳件,如重型机床上的齿轮、轴,汽车后桥主动、从动齿轮等
高淬透性	20Cr2Ni4	0.17～0.23	0.17～0.37	0.30～0.60	1.25～1.65	Ni3.25～3.65	880 油	780 油	200 水,空	1180	1080	10	45	63	269	大截面、较高载荷、交变载荷下工作的重要渗碳件,如大型齿轮、轴等
高淬透性	18Cr2Ni4WA	0.13～0.19	0.17～0.37	0.30～0.60	1.35～1.65	Ni4.0～4.50 W0.80～1.20	950 空	850 空	200 水,空	1180	835	10	45	78	269	大截面、高强度、良好韧性以及缺口敏感性低的重要渗碳件,如大截面的齿轮、传动轴、曲轴、花键轴、活塞销、精密机床上控制进刀的蜗轮等

注:表中各牌号的合金渗碳钢试样尺寸为 15mm

一般地，合金渗碳钢按其淬透性高低分为以下三类：

(1)低淬透性合金渗碳钢。这类钢合金元素含量较少，淬透性较差。主要用于受冲击力较小、截面尺寸不大的耐磨零件。常用牌号有 20MnV、20Cr 钢等。

(2)中淬透性合金渗碳钢。这类钢的淬透性较好。主要用于制造承受中等载荷的耐磨零件。常用牌号有 20CrMnTi、20MnVB 钢等。

(3)高淬透性合金渗碳钢。这类钢的淬透性好，甚至空冷也能得到马氏体组织。主要用于制造承受重载荷，要求高强度、韧性和耐磨性好的大型零件。常用牌号有 20Cr2Ni4、18Cr2Ni4WA 等。

3. 合金调质钢

合金调质钢是经调质处理后使用的合金钢，主要用于制造要求具有良好的综合力学性能的机械零件，如轴、连杆、齿杆以及高强度螺栓等。

1)成分特点

合金调质钢的碳质量分数，一般在 0.30%～0.50%之间，而在 0.40%左右居多。钢中常加入 Cr、Mn、Ni、B、Mo、W、V、Ti 等合金元素，主要目的是提高钢的淬透性、细化晶粒和提高钢的耐回火性。

2)热处理特点

通过对合金调质钢工件淬火+高温回火(即调质)，以获得回火索氏体组织，使工件具有良好的综合力学性能。若要求零件表面高硬度、高耐磨性，调质后可进行表面淬火或化学热处理。

3)常用合金调质钢

常用合金调质钢的牌号、成分、热处理、力学性能及用途见表 5-10。

常用合金调质钢按淬透性高低分为以下三类：

(1)低淬透性合金调质钢。这类钢的合金元素含量较少，淬透性较差，主要制造中等截面的机械零件。常用的牌号为 40Cr 钢。

(2)中淬透性合金调质钢。这类钢的合金元素含量较多，淬透性较高，主要制造截面较大、承受较大载荷的机械零件。常用牌号有 40CrMn、35CrMo、38CrMoAl 钢等。

(3)高淬透性合金调质钢。这类钢的合金元素含量多，淬透性最好，主要制造大截面、承受重载荷的重要机械零件。常用牌号有 40CrMnMo、40CrNiMoA、25Cr2Ni4WA 钢等。

4. 合金弹簧钢

合金弹簧钢是指用于制造各种弹簧及其他弹性零件的合金钢。

1)成分特点

合金弹簧钢的碳质量分数在 0.50%～0.70%，钢中加入的合金元素主要有 Mn、Si、Cr、V、Mo 等，以提高钢的淬透性和耐回火性，强化铁素体，细化晶粒；经适当热处理后可提高钢的弹性极限和屈强比。

2)热处理特点

合金弹簧钢的热处理方法取决于弹簧零件的尺寸大小及其成形方法。

直径或厚度大于 10mm 的螺旋弹簧或板弹簧，一般采用热轧供应状态的钢丝或钢板加工成形，或采用热成形。其最终热处理为淬火+中温回火，获得回火托氏体组织，硬度为

表 5-10　常用合金调质钢的牌号、化学成分、热处理、性能及用途(摘自 GB/T 3077—1999)

类别	牌号	化学成分 w_{Me}/%					淬火度温/℃	回火温度/℃	σ_a/MPa	σ_s/MPa	δ_5/%	ψ/%	A_K/J	退火或高温回火供应 HBS	用途举例
		C	Si	Mn	Cr	其他			不小于					不大于	
低淬透性	40Cr	0.37～0.44	0.17～0.37	0.50～0.80	0.80～1.10		850 油	520 水,油	980	785	9	45	47	207	制造承受中等载荷和中等速度工作下的零件,如汽车后半轴及机床上齿轮、轴、花键轴、顶尖套等
	40Mn2	0.37～0.44	0.17～0.37	1.40～1.80			840 水,油	540 水	885	735	12	45	55	217	轴、半轴,活塞杆,连杆,螺栓
中淬透性	35CrMo	0.32～0.40	0.17～0.37	0.40～0.70	0.80～1.10	Mo0.15～0.25	850 油	550 水,油	980	835	12	45	63	229	通常用做调质件,也可在高、中频表面淬火或淬火、低温回火后用于高载荷下工作的重要结构件,特别是受冲压、振动、弯曲、扭转载荷的机件,如主轴、大电机轴、曲轴、锤杆等
	40CrNi	0.37～0.44	0.17～0.37	0.50～0.80	0.45～0.75	Ni1.00～1.40	820 油	500 水,油	980	785	10	45	55	241	制造截面较大、载荷较重的零件,如轴、连杆、齿轮轴等
	38CrMoAl	0.35～0.42	0.20～0.45	0.30～0.60	1.35～0.65	Mo0.15～0.25 Al0.70～1.10	940 水,油	640 水,油	980	835	14	50	71	229	高级氮化钢,常用于制造磨床主轴、自动车床主轴、精密丝杆、机密齿轮、高压阀门,压缩机活塞杆、橡胶及塑料挤压机上的各种耐磨件
高淬透性	40CrMnMo	0.37～0.45	0.17～0.37	0.90～1.20	0.90～1.20	Mo0.20～0.30	850 油	600 水,油	980	785	10	45	63	217	截面较大、要求高强度和高韧性的调质件,如 8t 卡车的后桥半轴、齿轮轴、偏心轴、齿轮、连杆等
	40CrNiMoA	0.37～0.44	0.17～0.37	0.50～0.80	0.60～0.90	Mo0.15～0.25 Ni1.25～0.65	850 油	600 水,油	980	835	12	55	78	269	要求韧性好、强度高及大尺寸的重要调质件,如重型机械中高载荷的轴类、直径大于 250mm 的汽轮机轴、叶片、曲轴等

38HRC～50HRC，以保证性能要求。

直径或厚度小于10mm的弹簧，一般采用冷拉钢丝或冷轧薄钢板制造。这种弹簧是利用加工硬化来保证强度和适当的塑性、韧性，缠绕或冷冲压成形后，不再进行淬火＋中温回火处理，只进行去除加工应力的去应力退火，加热温度在200℃～300℃，同时对弹簧起定型作用。

为提高弹簧的疲劳强度和使用寿命，热处理后通常还要进行喷丸处理。

3)常用合金弹簧钢

常用合金弹簧钢牌号、化学成分热处理、性能及用途见表5-11。

5. 轴承钢

轴承钢主要用于制造滚动轴承的滚动体（滚珠、滚柱、滚针）和内、外圈等，属专用钢种。

滚动轴承工作时，滚动体与内外圈间承受很大的交变应力，同时，滚动体与滚道之间还存在着滚动摩擦和滑动摩擦。因此，轴承钢应具有高的硬度、耐磨性、弹性极限和接触疲劳强度，足够的韧性和耐蚀性。

1)成分特点

轴承钢具有高的碳质量分数，一般在0.95%～1.10%，主要是保证高的硬度和耐磨性。钢中常加入的合金元素主要是Cr，另外还可加入Si、Mn、V等元素，目的是提高淬透性。同时，Cr元素可形成合金渗碳体$(Fe \cdot Cr)_3C$；钒可形成VC。这些碳化物均匀分布在钢的基体上，能提高耐磨性和耐热能力，并提高接触疲劳强度。

2) 热处理特点

轴承钢的热处理主要是球化退火、淬火＋低温回火。球化退火的目的是为了降低锻造毛坯的硬度，以利于切削加工，同时，可获得细小而均匀的球状珠光体，为淬火做好组织准备。淬火＋低温回火后组织为细小回火马氏体及均匀分布的细粒状碳化物及少量残余奥氏体，硬度为61HRC～65HRC。制造精密轴承时，还应在淬火后立即进行冷处理等，以稳定尺寸。

3) 常用轴承钢

GCr15是目前最常用的轴承钢，主要用于制造中、小型轴承，也常用于制造冷冲模、精密量具、丝锥、机床丝杆等。而制造大型、重载荷轴承则常用淬透性较好的GCr15SiMn钢。为了节约铬资源，已研制出不含铬的轴承钢，如GSiMnV、GSiMnMoV钢等代替GCr15。

常用轴承钢的牌号、化学成分、热处理、力学性能及用途见表5-12。

6. 高锰耐磨钢

高锰耐磨钢是一种在强烈冲击力、很大压力和摩擦力的作用下才能发生硬化的钢。主要用于制造工作时承受很大压力、强烈冲击和剧烈摩擦的机械零件，如坦克及拖拉机的履带、防弹钢板等。

1) 成分特点

高锰耐磨钢的含碳量高，$w_C=1.0\%\sim1.5\%$，以提高钢的耐磨性；主要合金元素Mn的含量很高，$w_{Mn}=11\%\sim14\%$，Mn是扩大奥氏体相区的元素，含锰量高可使钢在室温时获得全部奥氏体组织，该组织具有很强的加工硬化能力和良好的韧性。

表 5-11 常用合金弹簧钢牌号、化学成分、热处理、性能及用途(摘自 GB/T 1222—84)

牌号	化学成分 w_{Me}/%									热处理		力学性能					用途举例
	C	Si	Mn	Cr	Ni	Cu	P	S	其他	淬火温度/℃	回火温度/℃	σ_s/MPa	σ_b/MPa	δ_5/%	δ_{10}/%	ψ/%	
					不大于							不小于					
55Si2Mn	0.52~0.60	1.50~2.00	0.60~0.90	≤0.35	0.35	0.25	0.035	0.035		870 油	480	1177	1275		6	30	汽车、拖拉机、机车上的减振板簧和螺旋弹簧,汽缸安全阀簧,电力机车用升弓钩弹簧,止回阀簧,还可用做 250℃以下使用的耐热弹簧
55Si2MnB	0.52~0.60	1.50~2.00	0.60~0.90	≤0.35	0.35	0.25	0.035	0.035	B0.0005~0.004	870 油	480	1177	1275		6	30	同 55Si2Mn 钢
60Si2Mn	0.56~0.64	1.50~2.00	0.60~0.90	≤0.35	0.35	0.25	0.035	0.035		870 油	480	1177	1275		5	25	同 55Si2Mn 钢
55SiMnVB	0.52~0.60	0.70~1.00	1.00~1.30	≤0.35	0.35	0.25	0.035	0.035	V0.08~0.16 B0.0005~0.0035	860 油	460	1226	1373		5	30	代替 60Si2Mn 钢制作重型、中型、小型汽车的板簧和其他中型载面的板簧和螺旋弹簧
60Si2CrA	0.56~0.64	1.40~0.80	0.40~0.70	0.70~1.00	0.35	0.25	0.030	0.030		870 油	420	1569	1765	6		20	用做承受高应力及工作温度在 300℃~350℃以下的弹簧,如调速器弹簧、汽轮机封弹簧、破碎机用弹簧等
55CrMnA	0.52~0.60	0.17~0.37	0.65~0.95	0.65~0.95	0.35	0.25	0.030	0.030		830~860 油	460~510	$\sigma_{r0.2}$ 1079	1226	9		20	车辆、拖拉机工业上制作载荷较重、应力较大的板簧和直径较大的螺旋弹簧
50CrVA	0.46~0.54	0.17~0.37	0.50~0.80	0.80~1.10	0.35	0.25	0.030	0.030	V0.10~0.20	850 油	500	1128	1275	10		40	用做较大截面的高载荷重要弹簧及工作温度小于 350℃的阀门弹簧、活塞弹簧,安全阀弹簧等
30W4Cr2VA	0.26~0.34	0.17~0.37	≤0.40	2.00~2.50	0.35	0.25	0.030	0.030	V0.50~0.80 W4.00~4.50	1050~1100 油	600	1324	1471	7		40	用做工作温度小于等于 500℃的耐热弹簧,如锅炉主安全阀弹簧、汽轮机汽封弹簧等

表 5-12　常用轴承钢牌号、化学成分、热处理及用途

牌号	化学成分 w_{Me}/%								热处理			用途举例
	C	Cr	Mn	Si	V	S	P	其他	淬火温度/℃	回火温度/℃	回火后硬度 HRC	
GCr9	1.0～1.10	0.9～1.2	0.2～0.4	0.15～0.35		≤0.025			810～830	150～170	62～66	ϕ10mm～ϕ20mm 的滚珠
GCr15	0.95～1.05	1.3～1.65	0.2～0.4	0.15～0.35		≤0.025			825～845	150～170	62～66	壁厚 20mm 的中、小型套圈，ϕ<50mm 滚珠
GCr15SiMn	0.95～1.05	1.3～1.65	0.9～1.2	0.4～0.65		≤0.025			820～840	150～170	≥62	壁厚>30mm 的大型套圈，ϕ50mm～ϕ100mm 滚珠
GSiMnV	0.95～1.10	—	1.3～1.8	0.55～0.8	0.20～0.30	≤0.03			780～810	150～170	≥62	可代替 GCr15 钢
GSiMnVRE	0.95～1.10	—	1.1～1.3	0.55～0.8	0.20～0.30	≤0.03		RE 0.10～0.15	780～810	150～170	≥62	可代替 GCr15 钢及 GCr15SiMn 钢
GSiMnMoV	0.95～1.10	—	0.75～1.05	0.4～0.65	0.20～0.30	—		Mo 0.20～0.40	770～810	165～175	≥62	可代替 GCr15SiMn 钢

2)热处理特点

高锰耐磨钢的切削加工困难，但铸造性能好，一般采用铸造成形。热处理时，将钢件加热到 1000℃～1100℃，使碳化物全部溶解于奥氏体，然后进行水冷，这种热处理工艺称为水韧处理。经水韧处理后高锰耐磨钢为单一的奥氏体组织，具有良好的塑性和韧性，但硬度低，一般在 230HBS 以下。当零件受到强烈冲击、很大压力和剧烈摩擦时，表面因塑性变形产生加工硬化，使表面硬度迅速提高至 52HRC～56HRC，因而具有很高的耐磨性。而内部仍具有良好的塑性和韧性，零件也具有很高的抵抗冲击的能力。

3) 常用高锰耐磨钢

常用高锰耐磨钢铸件的牌号、成分、热处理、力学性能及用途见表 5-13。

5.5.3　合金工具钢

合金工具钢按用途分为量具刃具钢、耐冲击工具钢、冷作模具钢、热作模具钢、无磁工具钢和塑料模具钢等六种。

合金工具钢的编号原则是当钢中 w_C<1.0%时，牌号以一位数字为首，表示其平均碳的质量分数(千分数)；当钢中 w_C≥1.0%时，牌号中不标明含碳量；合金元素的表示方法与合金弹簧钢相同。

例如，9SiCr 表示 w_C=0.9%、w_{Si}<1.5%、w_{Cr}<1.5%的量具刃具钢。Cr12MoV 表示

表 5-13　常用高锰耐磨钢铸件牌号、化学成分、热处理、性能及用途
（摘自 GB/T 5680—1998）

<table>
<tr><td rowspan="3">牌号</td><td colspan="6">化学成分 $w_{Me}/\%$</td><td colspan="2">热处理</td><td colspan="4">力 学 性 能</td><td rowspan="3">用途举例</td></tr>
<tr><td rowspan="2">C</td><td rowspan="2">Si</td><td rowspan="2">Mn</td><td rowspan="2">S</td><td rowspan="2">P</td><td rowspan="2">其他</td><td rowspan="2">淬火温度/℃</td><td rowspan="2">冷却介质</td><td>σ_b/MPa</td><td>δ_5/%</td><td>A_K/J</td><td>HBS</td></tr>
<tr><td colspan="3">不小于</td><td>不大于</td></tr>
<tr><td>ZGMn13-1</td><td>1.00～1.45</td><td>0.30～1.00</td><td>11.00～14.00</td><td>≤0.040</td><td>≤0.090</td><td></td><td>1040～1100</td><td>水</td><td>635</td><td>20</td><td>—</td><td>—</td><td rowspan="2">用于结构简单，要求以耐磨为主的低冲击铸件，如衬板、齿板、辊套、铲齿等</td></tr>
<tr><td>ZGMn13-2</td><td>0.90～1.35</td><td>0.30～1.00</td><td>11.00～14.00</td><td>≤0.040</td><td>≤0.070</td><td></td><td>1040～1100</td><td>水</td><td>685</td><td>25</td><td>147</td><td>300</td></tr>
<tr><td>ZGMn13-3</td><td>0.95～1.35</td><td>0.30～0.80</td><td>11.00～14.00</td><td>≤0.040</td><td>≤0.070</td><td rowspan="2">Cr 1.50～2.50</td><td>1040～1100</td><td>水</td><td>735</td><td>30</td><td>147</td><td>300</td><td rowspan="2">用于结构复杂、要求以韧性为主的高冲击铸件，如履带板等</td></tr>
<tr><td>ZGMn13-4</td><td>0.90～1.30</td><td>0.30～0.80</td><td>11.00～14.00</td><td>≤0.040</td><td>≤0.070</td><td>1040～1100</td><td>水</td><td>735</td><td>20</td><td></td><td>300</td></tr>
</table>

$w_C \geqslant 1.0\%$、$w_{Cr}=12\%$、$w_{Mo}<1.5\%$、$w_V<1.5\%$的冷作模具钢。

1. 量具刃具钢

量具刃具钢主要用于制造车刀、铣刀等各种金属切削刀具，以及卡尺、量块等各种量具。其主要性能要求是高硬度、高耐磨性和良好的尺寸稳定性，刃具用钢还要求高的热硬性。

1）成分特点

量具刃具钢的含碳量较高，碳质量分数在 0.8%～1.5%之间，以保证钢的高硬度和高耐磨性。主要加入的合金元素有 W、Mo、Cr、V 等，目的是提高钢的淬透性，形成碳化物、细化晶粒和提高钢的热硬性。

2）热处理特点

量具刃具钢锻造后空冷，应进行球化退火；如果锻造后缓冷，应先正火然后球化退火。其目的是改善钢的切削性能和为后面进行的淬火做好组织上的准备。最终热处理是淬火+低温回火，获得细小回火马氏体及均匀分布的细粒状碳化物及少量残余奥氏体，硬度为 60HRC～64HRC。制造精密量具时，还应在淬火后立即进行冷处理等，以稳定尺寸。

3）常用量具刃具钢

常用量具刃具钢的牌号、成分、热处理、力学性能及用途见表 5-14。

2. 冷作模具钢

冷作模具是指在 300℃以下工作使金属成形的模具，包括冷冲模、冷镦模和冷挤压模等。因此，冷作模具钢的主要使用性能要求是高硬度、高耐磨性以及足够的强度和韧性。

表 5-14 常用量具刃具用钢的牌号、成分、热处理、力学性能及用途

(摘自 GB/T 1229—85)

牌号	化学成分 w_{Me}/%						热处理		用途举例
	C	Si	Mn	Cr	P	S	淬火/℃	淬火后≥HRC	
					不大于				
9SiCr	0.85~0.95	1.20~1.60	0.30~0.60	0.95~1.25	0.03		820~860 油	62	板牙、丝锥、钻头、铰刀、齿轮铣刀、拉刀等，还可作冷冲模、冷轧辊等
Cr06	1.30~1.45	≤0.40	≤0.40	0.50~0.70	0.03		780~810 水	64	剃刀、刀片、手术刀具以及刮刀、刻刀等
Cr2	0.95~1.10	≤0.40	≤0.40	1.30~1.65	0.03		830~860 油	62	用做加工材料不很硬的低速且削刀具，可作样板、量规、冷轧辊等
9Cr2	0.80~0.95	≤0.40	≤0.40	1.30~1.70	0.03		820~850 油	62	主要用做冷轧辊、钢印、冲孔凿、冷冲模、冲头量具及木工工具等

1) 成分特点

大部分冷作模具钢的含碳量较高，碳的质量分数大于 1%，以保证高硬度、高耐磨性的要求。主要加入的合金元素有 Cr、Mo、W、V 等，目的是提高钢的强度、硬度、淬透性和耐回火性。

2)热处理特点

冷作模具钢的最终热处理一般为淬火+低温回火，回火后组织为回火马氏体、碳化物和残余奥氏体，硬度为 60HRC~64HRC。

例如，用 Cr12MoV 制造 ϕ60mm×100mm 冷冲模的工艺路线：

下料—锻造—球化退火—机加工—淬火+低温回火—机加工—检验。

3) 常用冷作模具钢

常用冷作模具钢的牌号、成分、热处理、力学性能及用途见表 5-15。

表 5-15 常用冷作模具钢的牌号、成分、热处理、力学性能及用途

(摘自 GB/T 1299—85)

牌号	化学成分 w_{Me}/%							热处理		用途举例
	C	Si	Mn	Cr	W	Mo	V	淬火/℃	≥HRC	
Cr12	2.00~2.30	≤0.40	≤0.40	11.50~13.00				950~1000 油	60	冷冲模、冲头、钻套、量规、螺纹滚丝模、拉丝模等
Cr12MoV	1.45~1.70	≤0.40	≤0.40	11.00~12.50		0.40~0.60	0.15~0.30	950~1000 油	58	截面较大、形状复杂、工作条件繁重的各种冷作模具等
9Mn2V	0.85~0.95	≤0.40	1.70~2.00				0.10~0.25	780~810 油	62	要求变形小、耐磨性高的量规、块规、磨床主轴等
CrWMn	0.90~1.05	≤0.40	0.80~1.10	0.90~1.20	1.20~1.60	~		800~830 油	62	淬火变形很小、长而形状复杂的切削刀具及形状复杂、高精度的冷冲模

3. 热作模具钢

热作模具是指在高温下使金属成形的模具，如热锻模、热挤压模、压铸模等。这类模具工作时型腔表面温度可达 600℃以上。因此，热作模具钢的主要使用性能应具有足够的高温强度和冲击韧性，一定的硬度和耐磨性，以及良好的耐热疲劳性和淬透性。

1）成分特点

为保证足够的强度、韧性和一定的硬度，热作模具钢含碳量控制在 0.30%～0.60%，属中碳钢。钢中常加入的合金元素有 Cr、Ni、Mn、Mo、W、V 等，目的是提高钢的强度、硬度、耐回火性、淬透性和耐热疲劳性能。

2）热处理特点

热作模具钢的锻造毛坯应进行退火，以改善钢的切削加工性能。最终热处理是淬火+回火。一般地，大型模具的模面硬度要比小型模具的低，因此，回火温度应根据硬度要求来确定，通常为中温回火。回火后获得均匀的回火索氏体或回火托氏体，硬度在 40HRC 左右，并具有较高的韧性和强度。

3）常用热作模具钢

常用热作模具钢的牌号、化学成分、热处理及用途见表 5-16。

表 5-16 常用热作模具钢的牌号、化学成分、热处理及用途（摘自 GB/T 1299—85）

牌号	化学成分 ω/%							交货状态（退火）HBS	热处理	用途举例
	C	Si	Mn	Gr	其他	P	S		淬火温度/℃	
						不大于				
5CrMnMo	0.50～0.60	0.25～0.60	1.20～1.60	0.60～0.90	Mo0.15～0.30	0.03	0.03	197～241	820～850 油	制作中小型热锻模（边长小于等于 300mm～400mm）
5CrNiMo	0.50～0.60	≤0.40	0.50～0.80	0.50～0.80	Ni1.40～1.80 Mo0.15～0.30	0.03	0.03	197～241	830～850 油	制作形状复杂、冲击载荷大的各种大中型热锻模（边长大于 400mm）
3Cr2W8V	0.32～0.40	≤0.40	≤0.40	2.20～2.70	W7.50～9.00 V0.60～1.00	0.03	0.03	207～255	1075～1125 油	制作压铸模，平锻机上的凸模和凹模、镶块，铜合金挤压模等
4Cr5W2VSi	0.32～0.42	0.08～1.20	≤0.40	4.50～5.50	W1.60～2.40 V0.60～1.00	0.03	0.03	≤229	1030～1050 油或空冷	可用于高速锤用模具与冲头，热挤压用模具及芯棒，有色金属压铸模等
4Cr5MoSiV	0.33～0.43	0.08～1.20	0.20～0.50	4.75～5.50	Mo1.10～1.60 V0.30～0.60	0.03	0.03	≤235	790℃预热 1000℃盐浴或 1010℃（炉控气氛）加热，保温 5min～15min 空冷，550℃回火	使用性能和寿命高于 3Cr2W8V 钢。制作铝合金压铸模、热挤压模、锻模和耐 500℃以下的飞机、火箭零件

（续）

牌号	化学成分 ω/%							交货状态（退火）HBS	热处理	用途举例
	C	Si	Mn	Gr	其他	P	S		淬火温度/℃	
						不大于				
5Cr4W5Mo2V	0.40～0.50	≤0.40	≤0.40	3.40～4.40	W4.50～5.30 Mo1.50～2.10 V0.70～1.10	0.03	0.03	≤269	1100～1150 油	制作中小型精锻模，或代替 3Cr2W8V 钢制作热挤压模具

4. 塑料模具钢

塑料模具钢是指制造塑料模具用的钢种，其种类较多，常用的塑料模具钢见表5-17。

表 5-17 常用塑料模具用钢

模具类型	推荐用钢
中小型模具，精度不高、受力不大、生产规模小的模具	45、40Cr、T10、10、20、20Cr
受较大摩擦、较大动载荷、生产批量大的模具	20Cr、12CrNi3、20Cr2Ni4、20CrMnTi
大型复杂的注射成形模或挤压成形模	4Cr5MoSiV、4Cr5MoSiV1、4Cr3Mo5SiV、5CrNiMnMoVSCa
热固性成形模，高耐磨、高强度的模具	9MnV、CrWMn、GCr15、Cr12、Cr12MoV、7CrSiMnMoV
耐腐蚀、高精度模具	2Cr13、4Cr13、9Cr18、Cr18MoV、Cr18MoV、3Cr2Mo、Cr14Mo4V、8Cr2MnWMoVS、3Cr17Mo
无磁模具	7Mn15Cr2Al3V2WMo

5.5.4 高速工具钢

高速工具钢是用于制造高速切削刃具的钢种，通常简称为高速钢。又因为它具有高的热硬性，当切削温度高达 600℃时，仍有良好的切削性能，故俗称“锋钢”。

高速切削刃具在切削过程中，承受较大的压力、剧烈摩擦，以及由此产生的高温，同时，还要承受一定的冲击和振动。因此，高速钢的主要使用性能是很高的硬度和耐磨性、足够的强度和韧性以及高的热硬性。

高速工具钢的牌号表示方法与合金工具钢相似，所不同的是，高速工具钢不论含碳量多少，牌号中均不标出。

1. 成分特点

高速钢的含碳量高，碳质量分数在 0.70%～1.65%，以保证获得高碳马氏体和形成足够的合金碳化物，从而提高钢的硬度、耐磨性和热硬性。钢中主要加入的合金元素有 W、Mo、Cr、V 等，其中 W、Mo 含量较高，目的是提高钢的耐回火性和热硬性，Cr 主要起提高钢的淬透性的作用，V 可提高钢的硬度、耐磨性和热硬性。

2. 热处理特点

高速钢由于含合金元素多，使 Fe－Fe_3C 相图中 E 点左移，所以在铸态组织中存在粗大鱼骨状的共晶碳化物(即莱氏体)，这对高速钢的塑性和韧性非常不利。由于莱氏体是在结晶时形成，不能用热处理方法消除，必须用锻造方法反复镦粗、拔长，将碳化物击碎，使其呈细小颗粒状，并均匀分布在基体上。

高速钢的热处理主要有两种，即锻后退火和淬火＋回火。例如，最常用的高速钢 W18Cr4V 的传统热处理工艺：

(1)退火。W18Cr4V 钢锻造后进行退火，退火温度为 850℃～880℃，获得细小索氏体加粒状碳化物，硬度为 207HBS～255HBS。可改善钢的切削加工性，消除内应力，并为淬火做好组织上的准备。

(2)淬火。由于大量合金元素的影响，W18Cr4V 钢淬火加热温度在 1200℃以上才能使碳化物较多地溶入奥氏体中，达到 1270℃～1280℃时才能保证淬火、回火后的热硬性。同时，因高速钢的热导性差，为防止淬火变形和开裂，不能一次加热到淬火温度，需一次(800℃)或两次(600℃、850℃)预热。淬火时在油中冷却，获马氏体、未溶解碳化物和残余奥氏体。由于合金元素的影响，马氏点降低，残余奥氏体量高达 25%～30%，所以，淬火后的硬度并不很高，一般为 62HRC 左右。

(3)回火。由于大量合金元素的影响，W18Cr4V 钢淬火后的组织稳定性高，有很高的耐回火性。低温回火不能得到回火马氏体组织，必须提高回火温度，通常采用 560℃回火。

为了促使残余奥氏体向马氏体转变，有两种途径可达目的：其一是淬火后采用－70℃下的深冷处理，只需进行一次回火。其二是淬火后在 560℃进行三次回火。回火后的组织为回火马氏体、颗粒状碳化物和 3%以下的残余奥氏体，硬度为 63HRC～66HRC。

3. 常用高速工具钢

常用高速工具钢的牌号、化学成分、热处理、力学性能及用途见表 5－18。其中 W18Cr4V

表 5－18 常用高速工具钢牌号、化学成分、热处理及用途(摘自 GB9943—1988)

牌号	化学成分 w_{Me}/%							热处理				用途举例
	C	Mn	Al	Cr	W	V	Mo	淬火温度/℃	HRC	回火温度/℃	HRC	
W18Cr4V	0.70～0.80	≤0.40		3.80～4.40	17.50～19.00	1.00～1.40	≤0.30	1260～1280 油	≥63	550～570(三次)	63～66	制作中速切削车刀、刨刀、钻头、铣刀等
W6Mn5Cr4V2	0.80～0.90	≤035		3.80～4.40	5.50～6.75	1.75～2.20	4.50～5.50	1220～1240 油	≥63	540～560(三次)	63～66	制作要求耐磨性和韧性相配合的中速切削刀具，如丝锥、钻头等
W6Mo5Cr4V2Al	1.05～1.20	≤035	0.80～1.20	3.80～4.40	5.50～6.75	1.75～2.20	4.50～5.50	1220～1250 油	≥63	550～570(三次)	67～69	加工一般合金钢时，刀具寿命为 W18Cr4V 钢的 2 倍。加工超高强度钢、耐热合金钢时，相当于 W18Cr4V 刀具切削一般合金钢的使用寿命。制作刀具、冷热模具零件等

钢是问世最早、应用时间最长、使用最广的高速钢，广泛用于制造一般的高速切削刃具。

5.5.5 特殊性能钢

凡具有某些特殊的物理性能、化学性能和力学性能的钢，统称为特殊性能钢。其中不锈钢、耐热钢等是应用最为广泛的特殊性能钢。

不锈钢和耐热钢编制牌号的原则是平均碳的质量分数以千分之一为单位，用一位数表示；当平均碳的质量分数 $w_C \leqslant 0.08\%$ 时，用“0”表示；平均碳的质量分数 $w_C \leqslant 0.03\%$ 时，用“00”。合金元素含量与合金弹簧钢表示法相同。

例如，2Cr13 表示 $w_C=0.2\%$、$w_{Cr}=13\%$ 的不锈钢。0Cr18Ni9 表示 $w_C \leqslant 0.08\%$、$w_{Cr}=18\%$、$w_{Ni}=9\%$ 的不锈钢。

1. 不锈钢

不锈钢是指在自然环境和在某些介质中具有高耐蚀性能的钢，这类钢并非绝对不锈，只是在这些介质中腐蚀过程非常的缓慢而已。1978 年在成都制作的镁合金、45 钢、灰铸铁、H62 黄铜、硬铝和 1Cr18Ni9Ti 不锈钢的磨光试件保存在大气中。10 多年后，观察结果表明，镁合金腐蚀最严重，其次是 45 钢、H62 黄铜、灰铸铁、硬铝，不锈钢表面基本没有什么变化，只是略微发灰。这证明不锈钢在潮湿环境中抗腐蚀能力很强，而且具有抗酸腐蚀特性。

不锈钢按其使用时的组织特征分为三种类型，即铁素体不锈钢、马氏体不锈钢和奥氏体不钢。

1)铁素体不锈钢

铁素体不锈钢的成分特点是低碳高铬，$w_C<0.12\%$、$w_{Cr}=16\%\sim18\%$。加热时没有组织转变，为单相铁素体组织，所以不能用热处理方法强化，通常在退火或正火状态下使用。由于塑性好、强度低，主要用于制造抗蚀性要求高而强度要求不高的结构件，如化工设备、食品机械、电器和装饰等。

2) 马氏体不锈钢

马氏体不锈钢的 $w_C=0.1\%\sim1.2\%$、$w_{Cr}=12\%\sim18\%$，淬火后得到马氏体组织。随着钢中含碳量增加，其强度、硬度和耐磨性得以提高，但耐蚀性下降。因此，马氏体不锈钢主要用于制造要求较高强度并有一定耐蚀性的零件或工具，如汽轮机叶片、医疗器械及量具等。

3) 奥氏体不锈钢

奥氏体不锈钢的成分特点是低碳高铬高镍，$w_C=0.03\%\sim0.15\%$、$w_{Cr}=18\%$、$w_{Ni}=8\%\sim11\%$，因镍扩大了奥氏体相区，所以，这类钢在室温时呈单一奥氏体组织。生产中，为了使钢中碳化物全部溶入奥氏体，得到单一的奥氏体组织，以提高其耐蚀性，通常采用固溶处理，即将钢加热到 1050℃～1150℃保温适当的时间，然后水冷至室温。

经过固溶处理后的奥氏体不锈钢硬度低、塑性和韧性好、耐蚀性达到最佳状态。因此，常用于制造耐蚀性要求较高和低强度冷塑性成形的零件，如管道、容器、医疗器械等。

常用不锈钢的牌号、化学成分、热处理、性能及用途见表 5-19。

表 5-19 常用不锈钢牌号、化学成分、热处理、性能及用途(摘自 GB/T1220—92)

类别	牌号	化学成分 w_{Me}/%					热处理				力学性能						用途
		C	Si	Mn	Cr	其他	退火温度/℃	固溶处理温度/℃	淬火温度/℃	回火温度/℃	σ_b/%	$\sigma_{r0.2}$/%	δ_5/%	ψ/%	A_K/J	HBS	
铁素体型	1Cr17	≤0.12	≤0.75	≤1.00	16.00~18.00		780~850 空冷或缓冷				≥450	≥205	≥22	≥50		≤183	耐蚀性良好的通用不锈钢,用于建筑装潢、家用电器、家庭用具
马氏体型	1Cr13	≤0.15	≤1.00	≤1.00	11.50~13.50	Ni≤0.60	800~900 缓冷或约750 快冷		950~1000 油	700~750 快冷	≥540	≥345	≥25	≥55	≥78	≥159	良好的耐蚀性和切削加工性。制作一般用途零件和刃具,如螺栓、螺母、日常生活用品等。1Cr13钢也是耐热钢
马氏体型	3Cr13	0.26~0.40	≤1.00	≤1.00	12.00~14.00	Ni≤0.60	800~900 缓冷或约750 快冷		920~980 油	600~750 快冷	≥735	≥540	≥12	≥40	≥24	≥217	制作硬度较高的耐蚀耐磨刃具、量具、喷嘴、阀座、阀门、医疗器械等
马氏体型	11Cr17	0.95~1.20	≤1.00	≤1.00	16.00~18.00		退火		淬火	回火						≥58 HRC	所有不锈钢和耐热钢中,硬度最高。制作喷嘴、轴承等
奥氏体型	1Cr18Ni9	≤0.15	≤1.00	≤2.00	17.00~19.00	Ni8.0~11.00		1010~1150 快冷			≥520	≥205	≥40	≥60		≤187	冷加工后有高的强度,用于建筑装潢材料和化工设备零件
奥氏体型	0Cr19Ni9	≤0.08	≤1.00	≤2.00	18.00~20.00	Ni8.0~10.50		1050~1150 快冷			≥520	≥205	≥40	≥60		≤187	应用最广,制作食品、化工、核能设备的零件

表 5-20 常用耐热钢牌号、化学成分、热处理、性能及用途(摘自 GB/T1221—92)

类别	牌号	Mn 化学成分 w_{Me}/%						热处理	力学性能						用途举例
		C	Mn	Si	Ni	Cr	其他		σ_b/MPa	$\sigma_{r0.2}$/MPa	δ_5/%	ψ/%	A_K/J	HBS	
奥氏体型	1Cr18Ni9Ti	≤0.12	≤2.00	≤1.00	8.00~11.00	17.00~19.00	Ti0.50~0.80	固溶处理:1000℃~1100℃快冷	≥520	≥205	≥40	≥50		≤187	良好的耐热性和抗蚀性。制作加热炉管、燃烧室筒体、退火炉罩等。也是不锈耐热钢
奥氏体型	3Cr18Mn-12Si2N	0.20~0.30	10.50~12.50	1.40~2.20		17.00~19.00	N 0.22~0.33	固溶处理:1000℃~1150℃快冷	≥685	≥390	≥35	≥45		≤248	较高的热强性,有抗氧化性、抗硫性和抗碳性。制作渗碳炉构件,加热炉传送带、料盘、炉爪等。最高使用温度为 1000℃
马氏体型	4Cr9Si2	0.35~0.50	≤0.70	2.00~3.00	≤0.60	8.00~10.00		淬火:1020℃~1040℃油冷 回火:700℃~780℃油冷	≥885	≥590	≥19	≥50			较高的热强性、制作小于 700℃内燃机进气阀或轻载荷发动机排气阀
马氏体型	1Cr11MoV	0.11~0.18	≤0.60	≤0.50	≤0.60	10.00~11.50	Mo0.50~0.70 V0.25~0.40	淬火:1050℃~1100℃空冷 回火:720℃~740℃空冷	≥685	≥490	≥16	≥55	≥47		兼有热强性、组织稳定性和减振性。制作气轮机叶片和导向叶片
铁素体型	00Cr12	≤0.03	≤1.00	≤0.75		11.00~13.00		退火	≥365	≥195	22	≥60		≥183	制作抗高温氧化,且要求焊接的部位,如汽车排气阀净化装置、燃烧室、喷嘴
铁素体型	2Cr25N	≤0.20	≤1.50	≤1.00	≤0.60	23.00~27.00	N≤0.25	退火:780℃~880℃快冷	≥510	≥275	≥20	≥40		≤201	制作 1080℃以下抗高温氧化件,如燃烧室等

2. 耐热钢

耐热钢是指在高温下具有高的热化学稳定性和热强性的合金钢。热化学稳定性主要是指在高温下抗氧化性能。热强性是指钢在高温下对外力的抵抗能力(包括高温瞬时强度、蠕变极限和高温疲劳强度等)。

1) 成分特点

耐热钢的含碳量很低,一般为低碳或超低碳,主要加入的合金元素有 Cr、Ni、W、Mo、V、Nb、Ti、Al、Si 等。其中 Cr、Si、Al 等合金元素在高温下与氧反应,在钢的表面形成一层致密的氧化膜,可将钢与高温氧化性气体隔绝,从而保护钢在高温下不被继续氧化;其余合金元素可起到稳定高温组织、弥散强化的作用,以保证热强性。

2) 常用耐热钢

常用耐热钢按正火状态下的组织不同,可分为奥氏体耐热钢、马氏体耐热钢和铁素体耐热钢。

(1)奥氏体耐热钢最常用的是 1Cr18Ni9Ti 钢,既是不锈钢也是耐热钢,工作温度可达 750℃～850℃。奥氏体耐热钢的热处理主要是固熔处理+时效,固熔处理可以获得单一的奥氏体组织,然后在高于构件工作温度 60℃～100℃的温度下进行人工时效,以稳定组织。在耐热钢中,奥氏体在热化学稳定性和热强性两方面都是较好的。主要用于制造锅炉、汽轮机的过热器管道等构件及内排气阀等。

(2)马氏体耐热钢。这类钢的热化学稳定性和热强性比较好,淬透性也好。最终热处理是淬火+高温回火(调质),获得回火索氏体,在 600℃以下长期工作性能稳定。主要制造 600℃以下工作汽轮机叶片、螺栓、轴和齿轮等零件。

(3)铁素体耐热钢。这类钢主要用于制造强度要求不高的耐热结构、焊接件,如喷嘴、锅炉燃烧室等。一般在退火状态下使用。

常用耐热钢牌号、化学成分、热处理、性能及用途见表 5-20。

5.6 铸　铁

铸铁是指由铁、碳、硅等组成的合金系的总称,铸铁中的 $w_C=2.5\%\sim4.0\%$、$w_{Si}=1.0\%\sim3.0\%$、$w_S\leqslant0.05\%\sim0.15\%$、$w_P\leqslant0.05\%\sim1.0\%$,这些元素的含量均高于钢。由于铸铁的塑性差、脆性大,不能进行压力加工,只能铸造成形,故称铸铁。铸铁具有优良的铸造性能和切削加工性好等优点,同时,生产工艺简单、成本低,所以应用广泛。例如,按质量计,铸铁件在机床制造中占 60%～90%。

5.6.1 概述

1. 铸铁的分类

铸铁中的碳除少量可溶于铁素体外，其余部分以渗碳体或石墨的形式存在。根据碳在铸铁中的存在形式，铸铁可分为以下三类：

(1)白口铸铁：碳全部或大部分以渗碳体的形式存在，因断裂时断口呈白亮颜色，故称为白口铸铁。白口铸铁的力学性能特点是硬而脆，很难进行切削加工，所以一般铸件都不希望出现白口铸铁组织。主要用做炼钢原料、可锻铸铁的毛坯，以及不需切削加工、表面要求硬度高和耐磨性好的零件，如轧辊、犁铧及球磨机的磨球等。

(2)灰口铸铁：碳全部或大部分以石墨的形式存在，因断裂时断口呈暗灰色，故称为灰口铸铁。它是工业上最常用的铸铁。根据其石墨形态的不同，灰口铸铁可分为灰铸铁、球墨铸铁、可锻铸铁及蠕墨铸铁。

(3)麻口铸铁：碳一部分以石墨的形式存在，另一部分以渗碳体的形式存在，具有灰口和白口的混合组织，因断裂时断口呈灰、白色相间，故称为麻口铸铁。这类铸铁硬脆性较大，工业上很少使用。

2. 铸铁的石墨化

石墨是碳的一种结晶形式，用符号“G”表示，其强度、塑性和韧性极低，接近于零，硬度仅为3HBS左右。

铁碳合金结晶时，碳较容易形成渗碳体。但渗碳体是一种亚稳定相，在一定的条件下(如提高碳、硅含量及降低冷却速度等)，它会分解出稳定相石墨，也可以直接从液相中结晶出石墨，这种铸铁中碳原子析出和形成石墨的过程称为石墨化。在生产中，就是通过控制石墨化的程度和改变石墨的形态、分布，来调整和提高铸铁的力学性能和其他性能。

铸铁中石墨的形成规律，应按Fe－G相图来分析。它和$Fe-Fe_3C$相图基本相同，为便于比较分析常将两图画在一起，称为铁碳合金双重相图，如图5－8所示。图中实线表示$Fe-Fe_3C$相图，部分实线加上虚线表示Fe－G相图。

1)石墨化过程

在铁碳合金双重相图上，根据铸铁从液相冷却下来的结晶情况，可把铸铁的石墨化过程分为三个阶段：

第一阶段即液相线至共晶线阶段。在此温度区间，从液相中析出石墨，它包括过共晶成分液相中直接结晶出一次石墨和共晶成分的液相直接结晶出奥氏体＋共晶石墨。

第二阶段即共晶线至共析线之间的阶段。在此温度区间，从奥氏体中析出二次石墨。

第三阶段即共析线阶段。奥氏体转变为铁素体＋共析石墨。

除以上各阶段石墨化外，生产中将白口铸铁在高温下进行退火，也能使渗碳体分解获得石墨，这就是生产可锻铸铁的方法。

2)石墨化程度与铸铁的组织

铸铁的石墨化过程受到许多因素的影响，而石墨化进行的程度决定了铸铁最终得到的组织。如果第一、二、三阶段的石墨化都能充分进行，铸铁最终得到的组织是铁素体＋石墨(F＋G)。如果第一、二阶段能充分进行，而第三阶段石墨化完全被抑制没有进行，则得到的组织是珠光体＋石墨(P＋G)。如第一、二阶段得以充分进行，而第三阶段石墨化

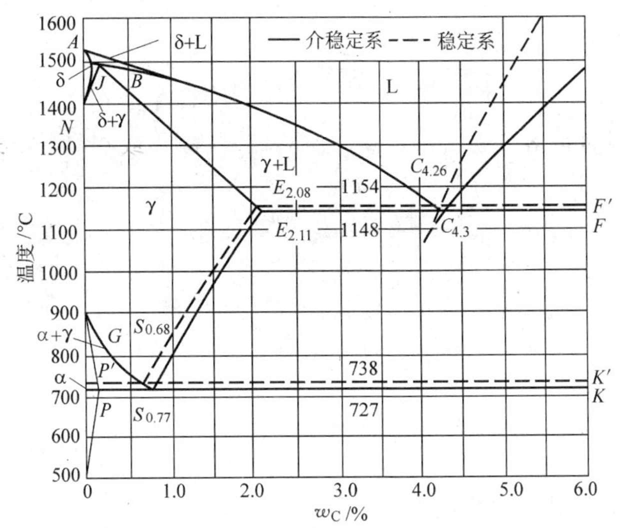

图 5-8　铁碳合金双重相图

是部分进行，最终得到的组织是铁素体＋珠光体＋石墨（F＋P＋G）。

3）影响石墨化的因素

化学成分和冷却速度是影响铸铁石墨化的主要因素。

（1）化学成分。碳和硅是强烈促进石墨化的元素，含碳量增加使石墨晶核数量增加，而硅与铁的原子结合力远强于碳与铁原子的结合力，从而增加了碳原子的扩散能力，因而促进石墨化。所以碳、硅含量低时，易形成白口铸铁。但含量过高会得粗大石墨，而降低铸件的力学性能，所以灰口铸铁中的碳、硅含量应有所控制。

磷也是促进石墨化的元素，同时能提高铁液的流动性，但使铸铁的脆性增大，故其含量一般限制在 $w_P \leqslant 0.12\%$。

硫是强烈阻碍石墨化的元素，同时还会降低铁液的流动性而易使铸件高温开裂。因此，硫的含量一般控制在 $w_S \leqslant 0.15\%$。

（2）冷却速度。在一定条件下，铸铁冷却速度越缓慢，则越容易按 Fe－G 相图进行石墨化过程，石墨化的程度也就越高，否则就会基本上按 $Fe-Fe_3C$ 相图来进行结晶转变。

铸造生产中，铸铁的冷却速度与铸件的壁厚、浇铸温度和铸型材料的性能以及外界条件等因素有关，其中以铸件壁厚影响较大。铸件的厚壁部分易出现白口铸铁组织，简称白口组织。

5.6.2　灰铸铁

灰铸铁的铸造性能优良、生产工艺简单、成本低，是生产中最广泛应用的一种铸铁，约占铸铁总量的 80%。

1. 灰铸铁的化学成分、组织和性能

灰铸铁的化学成分一般为 $w_C = 2.5\% \sim 4.0\%$、$w_{Si} = 1.0\% \sim 3.0\%$、$w_{Mn} = 0.5\% \sim 1.4\%$、$w_S \leqslant 0.15\%$、$w_P \leqslant 0.12\%$。

灰铸铁的组织可看成是片状石墨分布在碳钢的基体上。按基体组织不同分为三类：铁素体基体＋片状石墨；铁素体—珠光体基体＋片状石墨；珠光体基体＋片状石墨。其显微组织如图 5-9 所示。

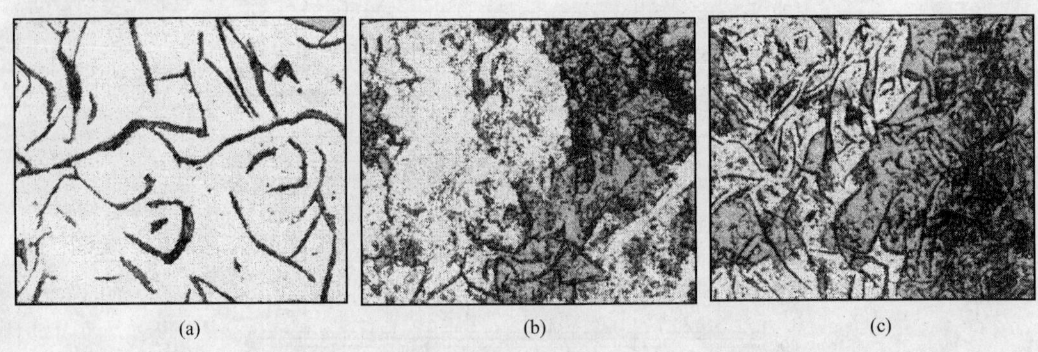

(a)　　(b)　　(c)

图 5-9　灰铸铁的显微组织

(a)铁素体基体;(b)铁素体—珠光体基体;(c)珠光体基体。

由于石墨的强度、硬度、塑性及韧性都极差,因此,片状石墨分布在基体上,就相当于基体上分布了许多"裂纹"和"孔洞",这实际上割裂了基体的连续性,减小了基体的有效截面,而且很容易形成应力集中,这就使得灰铸铁的抗拉强度比碳钢低很多,其塑性和韧性也很差,不能进行压力加工。但在受压应力时,因片状石墨不会引起很大的局部应力,所以灰铸铁的抗压强度却与碳钢相近。

虽然灰铸铁的力学性能较差,但石墨的存在使其获得了许多钢所不及的优良性能,如良好的铸造性能、切削加工性能、减振性、减摩性,以及缺口敏感性低等。正是拥有了这些优良性能,灰铸铁在工业上得到广泛的应用。

2. 灰铸铁的孕育处理

为提高灰铸铁的力学性能,生产中常采用孕育处理,即浇注前将孕育剂(硅铁、硅钙合金或石墨粉)加入铸铁液中搅拌,再进行浇注,这样可形成大量的、高度弥散的难熔质点,成为石墨非自发形核的结晶核心,从而得到细基体组织及其均匀分布的细片状石墨。

经孕育处理的灰铸铁称为孕育铸铁。它可显著提高灰铸铁的强度和塑性,可避免出现白口组织。

3. 灰铸铁的牌号和应用

灰铸铁的牌号由"灰铁"两字汉语拼音字首"HT"和一组数字组成。数字表示最低抗拉强度。例如,HT250 表示 $\sigma_b \geqslant 250$MPa 的灰铸铁。

灰铸铁的强度与铸件的壁厚有关,同一牌号的铸铁随壁厚的增加,强度和硬度下降。

常用灰铸铁的牌号、力学性能及应用见表 5-21。

表 5-21　常用灰铸铁的牌号、力学性能及应用(摘自 GB/T 9439—88)

类别	牌号	铸件壁厚/mm	抗拉强度 σ_b/MPa≥	硬度 HBS	用途举例
铁素体灰铸铁	HT100	2.5～10	130	110～166	低载荷和不重要的零件,如盖、外罩、手轮、支架、底板、手柄等
		10～20	100	93～140	
		20～30	90	87～131	
		30～50	80	82～122	

(续)

类别	牌号	铸件壁厚/mm	抗拉强度 σ_b/MPa≥	硬度 HBS	用途举例
铁素体珠光体灰铸铁	HT150	2.5～10	175	137～205	承受中等应力的铸件，如普通机床的支柱、底座、齿轮箱、刀架、床身、轴承座、工作台、带轮、泵壳、阀体、法兰、管路及一般工作条件的零件
		10～20	145	119～179	
		20～30	130	110～166	
		30～50	120	105～157	
珠光体灰铸铁	HT200	2.5～10	220	157～236	承受较大的应力和要求一定气密性或耐蚀性的较重要铸件，如汽缸、齿轮、机座、机床床身、立柱、汽缸体、汽缸盖、活塞、刹车轮泵体、阀体、化工容器等
		10～20	195	148～222	
		20～30	170	134～200	
		30～50	160	129～192	
	HT250	2.5～10	270	175～262	
		10～20	240	164～247	
		20～30	220	157～236	
		30～50	200	150～225	
孕育铸铁	HT300	10～20	290	182～272	承受高的应力、要求耐磨、高气密性的重要铸件，如剪床、压力机、自动机床和重型机床床身、机座、机架、齿轮、凸轮、衬套、大型发动机曲轴、汽缸体、缸套，高压油缸，水缸，泵体，阀体等
		20～30	250	168～251	
		30～50	230	161～241	
	HT350	10～20	340	199～298	
		20～30	290	182～272	
		30～50	260	175～257	

4. 灰铸铁的热处理

灰铸铁不能通过热处理来改变石墨的形态分布，所以对改善其力学性能作用不大。但灰铸铁通过热处理可消除铸件应力和白口组织、稳定尺寸、提高表面硬度和耐磨性等。常用的热处理方法有以下三种：

(1)低温退火，又称为去应力退火。目的是消除铸件内应力，加热温度为 500℃～550℃，保温 2h～8h 后随炉缓冷至 150℃～200℃以下出炉空冷。这种方法又称为人工时效。也有将铸铁在室温下长时间存放，可消除部分内应力，称自然时效。

(2)高温退火，又称为软化退火。灰铸铁件在铸造时如出现白口组织，可将铸件加热到 850℃～950℃，保温 2h～5h 后随炉缓冷至 400℃～500℃以下出炉空冷。使白口组织中的渗碳体分解而形成石墨，以消除白口组织、降低硬度，从而改善铸件的切削加工性能。

(3)表面淬火。主要目的是提高铸件的表面硬度和耐磨性。常用的方法有感应加热表面淬火和接触电阻加热表面淬火。例如，机床导轨采用高频感应淬火，淬硬层在 1.1mm～2.5mm，硬度可达 50HRC。

5.6.3 球墨铸铁

球墨铸铁的组织特点是石墨呈球状，这是进行了球化处理的结果。球化处理就是在浇注前的铸铁液中，加入一定量的球化剂(镁或稀土镁合金)和促进石墨化的孕育剂(硅铁或硅钙合金)，最后可得分布均匀的细小球状石墨和细基体组织。

1. 球墨铸铁的化学成分、组织和性能

球墨铸铁的化学成分要求较严格，一般为 $w_C=3.6\%\sim3.9\%$、$w_{Si}=2.0\%\sim2.5\%$(珠光体球墨铸铁)、$w_{Si}=2.6\%\sim3.1\%$(铁素体球墨铸铁)、$w_{Mn}=0.6\%\sim0.8\%$、$w_S\leqslant0.06\%$、$w_P\leqslant0.1\%$。

球墨铸铁的组织中基体与灰铸铁一样，有三种基体即铁素体、铁素体—珠光体、珠光体。也可通过调质处理得回火索氏体基体，或等温淬火得下贝氏体基体。组织中石墨呈近似球状分布在基体上。其显微组织如图 5-10 所示。

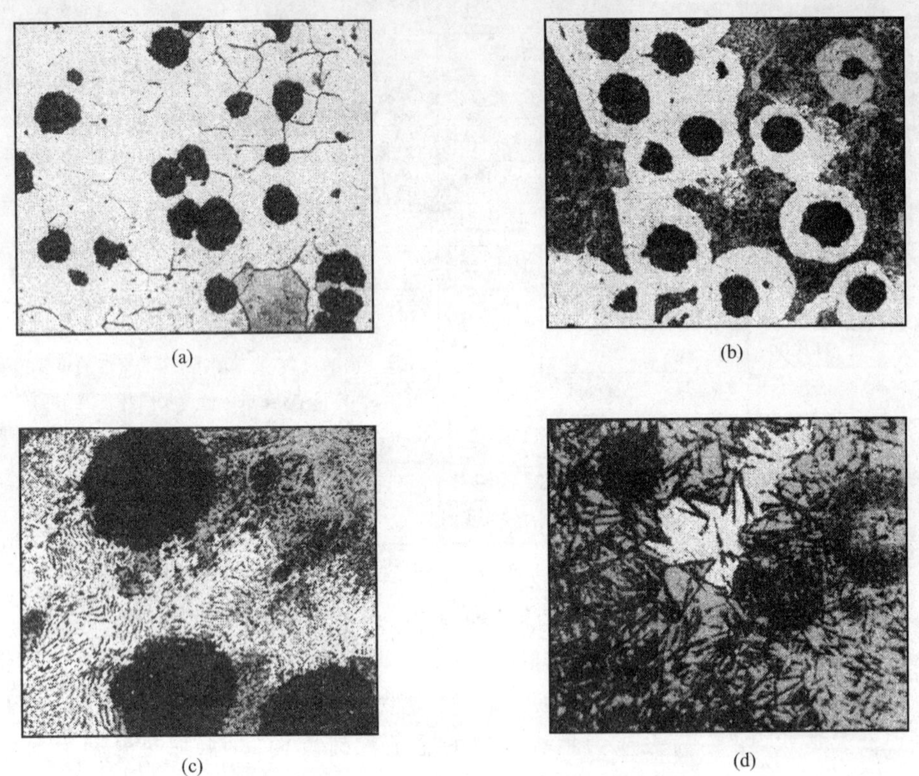

(a) (b) (c) (d)

图 5-10 球墨铸铁的显微组织

(a)铁素体基体；(b)铁素体—珠光体基体；(c)珠光体基体；(d)下贝氏体基体。

由于球墨铸铁中石墨呈球状，对基体的割裂作用和引起应力集中现象明显减少，提高了基体的承载能力，其基体金属的强度利用率比灰铸铁增加 1 倍左右。所以，球墨铸铁的抗拉强度大大超过灰铸铁，与碳钢相近，它的疲劳强度也很高，已经接近或超过相应的碳钢。

球墨铸铁同样具有灰铸铁的一些优点，如良好的铸造性能、减振性、减摩性、切削加工性及低的缺口敏感性等。其塑性和韧性虽然高于灰铸铁，但仍比钢差。此外，球墨铸铁件的收缩、夹渣、气孔等缺陷比较严重，也容易产生白口组织，故其铸造工艺和质量控制都比灰铸铁要求高。

2. 球墨铸铁的牌号和应用

球墨铸铁牌号由“球铁”两字汉语拼音字首“QT”和其后的两组数字组成。两组数字依次表示最低抗拉强度和最小伸长率。例如,QT500－7 表示 $\sigma_b \geqslant 500$MPa、$\delta \geqslant 7\%$的球墨铸铁。

由于球墨铸铁具有一些优良性能,常用球墨铸铁来代替铸钢、锻钢和可锻铸铁来制造某些结构复杂、性能要求高的重要零件,如曲轴、连杆、齿轮等。

常用球墨铸铁的牌号、力学性能及应用见表 5－22。

表 5－22 常用球墨铸铁的牌号、力学性能及应用(摘自 GB/T 1348—88)

基本类型	牌号	力学性能				应用举例
		σ_b/MPa	$\sigma_{r0.2}$/MPa	δ/%	HBS	
		不小于				
铁素体	QT400－18	400	250	18	120～180	农机具犁铧、犁柱,汽车和拖拉机轮毂、离合器壳、差速器壳、拨叉;阀体、阀盖、汽缸;铁路垫板、电机壳、飞轮壳等
	QT400－15	400	250	15	130～180	
	QT450－10	450	310	10	160～210	
铁素体＋珠光体	QT500－7	500	320	7	170～230	液压泵齿轮、阀门体、轴瓦、机器底座、支架、传动轴、链轮、飞轮、电动机架等
	QT600－3	600	370	3	190～270	
珠光体	QT700－2	700	420	2	225～305	柴油机、汽油机曲轴、凸轮轴、汽缸套、连杆,部分磨床、铣床、车床主轴,农机具脱粒机齿条、负荷齿轮,起重机滚轮、小型水轮机主轴等
珠光体或回火组织	QT800－2	800	480	2	245～335	
贝氏体或回火马氏体	QT900－2	900	600	2	280～360	曲线齿和弧齿锥齿轮、减速器齿轮、凸轮轴、传动轴、转向节、犁铧、耙片等

3. 球墨铸铁的热处理

由于球墨铸铁的基体金属性能利用率高,因此,可通过热处理改变基体组织来改善其力学性能。球墨铸铁的常用热处理方法有以下四种。

1) 退火

(1)去应力退火。目的是消除铸件内应力。加热温度为 500℃～600℃,保温 2h～8h,然后缓冷。

(2)高温退火。当球墨铸铁件出现白口组织,即组织中有游离状的渗碳体时,要进行高温退火。目的是使组织中游离状的渗碳体和基体中渗碳体分解为石墨和铁素体,获得铁素体球墨铸铁。加热温度为 900℃～950℃,保温 2h～5h,然后随炉缓冷至 600℃左右,出炉空冷。

(3)低温退火。当铸态组织中无游离状的渗碳体时,则通常采用低温退火。目的是使基体中的渗碳体分解为铁素体和石墨,获得铁素体球墨铸铁。加热温度为 700℃～760℃,保温 2h～8h,然后随炉缓冷至 600℃左右,出炉空冷。

2) 正火

球墨铸铁正火的目的是增加基体中珠光体的数量和细化组织,从而提高铸件的强度、硬度和耐磨性。常用正火方法有以下两种:

(1) 高温正火。目的是获得基体组织全部为珠光体的球墨铸铁。加热温度为880℃～950℃，保温1h～3h，使基体组织全部奥氏体化，然后出炉空冷。

(2) 低温正火。目的是获得基体组织为珠光体＋铁素体的球墨铸铁。加热温度为820℃～860℃，保温1h～4h，使基体组织部分奥氏体化，然后出炉空冷。

3) 调质处理

调质处理的目的是获得综合力学性能较高的球墨铸铁件。其工艺是将铸件加热到860℃～920℃，保温适当时间，使基体组织奥氏体化，然后油中冷却，再经550℃～600℃回火。得到的组织为回火索氏体＋球状石墨。

4) 等温淬火

等温淬火的目的是获得具有很高强度和硬度的球墨铸铁件。其工艺是将铸件加热到850℃～900℃，保温适当时间后，迅速放入250℃～350℃的盐浴炉中等温60min～90min，出炉空冷，一般不再进行回火。得到的组织是下贝氏体基体＋球状石墨。

等温淬火后的球墨铸铁，抗拉强度 σ_b 可达1100MPa～1600MPa，硬度为38HRC～50HRC，冲击吸收功 A_{KU} 为24J～80J。由于等温盐浴冷却能力有限，故仅适用于尺寸不大的零件，如齿轮、滚动轴承套圈等。

5.6.4 其他铸铁

1. 可锻铸铁

1) 可锻铸铁的生产与组织

可锻铸铁的生产是先铸成白口铸铁件，然后通过高温石墨化退火，使渗碳体分解得到团絮状石墨。为了使铸造后的铸件组织全部是白口铸铁，没有析出石墨，以免退火时碳沉淀在已有的石墨上，得到团絮状石墨。可锻铸铁的C和Si元素的含量较低，一般控制为 $w_C=2.2\%\sim2.8\%$、$w_{Si}=1.0\%\sim1.8\%$。其他主要元素的含量为 $w_{Mn}=0.4\%\sim1.2\%$、$w_S\leqslant0.18\%$、$w_P\leqslant0.2\%$。

将白口铸铁件加热到900℃～980℃，长时间(30h～50h)保温进行石墨退火。如果石墨化过程能充分进行，则可得铁素体基体＋团絮状石墨的可锻铸铁，称黑心可锻铸铁。否则就得珠光体基体＋团絮状石墨的可锻铸铁，称为珠光体可锻铸铁。两种不同基体的可锻铸铁显微组织如图5-11所示。

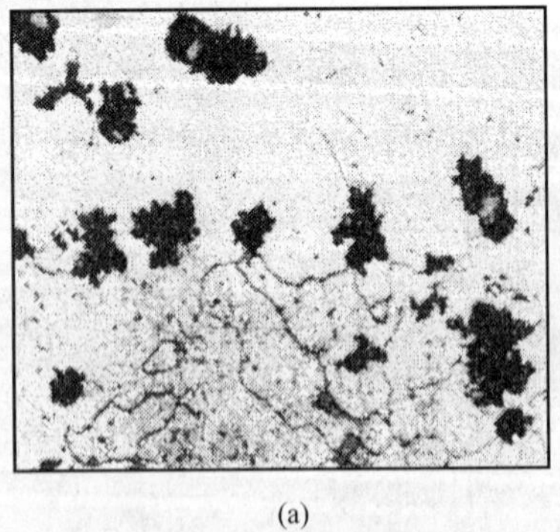

(a)

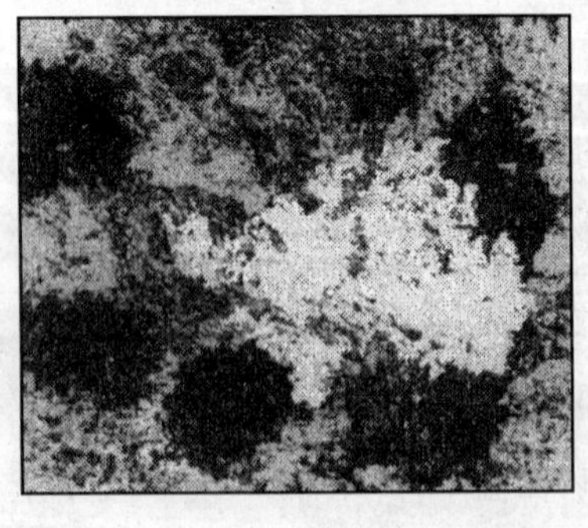

(b)

图5-11 可锻铸铁的显微组织

(a)黑心可锻铸铁；(b)珠光体可锻铸铁。

2）可锻铸铁的力学性能、牌号及应用

呈团絮状的石墨与片状石墨相比，可以减小对基体的割裂作用，提高基体金属的强度利用率。因此，可锻铸铁的强度比灰铸铁高，但不如球墨铸铁，虽然有一定的塑性，但不能进行压力加工，所以可锻铸铁并不可锻。

可锻铸铁的牌号、力学性能及应用见表 5-23。

表 5-23　可锻铸铁的牌号、性能及用途（摘自 GB 9440—88）

种类	牌号	试样直径/mm	力学性能				用途举例
			σ_b/MPa	$\sigma_{r0.2}$/%	δ/%	HBS	
			不小于				
黑心可锻铸铁	KTH300-06	12 或 15	300		6	不大于 150	弯头、三通管件、中低压阀门等承受低动载荷及静载荷，要求气密性的零件
	KTH330-08		330		8		
	KTH350-10		350	200	10		扳手、犁刀、犁柱、车轮壳等承受中等动载荷的零件
	KTH370-12		370		12		汽车、拖拉机前后轮壳、减速器壳、转向节壳、制动器及铁道零件等承受较高冲击、振动的零件
珠光体可锻铸铁	KTZ450-06	12 或 15	450	270	6	150～200	载荷较高、耐磨损并有一定的韧性要求的重要零件，如曲轴、凸轮轴、连杆、齿轮、活塞环、轴套、耙片、万向接头、棘轮、扳手、传动链条等
	KTZ550-04		550	340	4	180～250	
	KTZ650-02		650	430	2	210～260	
	KTZ700-02		700	530	2	240～290	

牌号中“KTH”表示黑心可锻铸铁、“KTZ”表示珠光体可锻铸铁，符号后的两组数字依次表示最低抗拉强度和最小伸长率。例如，KTH350-10 表示 $\sigma_b \geqslant 350$MPa、$\delta \geqslant 10\%$的黑心可锻铸铁。

2. 蠕墨铸铁

蠕墨铸铁中的石墨主要是呈弯曲状的小短片，与灰铸铁的片状石墨相比，其长厚比要小，宽厚不匀，两端为不规则的钝圆形，形似小虫状，故称蠕虫状石墨。蠕墨铸铁的显微组织如图 5-12 所示。

蠕墨铸铁的生产方法与球墨铸铁相似，即浇注前在铁液中加入适量的蠕化剂（稀土硅铁锰合金或镁钛合金），以促使石墨成蠕虫状，然后加孕育剂进行孕育处理。蠕墨铸铁的化学成分一般为 $w_C = 3.5\% \sim 3.9\%$、$w_{Si} = 2.2\% \sim 2.8\%$、$w_{Mn} = 0.4\% \sim 0.8\%$、$w_S \leqslant 0.1\%$、$w_P \leqslant 0.1\%$。

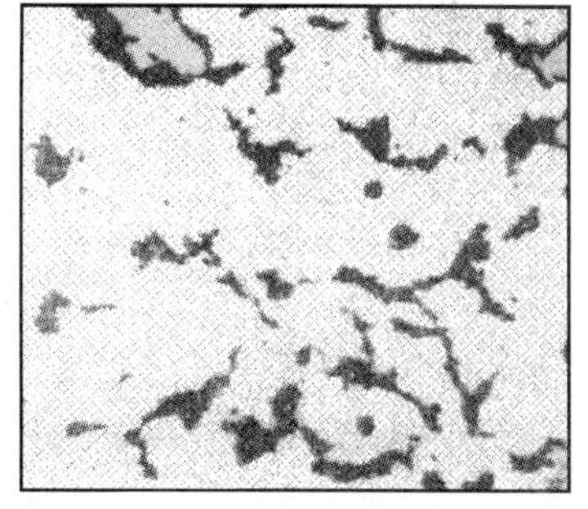

图 5-12　蠕墨铸铁的显微组织

蠕墨铸铁的力学性能较灰铸铁高，接近球墨铸铁。而铸造性能、减振性能以及耐热疲劳性能优于球墨铸铁，与灰铸铁相近。

蠕墨铸铁主要用于制造承受热循环载荷、结构复杂、要求组织致密、强度高的铸件，如大功率柴油机的汽缸盖、汽缸套、进（排）气管、钢锭模、阀体等铸件。

常用蠕墨铸铁的牌号、性能及应用见表 5-24。牌号中“RuT”是“蠕铁”二字的汉语拼音字首，后面的数字为最低抗拉强度值。例如，RuT340 表示 $\sigma_b \geqslant 340$MPa 的蠕墨铸铁。

表 5-24 蠕墨铸铁的牌号、性能及用途(摘自 JB4403—87)

牌号	力学性能				用途举例
	σ_b/MPa	$\sigma_{r0.2}$/%	δ/%	HBS	
	不小于				
RuT260	260	195	3	121～197	增压器废气进气壳体、汽车底盘零件等
RuT300	300	240	1.5	140～217	排气管、变速箱体、汽缸盖、液压件、纺织机零件、钢锭模等
RuT340	340	270	1.0	170～249	重型机床件,大型齿轮箱体、盖、飞轮,起重机卷筒等
RuT380	380	300	0.75	193～274	活塞环、汽缸套、制动盘、钢珠研磨盘、吸淤泵体等
RuT420	420	335	0.75	200～280	

3. 合金铸铁简介

在铸铁中加入适量的合金元素,使之具有某些特殊性能的铸铁称为合金铸铁。常用的有耐磨铸铁、耐热铸铁和耐蚀铸铁。

1) 耐磨铸铁

耐磨铸铁是指铸铁中加入合金元素后获得较高耐磨性的合金铸铁。常加入的元素有P、Cr、Mo、Ti、V、W、Cu、Ni 等。根据零件的工作条件不同,耐磨铸铁分为如下两种。

(1)减摩铸铁。主要用于制造在润滑条件下工作的零件,如机床导轨、汽缸套、活塞环、轴承等,减摩铸铁一般以珠光体基体的灰铸铁为基础,加入一定量的合金元素而成。种类较多,如高磷铸铁、磷铜铸铁、铬钼铜铸铁、铬铜铸铁、稀土钒钛铸铁等。

(2)抗磨铸铁。主要用于制造在干摩擦条件下工作的零件,如轧辊、犁铧、球磨机磨球等。抗磨铸铁通常以白口铸铁为基础,加入一定量的合金元素,以获得较好的韧性和较高的耐磨性、强度。

2) 耐热铸铁

在铸铁中加入一定量的合金元素 Cr、Al、Si、Mo 后,可提高铸铁的耐热性。这些元素可使铸件表面形成一层致密的保护性氧化膜,阻止铸件在高温下继续氧化。同时,由于合金元素的作用而改变了铸铁的相变温度,形成单相组织,可防止铸件在高温和载荷作用下,因相变的体积变化而造成变形开裂的情况。

耐热铸铁一般都是以白口铸铁或球墨铸铁为基础加入合金元素而成的。

耐热铸铁主要用于制造在高温下工作的零件,如加热炉炉门、炉底板、炉条、坩埚、热气管道及炉内输送带等。

3) 耐蚀铸铁

在铸铁中加入一定量的合金元素 Si、Al、Cr、Mo、Cu、Ni、Re 等,可使铸件表面形成致密的保护膜,提高基体的电极电位,或形成单相组织,从而可明显地提高铸铁的耐蚀性。

耐蚀铸铁主要用于制造化工管道、阀门、容器、耐酸泵等。

思考题与习题

5-1 钢材是怎样生产出来的？

5-2 何为非合金钢？钢中常存杂质元素有哪些？它们对钢的性能有何影响？

5-3 说明下列牌号钢的名称，数字及字母含义。主要用途各举一例。

08F、45钢、Q215A、65Mn、T8MnA、T12、ZG310-570。

5-4 简述合金元素对钢热处理的影响？

5-5 非合金钢、低合金钢、合金钢三者相比，其性能和应用有什么区别？

5-6 高锰耐磨钢具有良好的韧性却又特别耐磨，为什么？

5-7 为什么渗碳钢均属低碳成分，调质钢均属中碳成分，而工具钢多属高碳成分？

5-8 说明下列牌号钢的名称、数字及字母含义，主要用途各举一例。

Q345、Y12Pb、20CrMnTi、40Cr、55SiMn、GCr15、ZGMn13-1、9Cr2、CrWMn、5CrMnMo、W18Cr4V、2Cr13、1Cr17、1Cr18Ni9Ti、3Cr18Mn12Si2N、4Cr9Si2、2Cr25N。

5-9 试列表分析比较，低合金高强度结构钢、合金渗碳钢、合金调质钢、合金弹簧钢、轴承钢、合金量具刃具钢、冷作模具钢、热作模具钢、高速工具钢的化学成分及热处理特点，热处理后组织、主要力学性能、常用牌号及用途举例。

5-10 为什么1Cr18Ni9Ti既是不锈钢又是耐热钢？

5-11 铸铁的力学性能普遍比钢低，为何它能在工业上得到广泛的应用？

5-12 为什么在同一灰铸铁件中，往往表层和薄壁部位容易产生白口组织？应采用什么方法才能消除白口组织？

5-13 灰铸铁是否可通过热处理来提高力学性能？球墨铸铁和可锻铸铁又如何？为什么？

5-14 下列牌号各表示什么铸铁？牌号中的字母和数字表示什么意义？

HT200，QT500-7，KTZ450-06，KTH370-12，RuT380。

5-15 机床床身、床腿、箱体等为什么常采用灰铸铁制造？若用钢板焊接是否合适？为什么？

5-16 什么叫合金铸铁？常用的合金铸铁有哪几种？

5-17 有三块大小形状相同的细长条试样，分别为低碳钢、灰铸铁和白口铸铁。问用什么最简便方法迅速识别它们？

第6章 非铁金属与非金属材料

通常把钢铁材料(又称为黑色金属)以外的金属材料统称为非铁金属,非铁金属又称为有色金属,它们主要有铝、铜、铅、镍、镁、钛及其合金以及轴承合金等。与黑色金属相比,非铁金属具有许多特殊的力学、物理和化学性能,因而成为现代工业、国防、科学研究领域中不可缺少的工程材料。例如,铝、镁、钛及其合金等由于具有密度小、比强度高的特点,因而在航空航天制造业中应用十分广泛;银、铜、铝等金属,导电和导热性能优良,是电力工业和仪表工业不可缺少的材料;钨、钼和铌是制造1300℃以上的高温零件及电子真空元件的理想材料。

金属材料以外的工程材料统称为非金属材料。按照化学成分不同,可将其分为高分子材料、工业陶瓷和复合材料三大类。非金属材料来源丰富,原料价格低廉,成形工艺简单,还具有某些金属材料所不具备的性能,如橡胶的高弹性,陶瓷的硬、脆,耐高温、耐腐蚀性等,因此,在机械工程中应用也非常广泛。非金属材料不仅是金属材料的代用品,而且成为一类独立使用的材料,是工业发展中不可取代的工程材料。

6.1 铝及铝合金

6.1.1 工业纯铝

工业纯铝可以用来制造电线、铝箔、屏蔽壳体、包装材料、反射器,以及一些生活用具,如炊具、容器等,这是因为工业纯铝具有如下特性:

(1)铝是一种具有银白色金属光泽的金属,比强度高,密度为2.72g/cm^3,大约是钢铁材料的1/3,是纯铜的1/2。它的晶体结构呈面心立方晶格,塑性很好,很容易适应各种成形加工工艺。铝本身的强度很低,但经过适当的热处理工艺、冷变形强化或合金化后,它的强度可以大大提高,可用做结构材料。

(2)导热及导电性能良好。当铝线的截面和长度与铜的相同时,铝线的导电能力约为铜的61%,若导体的质量相同而截面不同时(长度相等),则铝线的导电能力为铜的200%。

(3)抗大气腐蚀性能好。这是因为铝的表面生成一层致密的三氧化二铝薄膜,能防止内部金属的进一步氧化。

(4)铝是非磁性、无火花材料,而且反射性能好,既能反射可见光,也能反射紫外线。

工业纯铝中常存杂质主要是铁和硅,此外还有铜、锌、锰、镍等。一般地,随着杂质含量的增加,工业纯铝的导电性和耐腐蚀性均降低。

纯铝分为冶炼产品(铝锭)和加工产品(铝材)两种。铝锭一般用于冶炼铝合金、作为合金元素用于冶炼合金钢或作为变形铝坯料。铝材则主要用来制作电线、电缆、散热器、铝箔，也可用于要求耐蚀和质轻而对强度要求不高的器皿等。

铝及铝合金用“四位数字”或“四位字符”表示，如表 6-1 所列。

表 6-1 常用变形铝及铝合金牌号、成分及性能

（摘自 GB/T 3190—1996、GB/T 10569—89、GB/T 10572—89）

组别	新牌号	相当于旧牌号	主要化学成分 $w_{Me}/\%$					直径或板厚/mm	供应状态	试样状态	力学性能		
			Cu	Mg	Mn	Zn	其他				σ_b/MPa	$\delta/\%$	HBS
工业纯铝	1060	L2	0.05	0.03	0.03	0.05	Si:0.25 Fe:0.35		—		—	—	—
工业纯铝	1035	L4	0.10	0.05	0.05	0.05	Si:0.35 Fe:0.6		—		—	—	—
工业纯铝	1200	L5	0.05	—	0.05	0.10	Si+Fe: 1.00		—		—	—	—
防锈铝	5A05	LF5	0.10	4.8~5.5	0.3~0.6	0.1	Si:0.5 Fe:0.5	≤200	BR	RR	265	15	70
防锈铝	5056	LF5-1	0.1	4.5~5.6	0.05~0.2	0.2	Si:0.25 Fe:0.4	≤200	BR	RR	265	15	70
防锈铝	3A21	LF21	0.20	0.05	1.0~1.6	0.10	Si:0.6 Fe:0.7 Ti:0.15	所有	BR	BR	167	20	30
硬铝	2A01	LY1	2.2~3.0	0.2~0.5	0.20	0.10	Si:0.5 Fe:0.5 Ti:0.15	—	—	BM BCZ	160 300	24 24	38 70
硬铝	2A11	LY11	3.8~4.8	0.4~0.8	0.4~0.8	0.30	Si:0.7 Fe:0.7 Ti:0.15	2.5~4.0	Y	M CZ	235 373	12 15	— 100
超硬铝	7A04	LC4	1.4~2.0	1.8~2.8	0.2~0.6	5.0~7.0	Si:0.5 Fe:0.5 Ti:0.1	0.5~4.0 2.5~4.0 20~100	Y Y BR	M CS BCS	245 490 549	10 7 6	150
锻铝	2A50	LD5	1.8~2.6	0.4~0.8	0.4~0.8	0.30	Si:0.7~1.2 Fe:0.7 Ti:0.15	20~150	R BCZ	BCS	382	10	105
锻铝	6A02	LD2	0.2~0.6	0.45~0.9	或 Cr0.15~0.35	0.20	Si:0.7 Fe:0.7 Ti:0.15	20~150	R BCZ	BCS	304	8	95

注：B—不包铝（无 B 为包铝）；R—热加工；M—退火；CZ—淬火+时效；CS—淬火+人工时效；C—淬火；Y—硬化（冷轧）

6.1.2 铝合金

在工业纯铝中适量加入某些合金元素(如 Cu、Mg、Mn、Zn、Si 等)就形成了铝合金。铝合金具有较高的强度和良好的加工性能,适用于制造承受载荷的机械零件。根据铝合金的成分及生产工艺特点,可将铝合金分为变形铝合金和铸造铝合金两大类。图 6-1 为铝合金分类示意图。

1. 变形铝合金(也叫形变铝合金)

变形铝合金具有良好的塑性变形能力,可通过压力加工制成型材。由于变形铝合金质量轻、比强度高,所以在航空航天制造业中占有特殊的地位。

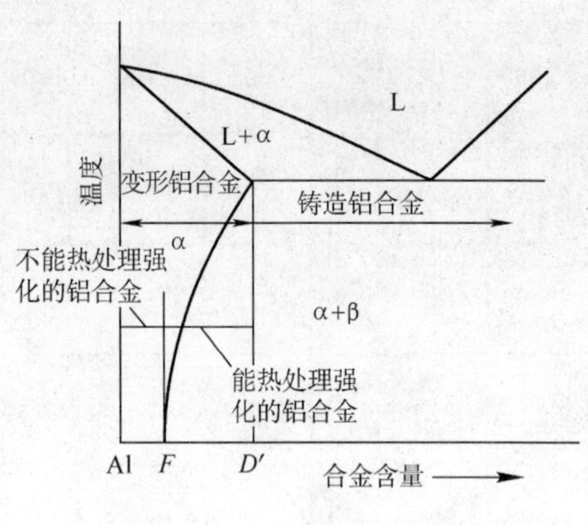

图 6-1 铝合金分类

如图 6-1 所示,变形铝合金根据它的热处理强化性可以分为两大类:凡成分在 F 点以左的合金,其固溶体成分不随温度变化而变化,不能通过热处理强化,故称为不能热处理强化的铝合金;凡成分在 $F \sim D'$ 之间的合金,其固溶体的溶解度将随温度变化而变化,可以进行热处理强化,称为能热处理强化的铝合金。

1) 能热处理强化的变形铝合金

能热处理强化的铝合金可以进行固溶处理和时效处理,大体可分为三种:

(1)硬铝,以 Al-Cu-Mg 系合金为主,有强烈的时效强化能力,应用广泛。可制作形状较复杂、中等强度的结构件,如飞机上的铆钉、支架、翼梁等。

(2)超硬铝合金,以 Al-Zn-Mg-Cu 系合金为主,是强度最高的铝合金。主要用于航空航天工业中制造受力较大、结构较复杂而要求密度小的结构件,如加强框、桁架、蒙皮等。

(3)锻铝,以 Al-Mg-Si 系合金为主,冷热加工性好,耐腐蚀,低温性能好,适合制作飞机上的锻件等。

2) 不能热处理强化的变形铝合金

不能热处理强化的铝合金是防锈铝合金,它耐蚀性好,具有良好的塑性和焊接性能,强度较低,适宜制作耐腐蚀和受力不大的零部件及装饰材料等,如飞机油箱、油管、防锈蒙皮等。

铝合金牌号用"四位数字"或"四位字符"表示,如表 6-1 所列。

2. 铸造铝合金

这类铝合金具有良好的流动性,凡成分大于 D' 点的合金,由于有共晶组织存在,其流动性较好,故适用于铸造。因此,多数铸造铝合金中合金元素含量均大于溶解度的极限。

铸造铝合金按照其主要合金元素的不同,分为 Al-Si、Al-Cu、Al-Mg、Al-Zn 等合金系列。实际上,为了提高铝合金的强度和便于热处理强化,铸造铝合金的成分都比较复杂,合金元素的种类多、含量较高。

6.1.3 铝合金热处理强化

提高铝的强度的基本途径是，在铝中加入适当的合金元素或通过固溶强化、弥散强化来实现。如果再配合热处理和其他措施，铝合金的强度、韧性可得到进一步改善。目前，通过热处理强化，铝合金的强度可达到 $\sigma_b=500\text{MPa}\sim600\text{MPa}$，接近普通钢的强度。

将含铜为4%的铝合金加热到 α 相区中的某一温度，经过一段时间保温，获得单一的 α 固溶体组织，而后投入水中快冷，使次生相 $\theta(CuAl_2)$ 来不及从 α 相中析出，在室温下获得过饱和 α 固溶体，这种处理方法称为固溶处理。经固溶处理后的铝合金，强度和硬度升高并不多，其强度 $\sigma_b=250\text{MPa}$（退火状态 $\sigma_b=200\text{MPa}$），但放置一段时间（四五天）后，硬度和强度显著升高，达到 $\sigma_b=400\text{MPa}$，强度达到最大值。但此后强化作用几乎停止，强度不再发生变化。人们把淬火后铝合金的强度和硬度随时间延续而显著提高的现象称为"时效强化"或"时效硬化"。如果时效是在室温下进行，称为自然时效；在一定加热条件下进行，称为人工时效。

在工业生产中，影响铝合金时效强化效果的主要因素如下：

(1)时效温度的影响。对同一成分的合金，时效时间固定，时效强化效果（硬度）与时效温度之间有如图6-2所示的关系。在某一时效温度，能获得最大的强化效果，这个温度称为最佳时效温度。不同成分的合金，其最佳时效温度是不同的，一般为

$$T_a=(0.5\sim0.6)T_{熔}$$

式中 T_a ——最佳时效温度；

$T_{熔}$——合金的熔点。

(2)时效时间的影响。在一定的时效温度下，为获得最大时效强化效果，对应有一最佳时效时间。时效时间不足，不能达到强度的峰值；时效时间过长，会出现过时效。

(3)淬火温度、淬火冷却速度和淬火转移时间的影响。当淬火加热温度适当，淬火冷却速度越快，淬火中间转移时间越短，所获得的固溶体过饱和度越大，时效后强化效果也越大。

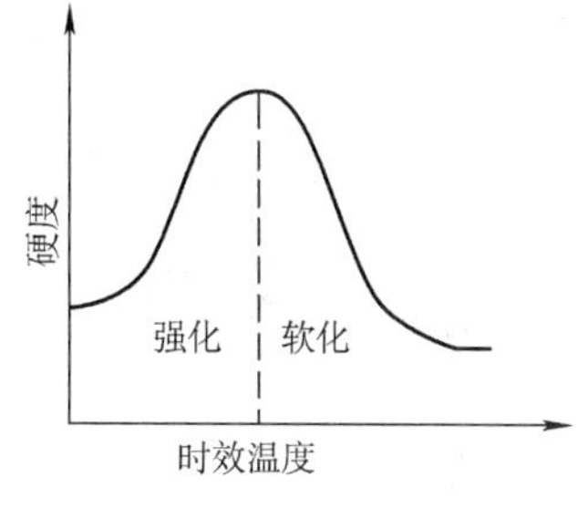

图6-2 时效强化效果与时效温度的关系图

(4)单级时效和分级时效的影响。单级时效包括自然时效和人工时效两种工艺制度。其优点是工艺简单，缺点是组织均匀性差，抗拉强度、屈服点和韧性等力学性能难以得到良好配合。分级时效是在不同温度下进行两次时效或多次时效处理。分级时效可以大大提高组织的均匀性，虽然所获强度比单级时效低，但其韧性较高，并能改善合金的抗腐蚀性。

6.2 铜及铜合金

铜及铜合金是人类应用最早，至今仍广泛应用的金属材料。与其他金属不同，铜在自然界中既以矿石的形式存在，也有的以纯金属的形式存在。铜及铜合金主要用来制造导电、导热和耐腐蚀性较好的零件或结构件。广泛应用于电气、仪表、化工、造船、机械制造

等部门。在航空工业中主要用于航空仪表及其附件,如导电元件、弹性元件、密封元件、管道和抗磨元件(如小齿轮、轴承等)。

6.2.1 工业纯铜

纯铜呈玫瑰红色,表面被氧化以后,呈紫红色,所以又称紫铜。纯铜密度为 8.9g/cm³,属重金属范畴,其熔点为 1083℃,无同素异晶转变,无磁性。纯铜导电性、导热性良好,耐腐蚀性也很好。在大气中表面生成保护膜,使腐蚀速度下降,故在大气、淡水中具有良好的耐腐蚀性,但在海水中其耐腐蚀性较差。

纯铜具有面心立方晶格,其塑性较好,但强度、硬度不高。适宜于各种冷热压力加工,产生加工硬化以后,可提高强度和硬度,但塑性会相应下降,所以,纯铜在冷变形中应进行适当的中间退火,以恢复塑性。

工业纯铜的牌号以铜的汉语拼音字头“T”加数字表示,数字越大,杂质的含量越多,纯度也就越低,导电性越差。例如,T1、T2、T3、T4 等。但纯度越高,冶炼的难度和成本也越高。

纯铜主要用于制造电缆、电线、电刷、铜管、铜棒及配制铜合金,不宜制造承受较大载荷的结构件。

6.2.2 铜合金的分类

工业纯铜的强度低,尽管通过冷变形加工可以使其强度提高,但塑性却急剧下降,不适宜用做结构材料。铜合金是以铜为主要元素,加入一些如 Zn、Al、Sn、Mn、Ni 等适宜的合金元素。铜合金比工业纯铜的强度高,塑性也满足要求,同时,具有许多优异的物理、化学性能,可常用做工程结构材料。

按照化学成分特点,铜合金可分为三大类:黄铜、白铜、青铜。黄铜是以 Zn 为主要合金元素的铜合金;白铜是以 Ni 为主要合金元素的铜合金,白铜一般主要用来制造精密机械、精密仪表中的耐腐蚀零件及电阻器、热电偶等;早期的青铜是铜和锡的合金,现代工业则把除了 Zn 和 Ni 以外的其他合金元素为主要合金元素的铜合金称为青铜。

按照用途不同来划分,可以分为压力加工铜合金和铸造铜合金。

6.2.3 加工铜合金

1. 黄铜

黄铜是以锌为主要添加元素的铜合金。黄铜因铜加锌以后呈金黄色而得名。按其化学成分不同分为普通黄铜和特殊黄铜;按用途不同分为压力加工黄铜和铸造黄铜。

1)普通黄铜

普通黄铜是以铜和锌组成的二元合金。加入锌以后可以提高合金的强度、硬度和塑性,同时,还改善了合金的铸造性能。

压力加工普通黄铜的牌号用“H”(“黄”字汉语拼音字首)加数字表示,数字表示平均含铜量的百分数。例如,H68 表示 $w_{Cu}=68\%$,其余为锌含量的压力加工的普通黄铜。

2)特殊黄铜

在普通黄铜的基础上加入 Pb、Sn、Al、Mn、Si 等合金元素的铜合金称特殊黄铜,如铝黄铜、锡黄铜、铅黄铜、锰黄铜等。这些元素的加入除了可提高强度以外，其中 Al、Sn、Mn、Ni 可提高黄铜的耐腐蚀性和耐磨性；硅可提高铸造性能。

特殊黄铜的牌号用“H＋主加元素符号＋铜的质量分数＋主加元素质量分数＋其他元素质量分数”表示。例如，HPb59－1 表示铜的质量分数为 59%，主加元素 Pb 的质量分数为 1%，其余为 Zn 的铅黄铜。

黄铜具有优良的耐腐蚀性，但经受冷变形以后，由于残余应力的存在，在潮湿的空气中，或在氨气和海水的作用下，易产生应力腐蚀开裂或称“自裂”，因多发生在雨季，故又称“季裂”。防止“自裂”的方法是将冷加工后的黄铜进行低温去应力退火。

常用加工黄铜代号（或牌号）、力学性能及应用见表 6－2。

表 6－2　常用加工黄铜的代号、力学性能及应用

组别	代号或牌号	加工状态	力学性能			用途举例
			σ_b/MPa	δ/%	HBS	
普通黄铜	H90	软 硬	260 480	45 44	— —	双金属片、水管、艺术品，散热器、冷凝器管道等
	H80	软 硬	320 640	52 5	54 136	金属网、薄壁管、波纹管、渡层及装饰品
	H68	软 硬	320 660	53 3	— 150	各类冷冲件、深冲件、冷凝器管及各种工业用零件
	H62	软 硬	330 600	49 3	— —	散热器、垫圈、螺母、铆钉、销钉、导管、夹线板等
铅黄铜	HPb59－1	软 硬	400 650	45 16	44HRB 80HRB	切削加工性好、强度高，用于热冲压件和切削零件。分流器、导电排等
锰黄铜	HMn57－2	软 硬	400 700	40 10	85 175	耐腐蚀和弱电流工业用零件
硅黄铜	HSi80－3	软 硬	300 600	58 4	90 110	船舶零件和水管零件
镍黄铜	HNi65－5	软 硬	400 700	65 4	35HRB 90HRB	压力表管和冷凝管等
铝黄铜	HAl60－1－1	软 硬	450 750	45 8	95 180	在海水中工作的高强度零件、化学稳定性好的高强度零件
注：软—600℃退火；硬—变形度 50%						

2. 青铜

除了黄铜、白铜以外，其余的铜合金通称为青铜。青铜可分为普通青铜（锡青铜）和特殊青铜（无锡青铜），如铝青铜、铅青铜、硅青铜、铍青铜两大类。按用途不同，可分为压力加工青铜和铸造青铜。

压力加工青铜的牌号表示方法为“Q＋主加元素符号及质量分数＋其他元素质量分数”。例如，QSn4－3 表示主加元素 Sn 的质量分数为 4%、辅加元素 Zn 的质量分数为 3%的锡青铜。

1)锡青铜

以 Sn 为主加元素的铜基合金称为锡青铜。其中锡的质量分数对其力学性能有较大影响。当 $w_{Sn}<7\%$,锡青铜的塑性良好,适宜压力加工。$w_{Sn}>10\%$时,塑性差、强度高,用于铸造。一般工业用锡青铜中,锡的质量分数为 3%~14%。

锡青铜具有良好的耐腐蚀性和耐磨性,且具有高的强度和硬度,无磁性。广泛应用于制造耐磨、耐蚀及弹性元件,如轴承、弹簧、蜗轮等。

2)铝青铜

以 Al 元素为主加元素的铜合金称为铝青铜。与锡青铜相比,铝青铜具有更高的强度、硬度、耐磨性和耐腐蚀性,可进行热处理强化。价格较低,主要制作要求强度高,耐磨、耐蚀元件和弹性元件。

3)铍青铜

以 Be 为主加元素的铜合金称为铍青铜,属于无锡青铜。经过固溶处理和时效强化后,铍青铜具有很好的综合性能,弹性极限、疲劳极限、耐磨性、耐腐蚀性都很好,同时还具有良好的导电性、导热性和工艺性,无磁性,受冲击时不产生火花等优点。主要用于制造精密仪器、仪表的重要弹性、耐磨、耐蚀元件。可进行冷、热加工及铸造成形,但生产工艺复杂、价格高。

常用加工青铜合金代号(或牌号)、化学成分、力学性能及用途见表 6-3。

表 6-3　常用加工青铜的代号、成分、力学性能及应用(摘自 GB/T 5233—85)

类别	代号或牌号	化学成分 w_{Me}/%		状态	力学性能			用途举例
		第一主加元素	其他		σ_b/MPa	δ/%	HBS	
锡青铜	QSn4-3	Sn 3.5~4.5	Zn 2.7~3.3	软 硬	350 550	40 4	60 160	弹簧材料、耐磨抗磁元件、管配件等
锡青铜	QSn6.5-0.1	Sn 6.0~7.0	P 0.1~0.25	软 硬	400 700	65 9	80 180	弹簧、接触器、振动片、电刷闸等耐磨、抗磁零件
锡青铜	QSn7-0.2	Sn 6.0~8.0	P 0.1~0.25	软 硬	360 —	64 8	63 165	弹性元件坯料、仪表用管材、耐磨件
铝青铜	QAl7	Al 6.0~8.0	—	软 硬	470 980	70 3	70 154	重要用途的弹簧和弹性元件
铝青铜	QAl10-4-4	Al 9.5~11.0	Fe:3.5~5.5 Ni:3.5~5.5	软 硬	650 1000	40 12	140 190	齿轮、轴套、阀座、导向套等重要零件
铍青铜	QBe-2	Be 1.80~2.1	Ni 0.2~0.5	软 硬	500 850	40 3	90HV 250HV	重要的弹簧和弹性元件、弹性膜片、钟表零件、波纹管、深拉冲件,高速、高温下工作的轴承轴套
硅青铜	QSi3-1	Si 2.7~3.5	Mn 1.0~1.5	软 硬	370 700	55 3	80 180	弹簧,在腐蚀介质中零件,蜗轮、蜗杆、齿轮、衬套、制动销等

注:软—600℃退火;硬—变形度 50%

6.2.4 铸造铜合金

铸造铜合金牌号表示方法为“ZCu＋主加合金元素符号及质量分数＋其他元素及质量分数”。例如，ZCuZn38 表示铸造铜锌合金(黄铜)，其中锌的质量分数为 38%；其余为铜。ZCuSn10Pb1 表示铸造锡合金(锡青铜)，其中锡的质量分数为 10%；铅的质量分数为 1%；其余为铜。

1. 铸造黄铜

黄铜的铸造性能良好，其熔点低于纯铜，结晶范围小，有较好的流动性和较小的偏析倾向，且铸件的组织致密。

2. 铸造锡青铜

锡青铜的铸造收缩率小，有利于获得尺寸形状接近铸型的铸件，适宜铸造形状复杂、壁厚较大的铸件，但铸件比较疏松，致密度差，不宜制造要求高致密度的密封铸件。

常用铸造铜合金的代号(或牌号)、力学性能及应用见表 6-4。

表 6-4 常用铸造铜合金的代号、力学性能及应用(摘自 GB/T 1176—87)

类别	代号或牌号	铸造方法	力学性能			应用举例
			σ_b/MPa	$\delta_{r0.2}$/MPa	δ_5/%	
铸造普通黄铜	ZCuZn38	S J	295 295	— —	30 30	一般结构件和耐蚀零件，如法兰、阀座、支架手柄和螺母等
铸造铝黄铜	ZCuZn25Al6Fe3Mn3	S J	725 740	380 400	10 7	适用于耐磨、高强度零件，如桥梁支承板、螺母螺杆、耐磨板、滑块和蜗轮
铸造锡青铜	ZCuSn10P1	S J	220 310	130 170	3 2	用于高负荷、高滑动速度下的耐磨零件，如连杆，衬套、轴瓦、齿轮、蜗轮等
	ZCuSn5Pb5Zn5	S J	200	90	13	用于高负荷、中等滑动速度下工作的耐磨、耐腐蚀件，如轴瓦、衬套、缸套、活塞离合器、泵件压盖及蜗轮等
铸造铅青铜	ZCuPb30	J	—	—	—	要求高滑动速度的双金属轴瓦、减摩零件等
铸造铝青铜	ZCuAl10Fe3	S J	490 540	180 200	13 15	要求强度高、耐磨、耐蚀的重型铸件，如轴套、螺母、蜗轮以及 250℃以下工作的管配件
注：S—砂型铸造；J—金属型铸造						

6.2.5 铜合金的强化

纯铜强度不高，不宜直接用做结构材料。采用冷作硬化的方法虽然可以提高抗拉强度到 400MPa～500MPa，将硬度提高到 100HBS～200HBS，但延伸率急剧下降到 2%左右。铜中加入适量合金元素以后，可获得强度较高的铜合金，同时保持纯铜的一些优良性能。

铜合金的强化，主要有以下三种方法：

(1) 固溶强化。用于铜合金固溶强化的元素主要有 Zn、Al、Sn、Ni 等，它们在铜中的最大溶解度均大于 9.4%。合金元素与铜形成固溶体后，产生晶格畸变，增大了位错运动的阻力，使强度提高。

(2) 时效强化。Be、Ti、Zr、Cr 等元素在固态铜中的溶解度随温度降低而剧烈减小，因而具有时效强化效果。最突出的是 Cu－Bi 合金。经固溶时效处理后，最高强度可达 1400MPa。

(3) 过剩相强化。铜中加入的元素含量超过最大溶解度以后，会出现少量的过剩相。过剩相多为硬而脆的金属化合物，可使金属的强度提高。过剩相的量不能太多，否则会使强度和塑性降低。黄铜和青铜中的 CuZn 相、Cu9Al4 相等均有过剩相强化作用。

6.3 钛及钛合金

6.3.1 纯钛

纯钛呈银白色，熔点为 1680℃，密度为 4.5g/cm^2。工业纯钛中含有 H、C、Fe、Mg 等杂质元素，少量杂质可使强度、硬度显著提高，塑性和韧性明显降低。

钛在固态时有两种晶体结构，882.5℃以上为体心立方晶格，称 β－Ti；在 882.5℃以下为密排六方晶格，称 α－Ti，在 882.5℃时发生同素异晶转变 α－Ti⟷β－Ti，它对强化有很重要的意义。

钛在大气和海水中有优良的耐蚀性，且不产生孔蚀及应力腐蚀。在硫酸、盐酸、硝酸、氢氧化钠等介质中都很稳定，其耐蚀性优于大多数不锈钢。

钛既是良好的耐热材料（小于等于 500℃），也是优良的低温材料，它在－253℃时仍有良好的塑性和韧性。

工业纯钛按杂质含量不同分为 TA1、TA2、TA3 等三种，牌号中的“T”为钛字的汉语拼音第一个字母，A 表示其退火组织为 α 单相组织，后面的数字表示顺序号。编号越大杂质越多。

常用纯钛的性能及用途如表 6－5 所列。

表 6-5 常用工业纯钛及钛合金的性能及用途

类别	牌号	状态	常温力学性能			高温力学性能			用途
			σ_b/MPa	δ/%	ψ/%	温度/℃	σ_b/MPa	σ_{100}/MPa	
工业纯钛	TA1	板 M	350~400	30	—				在 350℃以下工作、强度要求不高的零件，如超声速飞机的蒙皮、构架等
		棒 M	350	25	50				
	TA3	板 M	550~700	20	—				
		棒 M	550	15	40				
α钛合金	TA7	板 M	750~950	20	−27	500	450	200	在 500℃以下工作的零件，如导弹燃料罐、发动机涡轮机匣
		棒 M		10		350	500	450	
	TA8	棒 M	1000	10	25	500	700	500	
α+β钛合金	TC1	板 M	600~800	25	—	350	350	330	在 400℃以下工作的零件，有一定高温强度的发动机，低温用部件
		棒 M	600	15	30	350	350	330	
	TC4	棒 M	950	10	30	400	630	580	
	TC9	棒 M	1140	9	25	500	850	620	
β钛合金	TB3	板 C	1100	16	—				在 350℃以下工作的零件，压气叶片、轴、盘等重载旋转件、飞机构件
		棒 C+S	1300	5	10				
	TB2	棒 C+S	1400	7	10				

注：M—退火，C—淬火，S—时效，σ_{100}—在该温度下 100h 的断裂应力

6.3.2 钛合金

钛中加入不同的合金元素可得到不同类型的钛合金，如图 6-3 所示。铝、碳、氮、氧、硼等使 α-Ti→β-Ti 转变温度升高，为 α 稳定化元素。其中铝是钛合金中最常用的元素，可增加合金的比强度，显著提高再结晶温度，增加固溶体中原子间结合力，提高合金的热强度。但铝过多会使合金脆性增加以及加工性能和抗腐蚀性下降。

Si、Fe、Al、Mn、Cr、V 等是 β 稳定化元素，可增加合金的热处理强化效果，改善冷热加工塑性，降低变形抗力和加工温度，其中 Mn 与 V 应用最多，Mn 可提高蠕变抗力，强化效果优于 V。

Sn、Co 为中性元素，在 α-Ti 及 β-Ti 中均有较高的溶解度，起补充强化作用。

根据钛合金热处理组织的不同，可把钛合金分为 α 型、β 型和 α+β 型三大类，牌号分别用 TA、TB、TC 作字头，其后标明顺序号，如 TA5 表示第五号 α 型钛合金。

α 型钛合金退火组织为 α 固溶体或 α 固溶体加微量金属间化合物。它室温时强度低，但在高温(500℃~600℃)下强度和蠕变强度却居钛合金首位。这类属于耐热型钛合金，一般用于 500℃以下。该类合金耐蚀性好，易于焊接，在 −253℃超低温下，仍有良好的塑性及韧性。

β 型钛合金热处理强化效果显著，其淬火组织为 β 固溶体，是合金元素含量较多的钛

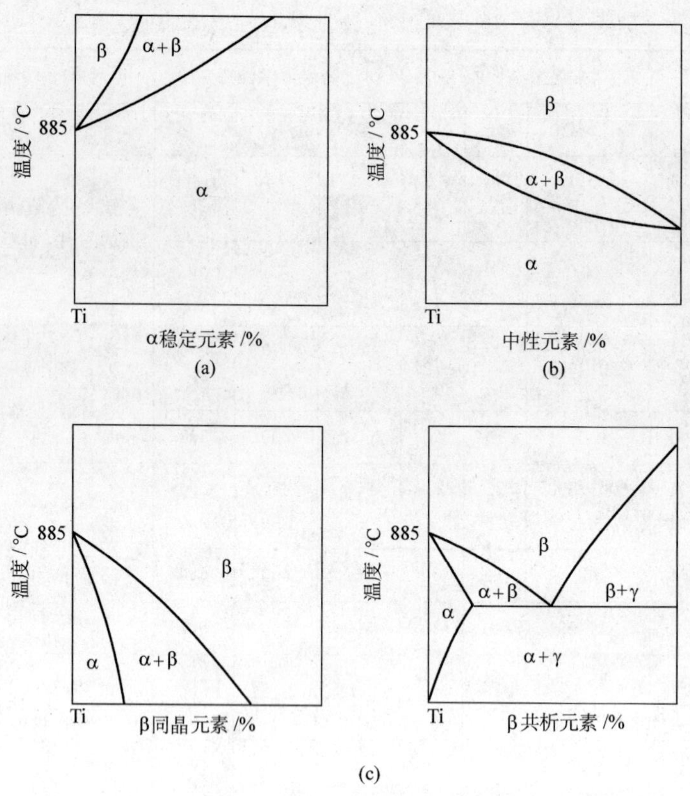

图 6-3 钛合金相图基本形式

(a)α稳定元素与钛的状态图基本形式；(b)中性元素与钛的状态基本形式；(c)β稳定元素与钛的状态图基本形式。

合金。它的特点是在淬火状态具有很好的塑性，可冷成形。淬火时效后强度显著提高，但该合金耐热性差，一般在 350℃以下使用。该类合金由于熔炼工艺复杂等原因，目前应用还不够广泛，处于研究阶段。

α+β 类钛合金退火态组织为 α+β，兼有 α 及 β 类的特点。该类钛合金有强度高、塑性好的优良综合力学性能，应用最广泛。我国目前有 TC1，TC2，…，TC11 等共 11 个牌号，其中 TC1 与 TC2 在退火状态使用，属低强度钛合金；TC3 和 TC4 为中强度钛合金，TC10 为高强度钛合金，TC6，TC8，TC9 和 TC11 则为耐热钛合金。TC4 由于合金化比较简单，组织和性能稳定，适合大规模生产，是当今工业钛合金中用量最大、品种规格比较齐全的一类。该合金在纯度较高时，还具有良好的低温性能，可制作在 −196℃下使用的压力容器。

常用钛合金的力学性能及用途见表 6-5。

6.3.3 钛合金的热处理

为了改善力学性能及工艺性能，钛合金一般需要进行适当的热处理，常用的热处理有退火、淬火和时效等。

1. 退火

退火是为了消除内应力，降低硬度，提高塑性及稳定组织。

1)低温去应力退火

用于消除复杂零件的加工或焊接应力，退火温度低于再结晶温度，一般为 500℃～650℃，机械加工件保温时间为 0.5h～2h，焊接件为 2h～12h，然后空冷。

2)再结晶退火

目的是消除加工硬化和稳定组织。再结晶退火温度必须高于合金的再结晶温度。工业纯钛退火温度一般为 550℃～690℃，钛合金的退火温度一般为 750℃～800℃。保温时间应根据工件尺寸大小和装炉量多少来决定，一般为 1h～3 h，然后空冷。

退火适用于各类钛合金，而且是 α 钛合全及含少量 β 相的(α＋β)钛合金的唯一热处理形式。

2. 淬火和时效

淬火和时效是钛合金的主要热处理强化方法。它的强化原理是用淬火快冷使 β 相转变成介稳定相，然后在时效过程中，介稳定相分解析出 α 相弥散质点，从而达到强化的目的。在钛合金中，只有 β 类钛合金和(α＋β)钛合金可进行淬火时效处理。钛合金的淬火热处理又称为固溶热处理。

钛合金一般淬火温度为 850℃～950℃，保温一定时间后，水中冷却。

钛合金的时效温度一般为 450℃～550℃，时效时间为 2h～20h。温度过低，则塑性较低；温度过高，则强化效果不好。

由于钛合金在大气中加热时极易渗入 H、O、N、C 等元素，最理想的是在真空或干燥纯氩气中加热。

钛合金还可根据需要进行化学热处理，常用的化学热处理有渗氮、渗碳和渗其他元素(铝、铍、硅)等。

6.4 粉末冶金材料

粉末冶金是用金属粉末或金属与非金属粉末经混合、压制成形、烧结和后处理等工艺过程而制成的材料。其工艺过程称为粉末冶金法。粉末冶金零件精度高、尺寸精确，具有生产效率高、材料利用率高等优点。粉末冶金可以生产其他工艺方法无法制造或难以制造的零件或材料，如高熔点材料、复合材料、多孔材料等。

6.4.1 粉末冶金简介

粉末冶金生产过程主要包括制粉、压制成形、烧结、后处理等工序。

1. 制粉

粉末生产方法可以分成三大类：机械粉碎法、金属液雾化法、物理化学法。

(1)机械粉碎法是利用球磨机等机械设备对材料进行破碎以获得粉末的方法。

(2)金属液雾化法利用高压气体或液体或高速旋转的叶片将熔融状态的金属打碎成雾状液滴，冷却后即可获得粉末。主要适合于铝、铜、铁和低熔点的金属粉末。

(3)物理化学法是利用热分解、电分解和化学反应等方法制成所需要的金属粉末。用氢气作为还原剂，将金属从化合物中还原出来的方法称为还原法，用这种方法可以生产钨、钼、铁、镍、钴、铜、铅金属粉末。热分解法主要用于生产金或白金粉末，是将金或白金的氯化铵盐加热分解制取粉末。电解法制取金属粉末是将金属盐的水溶液进行电解来制取金属粉末，可制取铜、铁、镍、钴、铅等及其合金粉末。

2. 压制成形

压制成形是通过压制或其他方法将混合粉末制成具有一定尺寸、形状、密度的坯料。常用的方法有金属模压制、等静压和粉末轧制法。

金属模压制法是将混合金属粉末装入金属压型中，利用压力机的压力压制成形。等静压成形法是把金属粉末装入橡胶模中，在高压液体的作用下，加压使之成形，这种方法由于压力分布均匀，坯料的密度大小均匀一致。轧制法是将粉末在轧辊的作用下轧制成薄板状的方法。这种方法的特点是设备简单、材料利用率高，但不宜轧制厚板。

3. 烧结

压制成形后的坯料的强度和致密度都不够，必须将已压制成形的坯料放置在通有保护气氛的高温炉里加热，在此过程中粉末颗粒间产生原子结合，从而可以获得组织致密、力学性能良好的烧结体。烧结温度一般低于粉末熔点。

4. 后处理

烧结以后的坯料有些可以直接使用，有的需要进行其他处理以满足产品的要求，如整形、机械加工、热处理、电镀等。

粉末冶金作为特殊的制备工艺，与其他工艺比较，在技术和经济上有以下特点：

(1)可以制取用普通熔炼法难以制取的特殊性能的材料和制品，如多孔材料(含油轴承)、钨－铜合金、电接触材料、金属和非金属组成的摩擦材料、难熔金属化合物和金属组成的硬质合金等。

(2)用粉末冶金法制造机械零件是一种少切削或无切削的新工艺，可以节省机加工工时，节约金属材料和提高劳动生产率。但粉末成本高，制品的大小和形状受到一定限制，烧结的制品强度、韧性较差等。这些都是有待粉末冶金技术的发展和研究要解决的问题。

6.4.2 常用粉末冶金材料

1. 硬质合金

硬质合金是指一种或几种碳化物(如碳化钨、碳化钛等)的粉末为主要成分和胶黏剂(金属钴粉末)混合后，用粉末冶金方法制成的材料。硬质合金具有以下性能特点：硬度高、耐磨性好，常温下硬度可达 86HRA～93HRA；热硬性高(工作温度达 900℃～1000℃)；抗压强度高，但抗弯强度较低，韧性和导热性差；耐腐蚀性(抗大气、酸、碱等)和抗氧化性良好，线膨胀系数小。

目前常用的硬质合金主要有下面几种：

(1)钨钴类硬质合金。其主要成分是碳化钨(WC)及钴。牌号是“YG＋平均含钴量的百分数”。例如，YG6 是表示平均 $w_{Co}=6\%$，余量是碳化钨的钨钴类硬质合金。

(2)钨钛钴类硬质合金。其主要化学成分是碳化钨、碳化钛及钴。牌号依次由“YT”(“硬、钛”两字汉语拼音字首)和碳化钛平均含量的百分数组成。例如，YT15 表示平均

$w_{TiC}=15\%$，其余为碳化钨和钴含量的钨钛钴类硬质合金。

(3)钨钛钽(铌)类硬质合金。这类合金又称通用硬质合金。它主要由碳化钨、碳化钛、碳化钽和钴组成。其牌号由“YW”加顺序号组成，如 YW1。

硬质合金主要用于制造高速切削或加工硬度高材料的切削刀具，如车刀、铣刀等。合金中含钴量越高，韧性越好，适宜粗加工，反之适宜精加工。硬质合金也可以制造冷作模具，如拉伸模、冷冲模等，其中钨钴类适用于拉伸模。硬质合金还可制造量具及一些冲击小、振动小的耐磨零件，如千分尺的测量头、精轧辊、无心磨床的导板等。

2. 粉末冶金减摩材料

粉末冶金减摩材料具有多孔性，这种材料制成轴承后，放在润滑油中，由于毛细现象可吸附润滑油，故称含油轴承。它具有很好的自润滑性，当轴承工作时，由于润滑作用，轴承发热使体积膨胀，将孔隙中的润滑油挤出。同时，轴的旋转带动轴承间隙中的空气高速流动，造成负压力，孔隙中的润滑油被抽到工作表面起润滑作用。当停止工作时，润滑油在毛细作用下又会渗入孔隙中，可保证长时间不必加油也可以有效工作。

含油轴承一般用做中速轻载、不便于经常加油的轴承，也可以避免因漏油造成污染。含油轴承主要用于纺织机械、食品机械、家用电器(电扇、唱机)、精密机械及仪表工业中，在汽车工业也有广泛应用。

3. 粉末冶金摩擦材料

摩擦元件应具有大的摩擦系数和一定的耐磨性，是许多机械中不可缺少的重要部件，主要用于制动件，如汽车、飞机及其他车辆的刹车片，船舶、机床、车辆的离合器摩擦片等。

粉末冶金摩擦材料由铁基、铜基等基本组元和辅助组元组成。基本组元的成分、结构和性能保证了摩擦材料的承载能力、热稳定性、耐磨性和耐热性等。辅助组元是石墨和铅，用来改善材料的抗卡、抗粘性，提高耐磨性，使摩擦副工作平稳。

6.5 非金属材料

6.5.1 高分子材料

1. 概述

高分子材料是以高分子化合物为主要组分(适当加入添加剂)的材料。高分子化合物可以是天然的，如松香、淀粉、纤维、天然橡胶、皮革、蚕丝、木材等，也可以是人工合成的，如塑料、合成橡胶、胶黏剂及合成纤维等。高分子化合物都是由一种或多种简单低分子化合物聚合而成为分子量很大的化合物，所以又称为高聚物或聚合物。高分子化合物中每个分子可含几千、几万甚至几十万个原子。高分子材料可分为有机高分子材料(塑料、橡胶、合成纤维等)和无机高分子材料(松香、纤维等)。有机高分子材料是由相对分子质量大于 10^4，且以碳、氢元素为主的有机化合物组成(亦称高聚物)。但目前发展最快的、机械工业上应用最多的还是人工合成的高分子化合物，如工程塑料、合成橡胶、胶黏剂等。

高分子化合物的相对分子质量虽然很大，但其化学组成并不复杂，因为每一个高分子都是由一种或几种简单的低分子化合物聚合而成。高分子化合物的聚合类型有加成聚合反应(简称加聚)和缩聚反应(简称缩聚)之分。

1)加聚反应

加聚反应是指一种或几种单体在一定条件下，如光照、加热或化学处理等引发作用，借助于双键的打开自身加成，并在分子间形成新的共价键，最后得到大分子的过程。根据单体种类不同，加聚反应分为均聚和共聚两种。同种单体分子间的加聚反应称为均聚，其产物称为均聚物，如乙烯在引发剂作用下生成聚乙烯的反应。两种或两种以上单体的聚合叫共聚物。

2)缩聚反应

缩聚反应是由一种或几种单体相互作用形成高分子化合物，同时产生低分子副产物(如 H_2O，NH_3，HX)的聚合反应。缩聚反应比加聚反应复杂，经缩聚反应形成的聚合物的化学结构组成与单体不同，参与缩聚反应的单体一般都是具有两个或两个以上活泼的官能团(羟基—OH，氨基—NH_2)的低分子化合物，通过官能团的相互作用，在分子间生成新的化学键，从而把低分子化合物逐步地合成聚合物。例如，已二醇和对苯二甲酸缩聚称聚酯(的确良)的反应就是缩聚反应。

2. 高分子化合物的分类

高分子化合物的种类很多，分类方法也较多，有天然高分子化合物和人工合成高分子化合物之分、有机化合物和无机化合物之分，常见的分类方法见表 6-6。

表 6-6　高分子化合物的分类

分类方法	类　别	特性与举例
按聚合物来源分类	天然聚合物	天然橡胶、纤维素、蛋白质等
	人造聚合物	人工改性的天然聚合物，如硝酸纤维、醋酸纤维
	合成聚合物	由低分子物质合成，如聚氯乙稀、聚酰胺
按聚合类型分类	加聚物	加成聚合反应产物，如聚烯烃
	缩聚物	缩合聚合反应产物，如酚醛树脂
按聚合物的工艺特点分类	塑料	有一定的形状、热稳定性和强度
	橡胶	有高的弹性，可用做弹性或密封材料
	纤维	单丝强度高，多用做纺织原料
	涂料	用来涂于材料表面，形成防护膜
	胶黏剂	用来将两种材料黏合在一起
按高分子的几何结构分类	线型聚合物	线型或支链型结构高分子材料
	网型聚合物	网状或体型结构高分子材料
按聚合物的热特性分类	热塑性聚合物	线型结构加热后保持不变
	热固性聚合物	线型结构加热后变为体型
按聚合物分子结构分类	碳均链聚合物	一般为加聚物—C—C—C—
	杂链聚合物	一般为缩聚物—C—C—O—，—C—C—N—
	元素有机聚合物	一般为缩聚物—O—Si—O—Si—O—

3. 高分子材料的性能特点

高分子材料的性能包括力学性能、物理性能(热、电、磁)和化学性能等。

1)高分子材料的力学性能

线型非晶态聚合物在不同的温度下表现出不同的力学状态，即玻璃态、高弹态和黏流态，其形变温度曲线如图 6 - 4 所示，图中 T_x 为脆化温度，T_g 为玻璃化温度，T_f 为黏流温度，T_d 为分解温度。

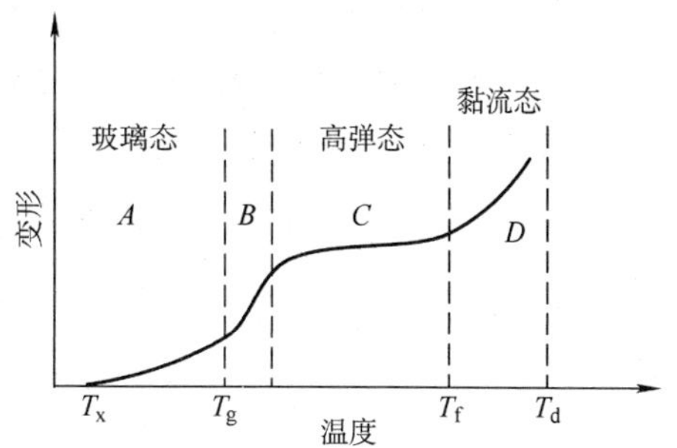

图 6 - 4　线型非晶态高聚合物的温度—变形曲线

玻璃态是聚合物在较低温度（$T<T_g$）受力时，形变与外力服从虎克定律，属弹性变形，变形量很小，应变量约为 0.01%～0.1%，呈硬而脆状态。从结构上看，所有的大分子链及链段均不能运动，原子只能在其平衡位置做热运动，大分子好像处于"冻结"状态。呈此状态存在的聚合物，性质与玻璃相似，故称这种状态为玻璃态。

高弹态是温度在 $T_g<T<T_f$ 区间，当 $T>T_g$ 时，高分子材料开始软化，即由刚硬状态转变为柔软的高弹性状态，由玻璃态转变为高弹态。这种状态的高分子材料受力后可以产生较大的变形，这是因为温度升高到 T_g 以后，聚合物分子的动能较大，大分子链可以通过链段运动由蜷曲状态变为伸展状态，造成宏观上大的变形，其宏观弹性变形量可达 100%～1000%，而且这个变形是可恢复的变形，即弹性变形。

黏流态是当 $T>T_f$ 时不但链段可以运动，而且大分子链也可以运动。在外力作用下，大分子链之间将产生相对滑动，产生不可逆变形，即高分子材料已由高弹态转变为黏性流动状态，即黏流态。

高分子材料的力学性能则表现在它的高弹性、弹性模量低、强度硬度低、具有黏弹性、高的冲击韧性、具有良好的耐磨性能等。

2)高分子材料的热性能

通常用最高使用温度来衡量高分子材料的耐热性，用热导率来衡量其导热性，用线膨胀系数来衡量其尺寸稳定性。根据以上衡量标准，高分子材料在热性能方面主要表现在它的低耐热性、低导热性和高的线膨胀系数。

3)高分子材料的电性能

在电性能方面主要表现在它的高绝缘性和静电现象。

4)高分子材料的化学性能

一般塑料、橡胶都具有良好的化学稳定性，耐酸、碱和大气腐蚀。单聚酯类塑料在酸、碱作用下会水解，聚碳酸酯溶于四氯化碳有机溶剂。因此，在选用塑料、橡胶做耐腐蚀零件或制品时，除考虑其化学稳定性外，还应注意其抗溶剂性。

4. 常用高分子合成材料

1)塑料

塑料是指以合成树脂高分子化合物为主要成分，加入某些添加剂之后且在一定温度、压力下塑制成形的材料或制品的总称。树脂是塑料的主要组成部分，一般占塑料全部的 40%～100%，它是塑料中起粘接作用的部分，也叫黏料。除此之外，还包括填充剂、增塑剂、润滑剂、着色剂、固化剂、稳定剂等。

塑料按其热性能可分为热固性塑料和热塑性塑料两大类，如表 6 - 7 所列。

表 6-7 按塑料的热性能分类

类别	主要品种及代号	特点
热塑性塑料	聚乙烯(PE)、聚丙烯(PP)、聚氯乙稀(PVC)、聚苯乙烯(PS)、ABS 塑料(ABS)、聚酰胺(PA)、聚碳酸酯(PC)、有机玻璃(PMMA)、聚四氟乙烯(PTTA)等	塑料成形工艺简便,力学性能好,能反复成形,基本性能不变。
热固性塑料	酚醛塑料(PF)、氨基塑料(UF)、有机硅塑料(SI)、环氧树脂(EP)等	塑料成形工艺复杂,不能再成形,力学性能较差。

塑料按其应用范围可分为通用塑料和工程塑料两大类,如表 6-8 所列。

表 6-8 按塑料的应用范围分类

类别	主要品种及代号	应用举例
通用塑料	聚乙烯(PE)	化工用管道、电缆包皮、承载小的齿轮、食品袋、奶瓶等
	聚氯乙稀(PVC)	化工耐蚀用输油管、容器、离心泵、阀门管件等
	聚苯乙烯(PS)	透明窗、眼镜、灯罩、光学零件等
	聚丙烯(PP)	零件齿轮、接头;化工管道、容器;绝缘件;生活用具等
	酚醛塑料(PF)	仪表外壳、插座、电器绝缘板、电器开关、刹车片等
	氨基塑料(UF)	玩具、餐具、电器开关、钮扣等
工程塑料	聚酰胺(PA)	齿轮、轴承、螺母、轴等
	ABS 塑料(ABS)	齿轮、叶轮、轴承、把手、管道、轿车车身、汽车挡泥板、仪表壳体
	聚碳酸酯(PC)	齿轮、蜗轮、电气仪表零件、防护玻璃、飞机挡风罩、高级绝缘材料
	有机玻璃(PMMA)	航空仪器、仪表,汽车中的透明件和装饰件
	聚四氟乙烯(PTTA)	耐蚀、减摩、耐磨件,密封件,绝缘件等
	聚砜(PSF)	精密齿轮、真空泵叶片、仪表壳体罩,汽车护板、电子器件等

2)橡胶

橡胶是具有高弹性的高分子材料,所处的高弹态温度范围很宽(－50℃～＋150℃),在较小外力作用下能产生很大的变形(一般在 100％～1000％之间)。取消外力后又能很快恢复原状。除了高弹性外,橡胶还具有很高的可挠性,良好的耐磨性、电绝缘性、耐腐蚀性、隔音、吸震以及能很好地与金属、线织物、石棉等材料粘接等特性。橡胶的这些特性以及良好的工艺性是其广泛应用的重要原因。例如,利用其高弹性和耐磨性可制成各种轮胎、运输带、减振器;利用其绝缘性可制成电线、电缆的包皮;利用其密封性和耐腐蚀性可制成输送水、气、油、酸、碱等的胶管、密封垫和各种防护用具等。橡胶一般按照其来源可分为天然橡胶和合成橡胶两大类。然而天然橡胶远远不能满足工业发展的需要,所以,在实际应用中合成橡胶占主导地位。对合成橡胶,可根据不同的使用要求设计其性能指标,如高弹性、回弹性、耐磨性、伸长率、永久变形、抗拉强度等。常用橡胶品种、特点和用途见

表 6-9。

表 6-9　常用橡胶品种、特点及用途

类别	橡胶品种	主要性能	用途举例
通用橡胶	天然橡胶	弹性高、耐低温、耐磨损、耐疲劳、绝缘性好、加工方便；但耐氧、耐臭氧性差，不耐油，适于 100℃下使用	轮胎、胶带、管路等
	丁苯橡胶	耐磨性好，热硬性、耐油性、耐老化性能优于天然橡胶；但耐低温性、耐疲劳性不如天然橡胶，尤其是自黏性差，生胶强度低	轮胎、胶板、胶布等各种硬质橡胶制品
	顺丁橡胶	弹性、耐磨性突出，耐低温、易与金属粘合，但加工性、自黏性和抗撕裂性差	轮胎、耐寒胶带弹性元件、耐热管路、绝缘制品等
	丁基橡胶	耐老化性、气密性、热硬性优异，抗振性好，但弹性和加工性较差	车轮内胎、软管、垫片、化工容器内衬
	乙丙橡胶	耐老化性突出，耐腐蚀，电绝缘，吸水性小，耐低温性好，但不耐油，加工性差	车轮内、外胎，耐腐蚀传送管、带，电缆护套等
	氯丁橡胶	耐油性突出，耐腐蚀性好，阻燃、耐热性好，但电绝缘性和加工性较差	耐油、耐腐蚀胶管，运输带，各种垫圈（片）等
特种橡胶	丁腈橡胶	耐油性突出，耐老化性、热硬性、耐磨性、气密性和耐水性好，但耐低温性、耐臭氧性和加工性差	各种油管，耐油密封垫圈，耐热、减振零件等
	聚氨酯橡胶	耐磨性突出，抗拉强度高，耐油性好，但耐酸碱、耐水性及热硬性较差	胶辊，实心轮胎、齿形带，各种耐磨零件
	硅橡胶	耐高温、低温性突出，可在 −70℃～+280℃下工作，耐老化、电绝缘性优良，耐水，无毒、无味，但常温下力学性能较差，耐油、耐腐蚀性较差	各种管路的接头，高温下使用的各种垫圈、密封件，耐高温的电线、电缆护套等
	氟橡胶	耐磨性突出，耐酸碱及抗氧化能力强，热硬性好，耐低温和加工性较差	发动机的耐热、耐油制品

3）胶黏剂

将两种及两种以上的物件用表面粘合方法连接起来的方法称为胶接。能够将两种物件胶接起来并在结合处具有一定强度的物质统称为胶黏剂（简称胶），胶黏剂由基料和添加剂组成。胶黏剂的品种很多，常用的分类方法有以下两种：

按基体的化学成分可分为有机胶黏剂和无机胶黏剂两类。以天然高分子化合物为基料的胶黏剂和以合成高分子化合物为基料的胶黏剂属于有机胶黏剂。天然高分子化合物有动物骨皮、松香、天然橡胶等；合成高分子化合物有合成橡胶（丁腈橡胶、氯丁橡胶等）、合成树脂（环氧树脂、酚醋树脂等）等。而各种磷酸盐、硅酸盐类的胶黏剂则属于无机胶黏剂。

按用途可分为结构胶黏剂和非结构胶黏剂两类。结构胶黏剂所连接的各种材料均具有一定的承载能力。而非结构胶主要用于密封、修补和胶接软质材料，如密封胶、耐高温胶、耐低温胶、医用胶、水下胶等。

胶黏剂的具体分类及代号可参阅有关标准。

胶接与铆接、焊接、螺纹连接相比，具有工艺简便、结构质量轻、胶接处应力分布均匀以及胶缝绝缘性、密封性，耐腐蚀性好等特点，但其耐热性、耐老化性较差。

随着各种优质胶黏剂的出现和胶接技术的迅速发展，胶接接头的性能正在得到进一步改善和提高。胶接技术现已广泛用于航空航天、汽车、轻工、电子电器、医疗等行业。

6.5.2 工业陶瓷

陶瓷的基本生产过程是原料粉碎－压制成形－高温烧结－制品。

陶瓷按原料不同分为普通陶瓷和特种陶瓷两大类。

1. 普通陶瓷

普通陶瓷就是黏土类陶瓷，它是以黏土、长石、石英为原料制成的，产量大、应用广。除日用陶瓷、瓷器外，大量用于建筑工业，电器绝缘材料，耐蚀要求不很高的化工容器、管道，以及力学性能要求不高的耐磨件，如纺织工业中的导纺零件等。

2. 特种陶瓷

特种陶瓷又称近代陶瓷，其原料由人工合成，如高纯度的金属氧化物、碳化物和氮化物等。特种陶瓷具有某些特殊性能，以满足工程结构的特殊需要。

1)氧化铝陶瓷

这是 Al_2O_3 为主要成分的陶瓷，Al_2O_3 含量大于 46%，也称高铝陶瓷。当 Al_2O_3 含量为 90%～99.5%时称为刚玉瓷。按 Al_2O_3 的含量可分为 75 瓷、85 瓷、96 瓷、99 瓷等。

氧化铝含量越高性能越好。氧化铝陶瓷耐高温性能很好，在氧化气氛中可使用到1950℃，而且耐蚀性也好，可做高温器皿，如熔炼铁、钴、镍等的坩埚及热电偶套管等。

氧化铝陶瓷的硬度高，而且能保持到很高的温度，如 760℃时 87HRA，1200℃时80HRA，所以可用做刀具。

氧化铝具有很好的电绝缘性能，内燃机火花塞基本都是用氧化铝陶瓷制造的。

氧化铝陶瓷耐磨性很好，也适宜于做轴承。

氧化铝陶瓷尚可做活塞、化工用泵、阀门等，也可在某些条件下用做模具。

氧化铝陶瓷的缺点是脆性大，不能承受冲击载荷，而且抗热震性较差，不适于温度急变的场合。

2)氮化硅陶瓷

氮化硅的稳定性极强，除氢氟酸外，能耐各种酸和碱的腐蚀，也能抵抗熔融有色金属的侵蚀。

氮化硅的硬度很高，仅次于金刚石、立方氮化硼和碳化硼。有良好的耐磨性，摩擦系数小，只有 0.1～0.2，相当于加油的金属表面。氮化硅还有自润滑性，可在无润滑剂的条件下使用，是一种非常优良的耐磨材料。

氮化硅的热膨胀系数小，因而有极好的抗温度急变性，除石英玻璃和微晶玻璃外，比其他陶瓷材料好得多。

氮化硅的使用温度不如氧化铝陶瓷高，但它的强度在 1200℃时仍不降低。

热压氮化硅组织致密，因而强度很高，但受模具限制，只能制作形状简单零件。反应烧结氮化硅有 20%～30%气孔，所以强度低，但可制成形状复杂的零件。而且，由于硅氮化时的体积膨胀弥补了烧结时体积收缩，因而制品的尺寸精度很高。但由于受氮化深度的限制，壁厚一般不超过 20mm～30mm。

反应烧结氮化硅可用于耐磨、耐腐蚀、耐高温、绝缘的零件，如腐蚀介质下工作的机械密封环、高温轴承、热电偶套管、输送铝液的管道和阀门、燃气轮机叶片、炼钢生产的铁水流量计以及农药喷雾器的零件等。

热压氮化硅主要用于刀具，可进行淬火钢、冷硬铸铁等高硬度材料的精加工和半精加工，也用于钢结硬质合金，镍基合金等的加工，它的成本比金刚石和立方氮化硼刀具低。热压氮化硅还可做转子发动机的叶片、高温轴承等。

近年来，在 Si_3N_4 中加入一定量的 Al_2O_3，构成 Si－Al－O－N 系统陶瓷，称赛纶(Sialo 陶瓷)，用常压烧结的方法可达到热压氮化硅的性能，是目前强度最高的陶瓷材料，其化学稳定性、热稳定性和耐磨性也都很好。

3)碳化硅陶瓷

碳化硅和氮化硅一样，也是键能很高的共价键结合的晶体，它的生产方式也有反应烧结和热压烧结两种。

碳化硅的最大特点是高温强度高，其他陶瓷在 1200℃～1400℃时强度显著下降，碳化硅的抗弯强度在 1400℃时仍保持在 500MPa～600MPa。

碳化硅的热传导能力很高，仅次于氧化铍。它的热稳定性、耐蚀性、耐磨性也很好。

碳化硅是用于 1500℃以上工作部件的良好结构材料，如火箭尾喷管的喷嘴、浇注金属中的喉嘴以及炉管、热电偶套管等。还可用做高温轴承、高温热交换器、核燃料的包封材料以及各种泵的密封圈等。

4)氮化硼陶瓷

氮化硼晶体属六方晶系，结构与石墨相似，性能也有很多相近之处，故又称“白石墨”。它有良好的耐热性、热稳定性、导热性、高温介电强度，是理想的散热材料和高温绝缘材料。氮化硼的化学稳定性好，可抵抗侵蚀，它也有很好的自润滑性。氮化硼制品的硬度低，可以进行机械加工，精度为 0.01mm。氮化硼可用于制造熔炼半导体材料的坩埚及冶金用高温容器、半导体散热绝缘零件、高温轴承、热电偶套管及玻璃成形模具等。

氮化硼的另一种晶体结构是立方晶格，结构牢固，硬度和金刚石接近，是优良的耐磨材料，也用于制造刀具。

5)氧化物陶瓷

(1)氧化锆陶瓷。氧化锆的熔点为 2715℃，在氧化气氛中 2400℃时是稳定的，使用温度可到 2300℃。

纯氧化锆不能使用，因为在发生同素异晶转变时发生很大的体积变化，会产生裂纹，甚至断裂。加入少量稳定剂，称部分稳定氧化锆，具有较高的韧性。例如，加入 CaO 后 K_{IC}值可达 9.6MPa(SiC 为 3.4MPa，Si_3N_4 为 48MPa～58MPa)，故而引起人们的重视。加入多量稳定剂则无相变，称稳定氧化锆。

氧化锆具有高强度和韧性、高硬度和耐磨性以及高抗化学腐蚀性，热导率小。可用做刀具、隔热材料，以及做滑动零部件，如拔丝模、轴承、喷嘴、泵部件、粉碎机部件等。

(2)氧化铍陶瓷。氧化铍的熔点为 2570℃，在还原性气氛中特别稳定。它的导热性极好，和铝相近，其抗热冲击性很好，适于做高频电炉的坩埚，还可用做激光管、晶体管散热片、集成电路的外壳和基片等。但氧化铍的粉末和蒸气有毒，使用时要注意。

(3)氧化镁陶瓷。氧化镁的熔点为2800℃，在氧化气氛中使用可达2300℃，在还原气氛中1700℃就不稳定。氧化镁陶瓷是典型的碱性耐火材料，用于冶炼高纯度铁、铁合金、铜、铝、镁等以及熔化高纯度铀、钍及其合金。它的缺点是强度低、热稳定性差、易水解。

表6-10为一些特殊陶瓷的性能。

表6-10 特殊陶瓷的性能

名 称	相对密度	抗拉强度/MPa	抗压强度/MPa
氧化铝($Al_2O_3$99%)	3.85～3.98	室温 265 1050℃ 237	室温 2100～2500 1000℃ 850
氧化镁(MgO)	3.0～3.6	室温 60～80 1050℃ 22～80	室温 780
氧化锆(ZrO_2)	5.7	室温 100 1000℃ 47～119	室温 1440～2100 1000℃ 1197
氧化铍(BeO)	2.9	室温 97～130 900℃ 190	室温 800～1620 1000℃ 250
氮化硅(Si_2N_4) (反应烧结)	2.44～2.60	室温 141	室温 1200
氮化硅(Si_3N_4) (热压烧结)	3.10～3.18	室温 150～250	—
氮化硼(BN) (六方，热压烧结)	2.15～2.20	1000℃ 25	室温 3150

6.5.3 复合材料

1. 基本知识

复合材料是由两种或两种以上不同性质的材料人工复合而成的多相材料。金属、高分子和陶瓷材料可相互组成复合材料，其性能比各组成材料本身更优越，而且可根据构件受力情况合理分布组成材料，具有单一材料不具备的某些性能。

2. 常用复合材料简介

按复合材料的结构特点可分为纤维复合材料、细粒复合材料、层叠复合材料和骨架复合材料。

1)纤维复合材料

(1)玻璃钢。以热固性树脂为胶黏剂，玻璃纤维为增强剂制成的复合材料称玻璃钢。玻璃钢用的树脂主要有环氧树脂、聚酯树脂、酚醛树脂等。

环氧树脂与玻璃纤维的黏结性好，机械强度、电绝缘性和耐腐蚀性高，但价格较高。主要用于制造容器、储罐、管道、护罩等。

聚酯树脂品种较多、适应性广，特别是成形工艺性好，可室温固化，强度高，但易变形。主要用于手工制作大型异形构件。

酚醛树脂玻璃钢应用较早，它的耐热性、电绝缘性和耐腐蚀性均好，且价格低廉，但成形工艺复杂，需高温压制成形，应用上受到限制。主要用于电气产品、耐烧蚀材料和一些小型机械零件。

(2)碳纤维复合材料。应用最多的胶黏剂是环氧树脂、聚四氟乙烯、酚醛树脂等。这类复合材料的密度小、强度比钢高，抗疲劳、抗冲击、耐水性、化学稳定性均比玻璃钢高，而且摩擦系数很小。可用做齿轮、轴承、活塞、密封环、化工容器等，是一种性能极为优良的纤推复合材料。

2)细粒复合材料

金属陶瓷就是陶瓷细粒与金属基体组成的复合材料。主要用于耐高温零件和刀具材料。

3)层叠复合材料

如钢一青铜、钢一巴氏合金、钢一青铜一塑料等多层复合材料，主要用于轴承和减磨润滑材料。玻璃一塑料夹层复合材料，主要用于安全玻璃。

4)骨架复合材料

以多孔材料为骨架，浸入油脂、氟塑料等复合成抗磨材料。主要用于制造轴承等。

思考题与习题

6-1 解释概念：非铁金属、非金属材料、变形铝合金、固溶强化、时效强化、热脆、冷脆、粉末冶金。

6-2 试比较工业纯铝及铝合金的优缺点。

6-3 时效强化的影响因素有哪些？

6-4 试述铜合金的分类及性能特点。

6-5 铜合金的强化方式有哪些？

6-6 钛合金的热处理工艺有哪些？以及各个工艺的作用是什么？

6-7 试述粉末冶金的特点以及应用领域。

6-8 试述常用粉末冶金材料的分类及其性能。

6-9 试述高分子化合物的结构与性能。

6-10 试述塑料的组成及各组成物的作用。

6-11 试述工业陶瓷材料的种类、性能特点及用途。

6-12 试述复合材料的性能特点及其应用领域。

第 7 章　机械零件的选材与金属表面处理

正确合理地选用机械工程材料，是机械设计和制造的重要内容，它不仅影响单个零件及整台机器的制造质量和使用性能，而且对生产周期和成本也有很大影响。因此，选择机械工程材料时，必须熟悉材料的性能及其改善方法，全面分析零件的工作条件、受力情况及其可能失效的形式等，才能满足要求，经济地制出优质零件。

金属表面处理是制造高质量机械零件的重要工艺方法之一，主要包括表面强化、表面防护和表面装饰等。通过金属表面处理，不仅能提高零件的力学性能和使用寿命，而且可以起到美化产品外观的作用。

7.1　零件的失效

机械零件都具有一定的设计使用寿命，在使用寿命期内零件丧失其规定的功能，称之为失效。零件的失效，特别是事先没有明显征兆的失效，常常带来巨大的损失。所以，选择机械工程材料时必须考虑到零件可能发生的失效形式。

7.1.1　失效形式

1. 断裂失效

断裂失效是指零件完全断裂而无法工作的失效。它是最危险的失效形式，往往导致机械设备毁坏、飞机失事、船舶沉没等重大事故。断裂失效的主要形式有塑性断裂、疲劳断裂、蠕变断裂和低应力脆性断裂等。

2. 过量变形失效

过量变形失效是指零件在工作过程中产生的变形量超过了允许的范围而造成的失效。主要包括过量弹性变形失效和过量塑性变形失效两种形式。例如，车床主轴在工作过程中，发生过量的弹性弯曲变形，不仅振动加剧，使轴和轴承配合不良，而且会造成加工零件质量严重下降。高压容器的紧固螺栓因发生过量塑性变形而伸长，从而导致容器渗漏。

3. 表面损伤失效

表面损伤失效是指零件在工作中，因机械和化学作用，其表面损伤或精度下降的失效。主要包括表面磨损失效、表面腐蚀失效和表面疲劳失效等。

一个零件可能有几种失效形式，但一般不可能几种同时起主要作用，其中只有一种起决定性作用。例如，齿轮失效可能有轮齿断裂、齿面磨损、齿面点蚀、硬化层剥落或齿面过量塑性变形，在这些失效形式中，哪一种为主，应具体分析。

7.1.2 失效的原因

零件失效的原因很多，一般要从设计、材料、加工工艺和安装使用等几个方面来进行分析。

1. 设计不合理

零件结构形状、尺寸等设计不合理，如存在尖角、尖锐缺口、过渡圆角太小等均可造成应力集中。对零件工作条件（受力性质与大小、温度、湿度及工作环境）的变化情况估计不足或判断错误，安全系数小，使零件性能不能满足工作性能要求而失效。

2. 选材不合理

所选材料的性能不能满足零件工作性能要求。所选材料质量不符合标准要求，错误地选择了材料。

3. 加工工艺不当

零件或毛坯在加工或成形过程中，加工工艺方法、工艺参数不正确，可能出现某些缺陷，均可导致失效。例如，切削加工后零件表面刀痕较深、粗糙度值过大；锻造时产生过热、过烧等；热处理过程中零件表面氧化、脱碳等。

4. 装配及使用不当

机械装配时不符合技术要求，如固定不紧、重心不稳、润滑条件不良、密封不好等引起零件的失效。使用过程中不按规程操作和维护，保养不善或过载使用，也往往导致机械零件过早地失效。

机械零件的失效往往不只是单一因素造成的，可能是多种因素共同作用的结果。因此，分析零件失效的原因是一项复杂、细致的系统工程。其工作内容包括收集失效零件的残体；全面调查了解失效零件的工作条件，必要时还要采用各种测试手段或模拟试验；根据零件的失效特征，对零件的设计、选材、加工工艺、装配及使用等方面进行综合分析，最后确定失效原因，提出改进措施。

7.2 选材的原则、方法和步骤

选择机械工程材料，不仅要考虑材料的性能是否满足零件工作条件的要求，使零件达到设计使用寿命，而且还要求材料具有较好的加工工艺性和经济性。只有满足这三方面的要求时，所选择的材料才为合格材料。

7.2.1 选材的基本原则

选材的应遵循的基本原则：首先，必须保证使用性能要求，然后再考虑工艺性和经济性。

1. 保证使用性能要求

零件在正常工作条件下，应完成设计规定的功能并达到预期的使用寿命。当材料的使用性能不能满足零件工作条件的要求时，零件就会失效。因此，材料的使用性能是选材的首要条件。

材料的使用性能要求主要是针对材料的强度、刚度、塑性、韧性、耐热性、耐磨性、耐蚀性等性能指标要求。通过分析零件的工作条件和失效形式，可提出使用性能要求。在可能的情况下，尤其是大量生产的重要零件，可用零件实物进行强度和寿命的模拟试验，以提供可靠的选材资料。使用时还应进行认真分析判断，并根据具体情况对相关数据进行修正。

几种常见零件的工作条件、常见失效形式及要求的力学性能指标见表7-1。

表7-1 几种常用零件的工作条件、常见失效形式和要求的力学性能

零件(工具)	工作条件			常见失效形式	主要性能要求
	应力种类	载荷性质	其他		
普通紧固螺栓	拉、切应力	静	—	过量变形、断裂	屈服强度及抗剪强度、塑性
传动轴	弯、扭应力	循环、冲击	轴颈处摩擦、振动	疲劳破坏、过量变形、轴颈处磨损、咬蚀	综合力学性能
传动齿轮	压、弯应力	循环、冲击	强烈摩擦、振动	磨损、麻点剥落、齿折断	表面硬度及弯曲疲劳强度、接疲劳抗力，心部屈服强度、韧性
弹簧	扭应力(螺旋簧)、弯应力(板簧)	循环、冲击	振动	弹性丧失、疲劳断裂	弹性极限、屈强比、疲劳强度
油泵柱塞副	压应力	循环、冲击	摩擦、油的腐蚀	磨损	硬度、抗压强度
冷作模具	复杂应力	循环、冲击	强烈摩擦	磨损、脆断	硬度、足够的强度、韧性
压铸模	复杂应力	循环、冲击	高温度、摩擦、金属液腐蚀	热疲劳、脆断、磨损	高温强度、热疲劳抗力、韧性和红硬性
滚动轴承	压应力	循环、冲击	强烈摩擦	疲劳断裂、磨损、麻点剥落	接触疲劳抗力、硬度、耐蚀性
曲轴	弯、扭应力	循环、冲击	轴颈摩擦	脆断、疲劳断裂、咬蚀、磨损	疲劳强度、硬度、冲击疲劳抗力、综合力学性能
连杆	拉、压应力	循环、冲击		脆断	抗压疲劳强度、冲击疲劳抗力

2. 考虑工艺性能要求

工艺性能要求是指所选材料能用最简易的方法制造出合格的零件。材料的工艺性能好坏，对于零件加工的难易程度、生产效率、生产成本等方面起着决定性的作用。有些材料如果仅仅从使用性能要求来看是很合适，但无法加工制造，或加工很困难，制造成本很高，这些都属于加工性能差。

材料的加工性能主要包括铸造性能、锻压性能、焊接性能、切削加工性能和热处理性能等。

金属材料的加工包括两个方面，即加工成形和改性处理(主要为热处理)。从工艺性

角度考虑，若零件需铸造成形，最好选用共晶成分合金。若零件需锻造、冲压成形，最好选用塑性好的材料。若零件需焊接成形，则最适宜的材料是低碳钢或低合金钢，而铜合金、铝合金的焊接性能稍差。

高分子材料的成形工艺简单，切削加工性能好，但导热性差，在切削加工时不易散热，容易使工件温度急剧升高，致使热固性材料变脆及热塑性材料变软。

陶瓷材料成形后，除了可用碳化硅、金刚石砂轮磨削外，几乎不能用其他方法对其加工。

机械零件的使用性能主要取决于材料的改性处理。非合金钢的淬透性差、强度较低，加热时容易过热造成晶粒粗大，淬火时容易变形与开裂。因此，制造结构复杂、大截面、高强度的零件，应选用合金钢。

3. 满足经济性要求

经济性要求是指所选用的材料能够制造出成本最低、经济效益最好的零件。在满足前面两项要求的前提下，应尽量降低成本、提高经济效益。零件的成本不只是材料本身价格，还包括其加工费、管理费、运输费和安装费等。

从材料本身价格来看，碳钢、铸铁价格较低，加工方便，在满足使用性能的前提下，应尽量使用。低合金、高强度钢价格低于合金钢。非铁金属、不锈钢、高速钢价格高，应尽量少用。这一点对于大批量生产的零件尤为重要。

尽量使用简单设备、减少加工工序数量。采用少、无切屑加工，以降低材料成本和加工费用。对于某些重要、精密、加工过程复杂的零件和使用周期长的工模具，选材不能单纯考虑材料本身价格，还应注意零件质量和使用寿命，此时，采用价格较高的合金钢或硬质合金代替碳钢，从长远看，因为其使用寿命长、维护费用少，总成本反而降低。

此外，所选材料要立足与国内和货源较近的地区，并尽量减少所用材料的品种规格，以简化采购、运输、保管与生产管理等工作。还应该满足环境保护方面的要求，尽量减少污染。

综上所述，选材应该首先保证使用性能要求，然后再考虑工艺性和经济性。但三个基本原则之间既相互影响又相互制约，甚至它们的主次地位也随实际情况的变化而变化。所以，通常在选材时经综合考虑、全面衡量，拟出几个不同方案进行分析比较，而后选出合理的材料。

7.2.2 选材的方法和步骤

1. 选材的方法

大多数机械零件是在多种应力共同作用下工作的，每个零件的受力情况和工作环境也是不相同的，零件的受损和失效往往是多种因素起作用的。所以，应根据零件的工作条件，找出其最主要的性能要求作为选材的主要依据，同时也要兼顾考虑其他方面的性能要求。这是选材的基本方法。

(1)要求综合性能的零件，如机械设备中的连杆、轴、螺栓、传动齿轮，以及飞机大梁、起落架、蜗轮轴等。这类零件主要是要求强度和塑性、韧性有良好的配合，以满足其复杂应力作用的要求。一般承受冲击载荷和循环交变载荷的作用，其失效形式主要是过量变形和疲劳断裂。对强度、硬度、韧性、疲劳强度等指标都有要求，即良好的综合力学性能。

常采用中碳钢或中碳合金钢或超高强度钢制造，并进行调质或正火处理。

(2)要求疲劳强度为主的零件，如曲轴、齿轮、弹簧、滚动轴承等。疲劳断裂是零件在交变应力长时间作用下常见的失效形式，实践表明，机械零件80%以上的断裂都是由疲劳引起的，所以，这一类零件在选材时，应主要考虑疲劳强度。要提高零件的疲劳强度，除了正确合理地选择材料以外，还可以从下面几个方面考虑：材料的强度越高，其疲劳强度越高。在抗拉强度相同的前提下，调质后的组织比正火、退火有更高的塑性、韧性，对应力集中敏感性小，有较高的疲劳强度。一般对承受较大的复杂载荷的零件，应选择淬透性较高的材料，调质后有较高的疲劳强度。另外，零件采用合理结构形状和适当的工艺方法，均可以避免应力集中、提高表面质量。对零件表面进行表面淬火、喷丸、滚压等表面强化处理，也都可以达到提高疲劳强度的目的。

(3)要求耐磨性为主的零件。这类零件主要是承受摩擦作用，失效形式是磨损。一般来说材料的强度、硬度越高，其耐磨性也越好，通常这一类零件的硬度要求为50HRC～60HRC。能够满足高硬度、高耐磨性要求的材料有渗碳钢、渗氮钢、部分马氏体不锈钢、合金工具钢、轴承钢和调质钢等。

摩损较大、受力较小，如各种量规、钻套、顶尖等零件，可选用高碳钢和高碳合金钢，进行淬火和低温退火，可获得高硬度、高耐磨性。

若同时受磨损和交变应力作用的零件，为了保证其具有足够的耐磨性和较高的疲劳强度，应该选用能够进行表面淬火、渗碳和渗氮的材料，经过热处理以后，满足性能要求。

要求变形量小，而且有较高的硬度、耐磨性、耐腐蚀性的一些精密零件，如高精度磨床主轴等，可选用氮化钢进行氮化处理。

2. 选材的一般步骤

(1)分析零件工作条件和失效形式，根据实际的使用情况和受力分析，确定零件所要具备的性能要求，主要是力学性能及工艺性能，必要时还需考虑物理性能和化学性能，确定最关键的性能指标。

(2)对已经过实际使用的同类零件进行调查研究，从使用性能、加工工艺性、经济性等方面综合分析比较，以此为参考。

(3)根据零件实际工作条件及相关资料，通过理论计算，必要时进行试验或实验，确定应该具有的力学性能或其他性能指标。

(4)初步选择出具体的材料牌号，并确定其热处理或其他强化方法。

(5)审核所选材料的经济性，综合考虑其成本(加工费、运输费、材料费等)。

(6)对于关键性零件，特别是一些安全可靠性要求很高的零件，正式投产前应在实验室里对这些零件进行必要的实验或试验，充分证实这些零件达到设计所要求的各项性能指标以后，才能逐步批量生产。

以上是选材的一般过程，对于一些不重要的零件，或已有非常成熟的使用经验的材料，可不需要完全按照上面步骤进行，可直接凭经验选材。

7.3 典型零件的选材

机械零件种类很多，性能要求各异。可以满足这些零件性能要求的材料也比较多，下面介绍轴类、齿轮类和箱体类典型机械零件的选材。

7.3.1 轴类零件的选材

1. 轴类零件的工作条件和失效形式

轴是机械设备中重要的零件之一。根据轴的承载情况，有心轴、转轴和传动轴三类。心轴只承受弯矩而不传递转矩。转轴既承受弯矩又承受转矩。传动轴只传递转矩而不承受弯矩或弯矩很小。轴在实际工作中还可能承受一定的冲击作用。转轴和传动轴的轴颈表面受摩擦力的作用。

轴类零件主要的失效形式有疲劳断裂、过量变形和过度磨损等。

2. 轴类零件的性能要求和用材特点及热处理

1)轴类零件的性能要求

根据轴类受力情况和失效形式，轴类零件材料应具备的性能特点：具有良好的综合力学性能；高的疲劳强度和较好的结构刚度；较高的硬度和耐磨性；良好的淬透性和切削加工性。在特殊环境条件下工作的零件，还要求具有一些良好的特殊性能，如在高温条件下的高温强度和蠕变极限，在腐蚀介质中的耐腐蚀性能等。

2)轴类零件的常用材料及热处理

主要采用经过锻造或轧制的中碳钢或合金调质钢，其最终热处理方法是正火、调质或表面热处理。

(1)对于受力小或不重要的轴，可采用 Q235、Q275 等碳素结构钢，直接使用不需要进行热处理。对于承受弯矩和转矩的转轴类零件，如机床主轴、气轮机主轴、曲轴、变速箱传动轴等，这类零件表面应力大、心部应力小，可采用调质钢制造，如 45 钢、40 钢等并正火或调质处理。对表面承受较大摩擦作用，并受冲击作用力的轴，可选用合金调质钢进行表面淬火或调质处理，如汽车半轴选用 40Cr、40CrMnMo，高速内燃机曲轴选用 35CrMo、40CrNi 等。

(2)对于磨损严重且承受较大冲击的轴，可选用合金渗碳钢，经渗碳、淬火和低温回火后使用，如汽车变速轴、齿轮铣床主轴等。对于高精度、高速转动的轴类零件，如高精度磨床主轴等，可选用高淬透性材料，如 38CrMoAlA，经调质和渗氮处理后使用。

对于一些中、低速的曲轴、连杆、凸轮轴等结构形状复杂的零件，也可选用球墨铸铁或高强度灰铸铁材料制造，因工艺简单、成本低，其应用日益增多。

3. 轴类零件的选材举例

1)车床主轴

如图 7-1 所示，主要是承受弯矩和扭矩，冲击载荷不大，要求有良好的综合力学性能，同时，要求内锥孔和外圆锥面有足够的硬度。选用 45 钢制造，进行调质处理，硬度为 220HBS～250HBS。内锥孔和外锥体局部表面淬火，硬度为 43HRC～50HRC。

2)内燃机曲轴

曲轴是内燃机中非常重要的零件，其形状复杂，主要作用是将活塞的往复运动转变成旋转运动。在工作过程中承受冲击、扭转、弯曲、剪切拉压等复杂交变应力，主要的失效形式是疲劳断裂和轴颈磨损。要求具有足够的强度和刚度，较高的疲劳强度和较好的韧性。轴颈处要求具有较高的硬度和耐磨性。其常用材料有调质钢如 45 钢、40Cr、35Mn2 等，

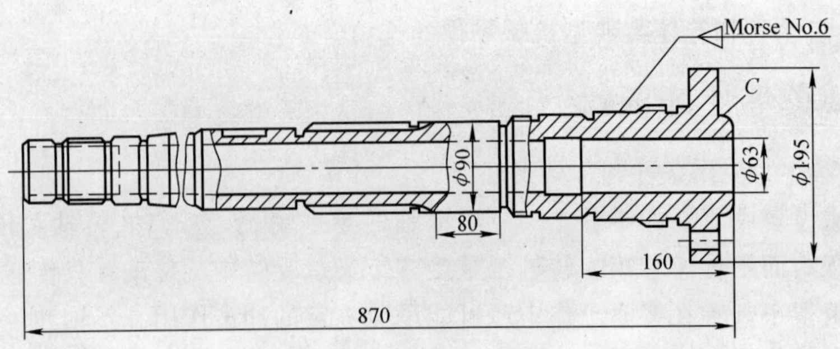

图 7-1　CA6140 车床主轴

或球墨铸铁 QT600-3、QT700-2 等。

7.3.2　齿轮类零件的选材

1. 齿轮类零件的工作条件和失效形式

齿轮是传递运动和动力的重要机械零件。在工作过程中，其齿根部位承受较大的交变弯曲应力，齿面承受较大的接触应力和强烈的摩擦。在换挡、启动或啮合不良时，还会承受一定的冲击作用。另外，由于加工、安装不当或轴变形等引起的接触不良，以及外来灰尘、金属屑末等硬质颗粒的侵入，也会产生附加载荷，使工作条件恶化，加速齿轮磨损、变形。由此可见，齿轮的工作条件和载荷作用情况是相当复杂的。

齿轮失效的主要形式：轮齿疲劳断裂、齿面磨损、表面强化层剥落以及过量变形等。

2. 齿轮类零件的性能要求和用材特点及热处理

1)对齿轮类零件的性能要求

通过对齿轮的受力分析可知，齿轮受力比较复杂，主要特点是内外受力情况不一致，因此，要求齿轮主要性能是，具有高的接触疲劳强度和弯曲疲劳强度，齿根部有高的抗弯强度，齿面具有高硬度和高耐磨性，而内部要求较高的强度和韧性。

2)用材特点及热处理

主要采用调质钢、渗碳钢、锻钢、铸钢、铸铁、非铁金属和非金属材料等。

(1)调质钢齿轮。对于低、中速和承载不大的中小型齿轮，如车床、钻床、铣床等机床的变速箱齿轮等，一般可采用调质钢制造(包括中碳钢和中碳合金钢)，其热处理方法是经调质或正火后再进行精加工，然后表面淬火和低温回火。常用牌号有 45、40、40Cr、40MnB、35SiMn、45Mn 等。

(2)渗碳钢齿轮。对高速、重载且冲击较大的重要齿轮，如汽车、拖拉机变速箱齿轮、驱动桥齿轮等，通常采用渗碳钢制造。齿轮经渗碳并淬火和低温回火后，表面硬度高、耐磨性好、心部韧性好、耐冲击作用。为了增加齿轮齿面的残余压应力，进一步提高齿轮的疲劳强度，可进行喷丸处理。常用的牌号有 20、20Cr、20CrMnTi、20CrMo、20MnVB、18Cr2Ni4WA 等。

(3)铸钢和铸铁齿轮。一些形状复杂、尺寸大的齿轮毛坯，如起重机齿轮等，采用锻造和其他切削加工方法难以成形时，可采用铸钢制造，常用牌号有 ZG270-500、ZG310-570、ZG340-640、ZG40Cr 等。对耐磨性、疲劳强度要求较高，但冲击韧性载荷小的齿轮，如机油泵齿轮等，可选用球墨铸铁制造，常用牌号有 QT500-07、QT600-03 等。对冲击载荷较小的低精度、低速齿轮，可选用灰铸铁制造，常用牌号有 HT200、HT250、HT300 等。这些齿轮一般在铸造后进行退火，或正火或机械切削加工后进行表面淬火，以消除铸造应力和硬度不均。对于受力不大，转速较低的铸钢齿轮通常不淬火。

另外，在仪器、仪表中，以及在某些接触腐蚀介质中工作的轻载齿轮，通常采用具有良好的耐腐蚀性、耐磨性的一些非铁金属，如黄铜、铝青铜、锡青铜和硅青铜等制造。一些受力不大的齿轮（如仪器、仪表齿轮等），以及在无润滑条件下的小齿轮，也可采用尼龙、聚甲酰、ABS 等非金属材料制造。

3. 齿轮选材举例

1）车床齿轮

图 7-2 所示为 CA6140 车床主轴箱齿轮，车床齿轮承载不大，运动平稳、工作条件好，因此，对齿轮的耐磨性和抗冲击性要求不高。一般可选用中碳钢制造，为了提高淬透性也可选用中碳合金钢，经高频淬火后使用，虽然在耐磨和抗冲击方面比渗碳齿轮差一些，但基本能满足机床对性能的要求，且高频淬火变形小、生产效率高。

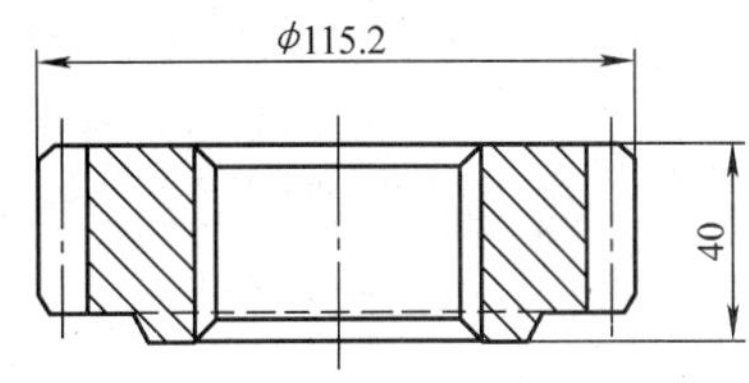

图 7-2　CA6140 车床主轴箱齿轮

车床齿轮心部要求具有良好的综合力学性能，经调质后硬度应为 200HBS～250HBS。齿轮表面具有较高的硬度、耐磨性和接触疲劳性，齿面经高频淬火后硬度应为 45HRC～50HRC。常用牌号有 40 钢、45 钢、40Cr 等。

2）汽车、拖拉机齿轮

汽车、拖拉机齿轮主要安装在变速箱和差速器中。这类齿轮转速较高、传递功率大、冲击载荷大以及存在强烈的摩擦等，工作条件比机床齿轮复杂得多。因此，在耐磨性、疲劳强度、心部强度和韧性等方面的性能要求比机床齿轮高。选用低碳钢或低碳合金钢制造，经渗碳、淬火和低温回火后使用最为适宜。

以载重汽车的变速箱中齿轮为例，该齿轮在工作中承受较大载荷和冲击作用力，齿轮运转频繁，工作时间长，因此，要求齿轮齿面硬度和耐磨性高，并能防止在冲击力作用下轮齿折断，要求轮齿心部强度和韧性高一些。一般可采用低碳钢经渗碳、淬火和低温回火。如果从工艺性能考虑，为提高淬透性，并使渗碳过程中不会出现由于时间长和温度较高而产生的晶粒粗大现象，以便于渗碳后直接淬火，一般选用合金渗碳钢较好，如 20CrMnTi。

7.3.3　箱体类零件的选材

箱体是机器或部件的基础零件，它将有关零件连成整体，以保证各零件的正确位置和相互协调运动。这类零件包括各类机械的机身、底座、齿轮箱、轴承座、内燃机缸体、缸套等。大多数箱体类零件结构复杂，一般选用铸造毛坯。因此，要求材料具有良好的铸造性能。

受力不大，而且主要承受静载荷，不受冲击作用的箱座件可选用灰铸铁，如 HT150、HT200。如在工作时与其他零件有相对运动，其间有摩擦、磨损产生，则应选用强度和硬度较高的珠光体基体的灰铸铁 HT250，或孕育铸铁 HT300、HT350。

受力较大，要求强度高、韧性好，甚至在高温、高压条件下工作的箱体类零件，如汽轮机机壳等，应采用铸钢。铸钢件应进行完全退火或正火，以消除粗晶组织和铸造应力。

受力不大，要求自重轻，或要求导热性好的箱体类零件，可选用铸造铝合金。铝合金件应根据成分不同，进行退火或固溶时效、处理。

受力很小，要求自重轻，工作条件好的箱体类零件，可选用工程塑料。

7.4 金属材料的表面处理

7.4.1 表面强化处理

表面强化处理是通过改变材料表层的化学成分、组织结构及应力状态等途径，来提高材料表面的强度、硬度及疲劳强度的工艺方法。常用的有表面热处理强化法、金属表面形变强化法、金属表面覆盖层强化法和金属表面复合处理强化法等。其中，表面热处理强化法在第四章已做介绍，这里不再重复。

1. 金属表面形变强化法

金属表面形变强化是利用金属冷塑性变形强化的原理，通过喷丸、滚压、挤压等方法，使金属表面层产生局部塑性变形而形成硬化层，从而提高金属表面的强度和硬度，提高零件的疲劳强度和使用寿命。

喷丸是利用高压气体、高压水或离心力将磨料（铁丸、砂粒等）高速喷向金属表面，利用磨料的冲击力使表面产生局部塑性变形而形成硬化层，达到强化目的。同时，也除去工件表面的锈迹、氧化皮、污垢等。喷丸强化主要用于形状复杂，不宜用其他方法强化的零件，如板簧、螺旋弹簧、连杆、齿轮、曲轴等。

挤压和滚压是利用碾压力使工件表面形成一定量的变形层，以达到表面强化和提高表面质量的目的。

2. 金属表面覆盖层强化法

将具有某些特殊性能的物质覆盖在金属表面以提高其强度、硬度、耐磨、耐腐蚀和耐疲劳等性能的工艺方法，称为金属表面覆盖层强化法。获得的覆盖层与基体金属相比，具有明显不同的物理、化学和力学性能。常用的金属表面覆盖层强化法有表面气相沉积和金属热喷涂等。

气相沉积的方法有化学气相沉积（CVD）和物理气相沉积（PVD）两种。化学气相沉积是在高温下将炉内抽成真空或通入氢气，再将反应气体导入，通过化学反应而在工作表面形成覆盖层的方法。物理气相沉积是通过真空蒸发、电离或溅射等过程提供原子、离子，使之在工件表面沉积形成覆盖层的方法。

气相沉积覆盖层具有附着力强、均匀、质量好、污染少或无污染以及选材广等特点。近年来，利用气相沉积方法将碳化物（TiC、SiC）或氮化物（TiN、Si3N4）覆盖在刃具、模具及各种耐磨结构零件表面上，获得很好的耐磨性、抗咬合性、抗氧化性和低的摩擦系数，显著提高了零件的使用寿命。

热喷涂是将涂层材料熔化，以高速气流将其雾化成极细的颗粒，喷射到工件表面，形成喷涂覆盖层。根据需要可选用不同的涂层材料，以获得耐磨损、耐腐蚀、抗氧化、耐热等方面一种或多种性能。常用涂层材料多采用低熔点的金属，如锡、锌、铝等，也可采用高熔点金属(如铜等)及非金属材料(如塑料、玻璃等)。

3. 金属表面复合处理强化法

金属表面复合处理强化是指将两种或两种以上表面强化工艺复合应用于同一工件上,可综合发挥各种强化方法的优点,达到更好的强化效果,如渗氮后进行高频感应加热淬火。

7.4.2 金属的表面防腐处理

金属腐蚀现象是很普遍的,如钢铁表面形成的棕色铁锈,铜及其合金表面的铜绿,铝及铝合金表面的白色斑点,不锈钢表面受热后产生的褐黄色薄膜,这些都是不同金属表面不同形式的腐蚀。金属腐蚀的后果也十分严重,轻则使零件的表面粗糙度值增高、配合表面质量下降、力学性能降低,重则使零件报废,甚至造成重大事故。

1. 金属的腐蚀

1)腐蚀现象

金属腐蚀是由于金属与周围介质之间发生化学反应或电化学反应而引起材料表层变质的过程。如前所述,腐蚀对金属零件的使用性能和使用寿命都会产生重要影响。

2)腐蚀的分类

按照反应过程机理的不同,可分为化学腐蚀和电化学腐蚀两类。

(1)化学腐蚀是指金属与周围介质发生纯化学作用的腐蚀。它的形式:一是金属在干燥气体(空气、氧化性气体、氯气等)中的腐蚀,如在高温燃气对蜗轮喷气发动机零部件的腐蚀。二是金属在非电解质溶液(如煤油、酒精)中的腐蚀,如飞机管路系统受汽油、润滑油的腐蚀。化学腐蚀的特点是速度慢、危害小。

在化学腐蚀过程中,无电流产生,且温度越高,腐蚀介质浓度越高,腐蚀速度也越快。化学腐蚀后在金属表面形成的表面膜致密度若小于金属本身的致密度,当表面膜增大时,膜的体积不断膨胀,在应力作用下,容易剥落,将进一步腐蚀金属基体。如果在金属表面形成致密度高、稳定性好的氧化膜,与金属基体结合牢固,则表面膜可阻止外部介质继续渗入,起到保护内部金属的作用。因此,在化学腐蚀中,腐蚀并不一定是连续不断进行的。有些化学腐蚀进行到一定程度后,形成一定厚度的表面膜(多为氧化膜),腐蚀停止进行,对金属起到保护作用,称为钝化现象,如 Cr_2O_3、Al_2O_3、MoO_3、WO_3 等。

(2)电化学腐蚀是指金属的不同相,或异类金属之间在环境介质下的电极电位不同所构成的原电池而产生的腐蚀,腐蚀过程中始终伴随有电流产生,并在反应界面生成电化学生成物。电化学腐蚀是由于金属产生原电池作用而引起的。电化学腐蚀的特点是速度快、危害严重,金属材料常温下的腐蚀主要是电化学腐蚀。

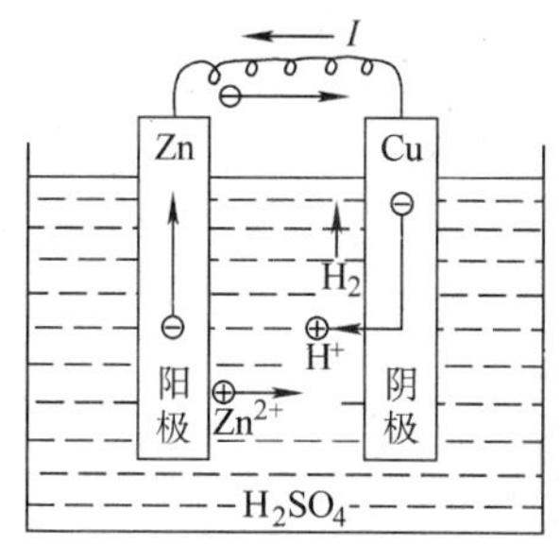

图 7-3 Cu-Zn 原电池现象示意图

电化学腐蚀的原理如图 7-3 所示,用导线把两种不同的金属(如锌片和铜片)放在电解质溶液(如稀硫酸溶液),回路中两种金属(铜和锌)电极电位不同,存在电位差,电子将从电位低的锌流向电位高的铜,形成原电池。锌(阳极)不断失去电子,形成锌离子进入溶液,也就是锌金属(阳极)不断被腐蚀,而铜(阴极)得到保护。

实验证明，不同的金属之间，或同一金属不同区域之间，只要存在电位差，都会在电解质溶液中(如酸、碱、盐、水、潮湿空气等)产生不同的电极电位，形成许多微小的原电池，使电位低的区域或相，产生电化学腐蚀。例如，碳钢中的渗碳体以及铸铁中石墨的电位都高于铁素体，当接触到电解质溶液时，便容易形成许多微电池，使铁素体(阳极)遭受腐蚀。

金属中发生电化学腐蚀的条件，一般归纳如下：

①有不同电极电位的异类金属或异类相存在，可以形成阳极和阴极的差异。

②有电解质存在，即能导通阳极和阴极之间的电化学作用，使带电离子与电子可以传输。

③阳极与阴极之间要通过电解质接触。

2. 金属腐蚀的防护方法

1)正确选择零件材料，合理设计零件结构

根据零件工作环境介质的性质和条件要求来选用材料。例如，选用电极电位高的材料，在钢中加入一定量的合金元素(如Cr、Ni、Si、V、W、Mo等)，其基体组织的电极电位得以提高，因而金属基体不易离子化，提高了抗电化学腐蚀的能力。选用表面能生成致密氧化膜的材料，在钢中加入大量的Cr元素后，可使金属表面形成一层致密的氧化膜，使钢与外界隔绝而阻止进一步氧化，而且氧化膜的电极电位也很高。选用单相组织、杂质少的钢，可避免形成微电池，能防止腐蚀。

产品结构设计应避免电位相差很大的金属直接接触。例如，铝、镁不应与钢铁、镍的材料直接接触。另外，零件结构应尽量采用圆角，避免尖角，以防止应力集中，结构要易于清除表面沉积物等。

2)化学处理

化学处理是通过化学反应，使金属表面形成稳定的化合物薄膜，以达到防腐和装饰目的的工艺方法。常用的方法有发蓝处理(又称发蓝或发黑)、磷化处理(又称磷化或磷酸盐处理)和蒸汽处理三种。

(1)发蓝处理。将钢铁零件放入特定的氧化性溶液中并适当加热，使表面形成一层致密的氧化膜，以改善工件的耐腐蚀性和外观的工艺方法。这层由 Fe_3O_4 组成的氧化膜，厚度为 0.5μm～1.5μm，结构致密，分布均匀，并牢固附着于工件表面，可防止大气腐蚀。因其氧化膜呈蓝色或黑色，故又称为发蓝(或发黑)。广泛应用于机械、精密仪器、军械和日用品的防护和装饰。

(2)磷化处理。将钢铁工件浸入磷酸盐溶液中，使工件表面形成一层致密稳定、不溶于水的磷酸盐薄膜的工艺方法。磷化膜呈灰色或灰黑色，厚度一般为 7μm～20μm，与金属基体结合十分牢固，并具有较高的电阻率，绝缘性好。在大气、矿物油、动物油、植物油、苯及甲苯等介质中有很好的耐腐蚀性能，但在酸、碱、氨水、海水及水蒸气中耐腐蚀性较差。常用于螺钉、螺母等零件。

(3)蒸汽处理。将零件放置在 500℃～600℃的过热蒸汽中加热并保持一定时间，在工件表面形成一层致密的氧化膜的表面处理方法。主要用来提高高速钢的抗腐蚀能力，一定程度上也达到美化外观的作用。

3)电化学处理

通过改变金属构件在电解质溶液中的阳极电位特性，防止或减轻其腐蚀的一种方法。

阳极保护法：将被保护金属构件接在外加直流电源的正极上，以提高它的电极电位而使其钝化的方法。

阴极保护法：使外加直流电源的负极与工件相连接，使原来处于阳极的金属构件变为阴极，或者在被保护的金属构件上接一个电位比它更低的金属件作为阳极来代替被保护的构件方法。

4)覆盖法

覆盖法是指在金属表面覆盖一层耐腐蚀材料（金属或非金属），以达到防腐目的的方法。

(1)金属覆盖法。是将化学稳定性好，有较高抗腐蚀性能的金属，覆盖在被保护的金属表面上，以达到防腐目的的方法。常用的方法如下：

①电镀。是将工件作为阴极浸入要镀金属的盐溶液中，然后通过直流电，在直流电场的作用下，金属盐溶液中的阳离子在工件表面上沉积成为牢固的镀层。电镀是常用的材料表面处理技术，具有镀层厚度控制准确、镀层质量好、与被镀金属结合牢固、不加热或加热温度不高等优点。但生产效率低。电镀层一般是锌、锡、铜、铬等纯金属，抗腐蚀能力强。镀锌可防大气腐蚀，而且成本低。镀锡常用于食品工业。镀铬可防大气、水、酸、碱腐蚀，并有装饰作用，常用于钟表、日用品等。电镀法广泛应用于轻工、电器、仪表等行业。

②热浸镀。是将清理、酸洗干净的金属板材等，浸入到熔融状态的镀层金属槽中，使镀层金属熔液吸附在板材表面，形成一层金属镀层。例如，钢板、钢管、钢丝等热镀锌，可防大气、水腐蚀；热镀锡可防稀酸浸蚀，且无毒，常用于食品罐头包装、饼干盒等。热浸镀的特点是镀层牢固、操作简单、生产效率高，应用广泛。

③包镀法。是指在被保护金属的全部表面放上保护板（如纯铝、黄铜、不锈钢等耐腐蚀金属），进行热轧，利用机械力和扩散作用使其牢固结合，获得耐腐蚀性能良好的覆盖层的方法。这种方法可以显著提高金属表面的防护性能，如飞机机身、机翼上用的硬铝蒙皮，一般是经过包覆纯铝的。包镀多由冶金厂在生产原材料时进行热轧而成。

(2)非金属覆盖法。将非金属覆盖在金属表面而达到防腐目的的方法。常用的有涂油漆法、涂塑料法和涂防锈油法。

①涂油漆法。将油漆涂覆在金属的表面，隔开周围介质与金属的接触可达到防腐的目的，主要是防止大气腐蚀。常用的油漆有红丹漆、醇酸树脂漆、酚醛树脂漆等。为了提高防腐效果，通常在防腐油漆中加入钝化剂。涂油漆法的特点是操作简单、成本低，主要应用于桥梁、船舶、机械设备等的外表面。

②涂塑料法。采用浸涂、喷涂或刷涂等方法，在被保护的金属表面形成一层塑料薄膜，隔开周围介质与金属的接触，可以达到防腐的目的。这种方法可以防酸、碱、盐溶液的腐蚀，防腐时间可达 5 年～10 年之久。在不需要防腐塑料薄膜时，可立即剥除。例如，为了有效防止腐蚀，可以在金属容器的内壁涂聚氯乙烯或聚乙烯塑料等。

③涂防锈油法。零件在加工的工序间、储存和运输或需要封存的设备或产品，一般时间不是很长，为了防腐、防锈，通常要求用防锈油脂涂覆后，妥善放置于专用的箱子或柜子中，如有必要，还需用油纸或塑料薄膜覆盖或包装，以防灰尘杂物黏附。

要求耐蚀时间短时，可涂矿物油；要求耐蚀时间稍长时，涂凡士林、石蜡等混合物。一般在涂防锈油前，为了使油层与基体金属结合紧密牢固，应将金属表面的油污和氧化物等杂物清理干净。除此以外，还可以在金属表面覆盖搪瓷、沥青、硬橡胶等，以达到防腐目的。

7.4.3 金属表面装饰处理

表面的装饰处理是通过表面抛光、光亮装饰镀、表面着色和美术装饰漆膜等方法，使零件表面光亮如镜，或具有色彩鲜艳的美术图案。一些零件通过表面装饰处理以后，还能提高材料表面的物理、化学性能，如耐腐蚀性能等。

1. 表面抛光

表面抛光是利用机械、化学或电化学作用，在抛光机或砂带磨床上进行的光整加工方法。加工时，将零件表面按压在涂有抛光膏的高速旋转的软弹性抛光轮或砂带上，因剧烈摩擦而产生高温，使加工面上形成极薄的熔流层，即可填平加工面上的微观凹凸不平，获得光亮的镜面。

2. 光亮装饰镀

光亮装饰镀是在普通电镀基础上，加入少量使镀层产生光亮的添加剂，从而形成光亮如镜镀层的工艺方法。常见的有光亮镀镍、光亮镀铬和光亮镀铜等。

3. 表面着色

表面着色是在零件表面形成一层很薄的、具有一定颜色和耐腐蚀性的金属化合物，经抛光后，表面平滑而富有光泽。采用不同的着色工艺，可获得不同的颜色。常用的着色方法有化学法着色、热处理法着色、电化学法着色。例如，铝合金制件可着色成耀眼的金黄色。钢铁制件可通过热处理法着色，在零件表面形成一层致密、均匀并很牢固的人工氧化膜。

表面着色一般用于室内使用的制品，如灯具、各类工艺品等，以及日用五金制品。由于金属表面着色膜的附着力不大，强度和硬度低，通常表面着色不适用于恶劣环境中使用和受摩擦作用的制品。

4. 美术装饰漆

美术漆是一种工业用漆，将美术漆涂(或喷、烤)在金属表面，可形成花纹斑斓、丰富多彩的金属表面漆膜。根据需要可将漆膜制成各种花纹，如锤纹、皱纹、开裂、凹凸、闪光等。金属表面采用美术装饰漆膜可起到装饰、保护和标志的作用。

思考题与习题

7-1 零件失效的基本形式有哪几种？引起机械零件失效的主要原因有哪些？

7-2 选择零件材料应遵循什么原则？在提出材料的力学性能时，应注意哪些问题？

7-3 下列各齿轮选用何种材料制造较为合适？

(1)直径较大(400mm～600mm)、轮坯形状复杂的低速中载齿轮。

(2)重载条件下工作，整体要求强韧而齿面要求高耐磨性的齿轮。

(3)能在缺乏润滑油的条件下工作的低速无冲击齿轮。

(4)受力小，要求具有一定抗腐蚀性能的轻载齿轮。

7-4 简述零件选材的方法和步骤。

7-5 有一轴尺寸为 ϕ30mm×300mm，要求摩擦部位的硬度为 53HRC～55HRC，现用 30 钢制造，经调质后表面高频感应淬火（水冷）和低温回火，使用中发现摩擦部位严重磨损，试分析失效原因，并提出解决的办法？

7-6 为什么蜗杆蜗轮传动中，蜗杆采用低、中碳钢或合金钢制造，而蜗轮则采用青铜制造？

7-7 指出你在金工实习过程中见过或使用过的三种零件或工具的材料及热处理方法。

7-8 常用的表面强化处理方法有哪些？对工程材料进行表面处理有何意义？

7-9 什么是化学腐蚀？试举例说明。什么是电化学腐蚀？电化学腐蚀的原理是什么？

7-10 化学腐蚀和电化学腐蚀有何区别？

7-11 为什么镀锌的钢件不易使钢零件本身首先腐蚀？

7-12 在某个工程系统中，同时有钢管和铝合金管件，按规定要求在两者之间应放置橡胶等绝缘元件，试说明其原因。

7-13 什么叫发蓝处理和磷化处理？防护性如何？

7-14 将镀锌钉剪断后放置于某种电解质溶液中，将会发生什么现象？说明其原因。

7-15 在池塘中的铁柱为什么在水表面处腐蚀最严重，而在水中的反而不易被腐蚀？

7-16 金属表面装饰的目的是什么？常见的金属表面装饰处理有哪些方法？举例说明。

第8章　铸　造

铸造生产在机械工业中占有极其重要的地位，是应用极为广泛的工艺方法。这从现代机电产品中铸件质量所占的比重即可看出：如在机床、内燃机、重型机器中，铸件约占整机质量的70%～90%，风机、压缩机中约占60%～80%，拖拉机中约占50%～70%，农业机械中约占40%～70%，在汽车中占40%～60%，部分模具也是用铸造成形的。

近年来，由于科技的飞速发展，在铸造领域中，采用了很多的新工艺、新设备、新材料和新技术，实现了生产机械化、自动化，传统的铸造生产面貌发生了巨大变化，铸件的质量和生产率有了显著提高，劳动条件不断改善，铸造在工业生产中得到更广泛的应用。

8.1 铸造概述

8.1.1　什么是铸造

熔炼金属，制造铸型，并将熔融金属浇入铸型，凝固后获得一定形状和性能的铸件的成形方法称为铸造。它是机器制造业中生产毛坯的工艺方法之一，所铸出的金属制品称为铸件。

铸造是一种重要的毛坯成形方法，它区别于其他成形方法的基本特点是利用液态金属的流动性来成形。

绝大多数铸件用做毛坯，需要经过机械加工后才能成为各种机器零件，少数铸件当达到使用的尺寸和表面粗糙度需求时，也可直接作为成品或零件使用。

铸造的基本过程如下：

(1)根据零件的要求，准备一定的铸型。

(2)把金属液体浇满铸型的型腔。

(3)金属液体在铸型的型腔内凝固成形，就能获得一定形状和大小的铸件，如图8-1所示。

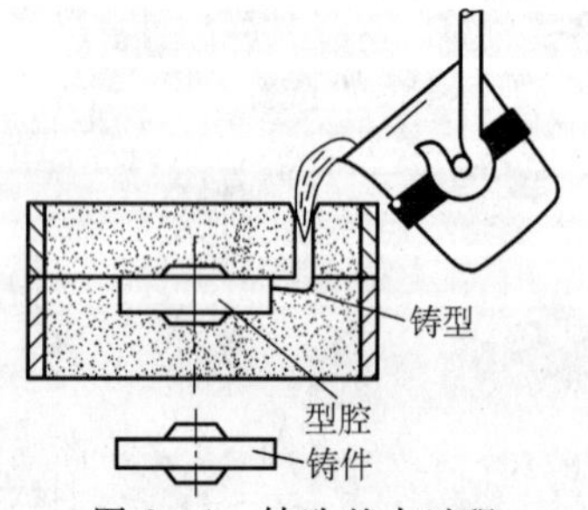

图8-1　铸造基本过程

8.1.2　铸造的特点、分类及应用

1. 铸造的特点

(1)适用范围广。铸造成形几乎不受零件大小、长短、厚薄、复杂程度和金属种类的限制。铸件质量从几克到几百吨，铸件长度从几毫米至十几米，铸件铸造壁厚范围可为0.3mm～1000mm。铸造可获得复杂外形及内腔的铸件，如各种箱体、床身、机架、汽缸体等；可铸造任何金属和合金铸件，如铸铁件、铸钢件以及各种铝合金、铜合金、镁合

金、钛合金、锌合金等铸件。对于脆性金属或合金，铸造是唯一可行的成形方法。在铸造生产中，目前以铸铁件应用最广，约占铸件总质量的70%以上。

(2)成本低。铸件的形状、尺寸与零件很接近，因而机械加工余量大为减少，甚至可以实现无切屑加工而直接用来装配产品，节省了金属材料和加工工时。此外，生产中的金属废料和废件，可以回炉重熔，且铸造所用原材料大都来源广泛、价格低廉。再之，生产设备较简单，投资少。所以铸件的生产成本较低。

(3)存在缺点。由于铸造成形工艺过程复杂，影响铸件质量的因素很多，若技术和管理措施不当，常会使铸件产生气孔、夹渣、缩孔、缩松等铸造缺陷，且铸件在冷却凝固过程中，形成的晶粒比较粗大，且不均匀，故其力学性能不如同类材料的锻件高，因而限制了铸件的应用范围。另外，铸造生产条件较差，劳动强度高，这些都有待于进一步改善。

2. 铸造的分类

常用的铸造方法可分成两大类：砂型铸造和特种铸造。其中最常用的是砂型铸造。与砂型铸造不同的其他铸造方法习惯上统称为特种铸造，如金属型铸造、压力铸造、离心铸造、熔模铸造、实型铸造、壳型铸造、陶瓷型铸造、低压铸造等。它们的铸型用砂较少或不用砂，采用特殊的工艺装备，可以获得表面更光洁、尺寸更精确、力学性能更高的铸件。

3. 铸造应用

铸造主要应用在下列方面：

(1)制造形状复杂、特别是具有复杂外形及内腔的毛坯或零件。

(2)对于那些体积大、质量大的机器零件，尤其是要求减振、耐磨的零件，均应以铸件为毛坯。例如，机器底座、床身、支架的毛坯均为铸件。

(3)当零件的力学性能要求不太高或是零件主要承受静载荷或压应力时，通常选用铸件为毛坯。近几十年来，随着球墨铸件等高强度铸造合金的出现和发展，铸件的应用范围进一步扩大。例如，用珠光体球墨铸铁制造曲轴，用贝氏体球墨铸铁制造齿轮来代替锻件。

(4)对于某些有特殊性能要求的机器零件，如高温电炉的电热板、耐酸泵的泵体、球磨机中的磨球等，均应采用相应材料的铸件为毛坯。

8.1.3 合金的铸造性能

铸造合金在铸造过程中呈现出的工艺性能，称为铸造性能。合金的铸造性能主要指流动性、收缩性以及由合金收缩而引起的铸造应力大小等。铸造性能差的合金，很难甚至不能获得合格的铸件。

1. 铸造合金的流动性

1)流动性与充型能力

液态合金的流动能力称为流动性。液态合金充满铸型型腔获得形状完整、轮廓清晰的铸件的能力，称为液态合金的充型能力。

在实际生产中，为了评定金属的流动性，通常将金属浇注成螺旋形试样，如图8-2所示。浇注的试样越长，则其流动性越好。常见合金的流动性见表8-1。

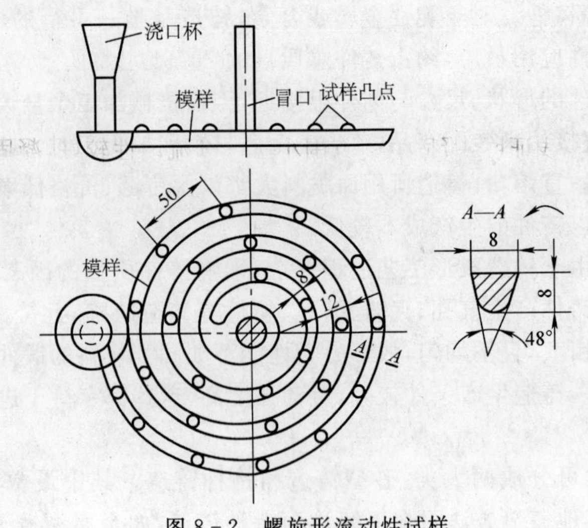

图 8-2　螺旋形流动性试样

表 8-1　常用合金流动性(试样截面 8mm×8mm)

合 金 种 类	铸 型 种 类	浇注温度/℃	螺旋线长度/mm
铸铁　$w_{C+Si}=6.2\%$	砂型	1300	1800
$w_{C+Si}=5.9\%$	砂型	1300	1300
$w_{C+Si}=5.2\%$	砂型	1300	1000
$w_{C+Si}=4.2\%$	砂型	1300	600
铸钢　$w_C=0.4\%$	砂型	1600	100
	砂型	1640	200
铝硅合金(硅铝明)	金属型(300℃)	680～720	700～800
镁合金(含 Al 和 Zn)	砂型	700	400～600
锡青铜($w_{Sn}\approx10\%$,$w_{Zn}\approx2\%$)	砂型	1040	420
硅黄铜($w_{Si}=1.5\%\sim4.5\%$)	砂型	1100	1000

2)流动性对铸件质量的影响

金属液的流动性好,充型能力就强,容易获得尺寸准确、外形完整和轮廓清晰的铸件。若流动性不好将出现铸件缺陷,如浇不到与冷隔、气孔与夹杂物。对于薄壁和形状复杂的铸件,合金的流动性往往是影响铸件质量的决定性因素。

3)影响流动性和充型能力的因素

(1)合金成分。合金成分对合金流动性的影响,可以用合金状态图进行分析。共晶成分的液态合金是在恒温下结晶的,已结晶的表层和未结晶液态合金的交界处是平滑的,结晶层对液态合金的流动阻力较小。另外,共晶成分的合金与亚共晶和过共晶成分的合金相比,其熔点相对较低,在相同浇注温度下,其浇注温度与结晶温度之差最大,保持液态时间较长,可推迟合金的凝固时间,因而液态合金在铸型中流动的距离也最长。所以共晶成分的合金流动性最好。

亚共晶和过共晶成分的合金在某一温度区间时,处于液一固两相共存状态。由于液一固两相区中树枝状固相的产生和不断增多,其内表面参差不齐,因而对未结晶的液态合金的流动产生较大的阻力,流动性较差。合金成分偏离共晶点越远,结晶温度区间就越大,铸型内产生的液-固两相区也越宽,合金的流动性就越差。

化学成分是影响合金流动性的本质因素,在常用的铸造合金中,铸铁的流动性较好,铸钢的流动性较差。实践证明,凝固温度范围小的合金流动性较好,凝固温度范围大的合金流动性较差。

(2)铸型结构和材料。当合金的流动性一定时,铸型结构对液态合金的充型能力有较大的影响,它主要表现为型腔的阻力和铸型的导热能力的影响。

铸件壁厚越小,型腔就越窄小,液态合金散热也越快,其充型能力就越差。铸件结构越复杂,型腔结构就越复杂,液态合金流动时的阻力也越大,其充型能力就越差。

造型材料(型砂、芯砂等)的导热能力越强,液态合金降温越快,其充型能力也越差。一般而言,液态合金在干型中的充型能力比在湿型中的充型能力强,在预热铸型中的充型能力比在未预热铸型中的充型能力强。

在湿型浇注时,型腔中会产生大量气体,如果气体不能顺利排出,就会阻碍液态合金的流动,降低其充型能力。设置出气冒口和适当减少型(芯)砂中的水分,都是提高合金充型能力的有效措施。

(3)浇注条件。提高液态合金的浇注温度,可使合金保持液态的时间延长,使合金凝固前传给铸型的热量多,从而降低液态合金的冷却速度,还可使液态合金的粘度减小,显著提高合金的流动性。但浇注温度过高,容易产生粘砂、缩孔、气孔等缺陷。所以,浇注温度也不宜过高。通常灰铸铁的浇注温度为 1280℃~1380℃,碳素铸钢的浇注温度为 1500℃~1560℃。对形状复杂或薄壁铸件宜取上限,反之取下限。浇注时浇注压力越大,流速就越大,提高浇注压力,可以达到提高流动性的目的。

2. 铸造合金的收缩性

1)铸造合金收缩的概念

液态合金在凝固和冷却过程中,其体积和尺寸减小的现象称为收缩。合金从浇注温度冷却至室温,要经过液态、凝固、固态三个阶段的收缩。液态收缩是合金自浇注温度到开始凝固温度之间的收缩,浇注温度越高,液态收缩越大。凝固收缩是合金自开始凝固温度到凝固终了温度之间的收缩,凝固温度区间越大,合金的凝固收缩越大。固态收缩是合金自凝固终了温度到室温之间的收缩,凝固终了温度越高,合金的固态收缩越大。

由于液态收缩和凝固收缩时的合金处于流态,所以这两个阶段的收缩均不会改变铸件的周边形状和尺寸,而只能使处于液态或液-固共存状态的铸件顶面下沉。一般把液态收缩和凝固收缩称为体收缩。固态收缩时,铸件已经具有一定的形状和尺寸,合金的收缩表现为铸件尺寸的减小(此时用长度变化表示收缩程度比较方便),一般把固态收缩称为线收缩。

液态收缩和凝固收缩是铸件产生缩孔的根本原因,固态收缩是产生变形和裂纹的根本原因。

2)合金收缩性对铸件质量的影响

液态合金充满型腔后,由于最外层合金向型壁散热较快,所以,铸件很快形成一层硬壳。进一步冷却时,硬壳内的液态合金因温度降低而产生液态收缩,如果收缩得不到液态合金的补充,则硬壳内的液面会下降。待合金全部凝固后,在铸件最后凝固处就会形成一个倒锥形的孔洞，称为缩孔。

在铸件最后凝固的部分，各处温度相差很小，它们几乎是同时凝固的，因而不再是逐层凝固，剩余液体的各处均可产生晶粒。晶粒之间的液态合金继续凝固时，因体收缩得不到液态合金的补充而产生许多小孔洞，这些小孔洞称为缩松。

缩孔和缩松是严重的铸造缺陷，它存在于铸件中会减小铸件的有效截面，从而降低铸件的强度。对于要求不渗漏的铸件(如泵体、阀门等)，缩松往往会使铸件达不到水压试验要求而报废。因此，应合理设计铸件的结构，尽量避免铸件上的局部金属积聚。让缩孔转移到冒口中去。

3)影响合金收缩的因素

(1)化学成分。化学成分是影响收缩性的根本原因，几种常见合金的线收缩率，见表8-2。

表8-2 几种常见合金的线收缩率

合金种类	灰铸铁	可锻铸铁	球墨铸铁	碳素铸钢	铝合金	铜合金
线收缩率/%	0.8～1	1.2～2.0	0.8～1.3	1.38～2.0	0.8～1.6	1.2～1.4

可以看出，常用合金中，铸钢的线收缩率最大，灰铸铁的线收缩率最小。灰铸铁在结晶和冷却过程中有石墨析出。由于石墨的体积较大，以石墨的析出可部分抵消铸铁的收缩，而减小铸件的总收缩量。碳和硅是促进石墨化的元素，随着碳、硅含量的增加，灰铸铁中石墨量增多，故其总收缩量减小。

(2) 浇注温度。合金的浇注温度越高，液态收缩越大，为减少收缩，浇注温度不宜过高。

(3) 铸型结构。铸型型腔和型芯对合金的固态收缩起阻碍作用。此外，由于铸件本身壁厚存在差异，所以铸件各处凝固、冷却的先后也不一致，先凝固、先冷却的部分对后凝固、后冷却的部分有牵制收缩的作用。这些阻碍和牵制收缩的作用，均使铸件的线收缩率减小。但是，当铸造合金收缩受到阻碍时，会使铸件中产生铸造应力。

3. 铸造应力

铸件在铸造生产过程中形成的应力，称为铸造应力。

铸造应力主要是铸件在固态收缩时受到阻碍而形成的，它主要表现为收缩应力和热应力两种。

收缩应力是铸件在固态收缩时，因受到铸型、砂芯、浇冒口等外力的阻碍而产生的应力。

热应力是铸件在凝固和冷却过程中，不同部位由于冷却快慢不同，造成不均衡的收缩而引起的应力。铸件较薄处冷却快，先收缩至一定长度。待较厚部分收缩时，因较薄部分不能再收缩，致使较厚部分的收缩受到牵制，所以铸件较厚部分与较薄部分之间就产生了内应力。此外，同一部位处的表层与心部之间也会由于冷却不同步而产生热应力。

当铸造应力小于金属材料的弹性极限时，它以残余应力的形式存在于铸件中，在切削加工、运输、存放和使用过程中，应力的变化会使铸件产生变形。当铸造应力超过金属材料的屈服极限时，铸件会产生塑性变形，使铸件发生弯曲或扭曲等。当残存于铸件内的铸造应力与外力方向一致时，还会降低铸件的承载能力。当铸造应力超过金属材料的断裂强度时，将使铸件开裂。

铸造热应力是铸件产生变形和裂纹的主要原因，为防止变形和裂纹的产生，可采用同时凝固的原则。将浇口设在铸件上较薄的部位，而在较厚的部位设置冷铁，使铸件冷却过程中各部分的温差较小，铸造热应力较小，从而减少产生变形和裂纹的倾向。

另处，铸造合金的偏析和吸气性也影响其铸造性能。偏析是指在铸件中出现化学成分不均匀的现象，偏析使铸件性能不均匀，严重时会使铸件报废。吸气性是指合金在熔炼和浇注时吸收周围气体的性能。若这些气体来不及从合金液中逸出，将在铸件中形成气孔或非金属夹杂物，从而降低铸件的力学性能和致密性。

8.2 砂型铸造

在铸造生产中，将液体金属浇入砂质铸型中，待凝固冷却后，落砂取出铸件的方法称为砂型铸造。砂型铸造是传统的铸造方法，具有适应性广、成本低、生产设备简单等优点，是铸造生产中最基本、应用最广泛的方法。砂型铸造适用于各种形状、大小及各种常用合金铸件的生产。

8.2.1 砂型铸造基本工艺过程及铸型的组成

1. 砂型铸造基本工艺过程

砂型铸造基本工艺过程示意图如图 8-3 所示，其主要工序包括模样和型芯盒制造、制备型砂和芯砂、造型、造芯、熔化金属、合型浇注、落砂清理、检验等。砂型铸造工艺流程图如图 8-4 所示。

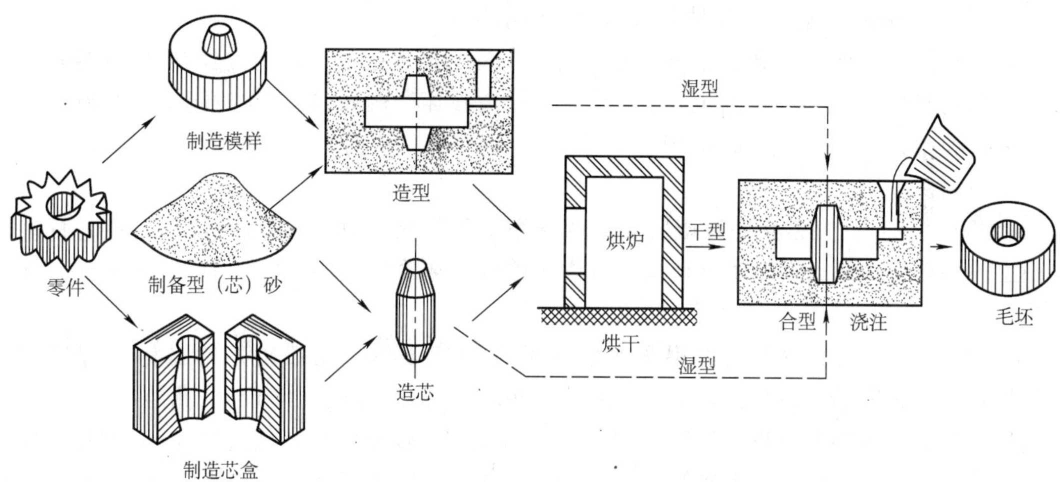

图 8-3　砂型铸造基本工艺过程示意图

2. 铸型的组成

图 8-5 所示为一砂型铸型装配图，它主要由上砂型、下砂型、浇注系统、型腔、型芯和出气孔等组成。上下砂箱通常要用定位销定位或用做泥号的方法定位以防止错箱。浇注系统是将金属液导入型腔的通道，并兼有挡渣的作用。铸型上下砂型的接触面称为分型面，通常也是模样的分模面。型腔是用模样在砂型中形成的，主要形成铸件的外轮廓形状

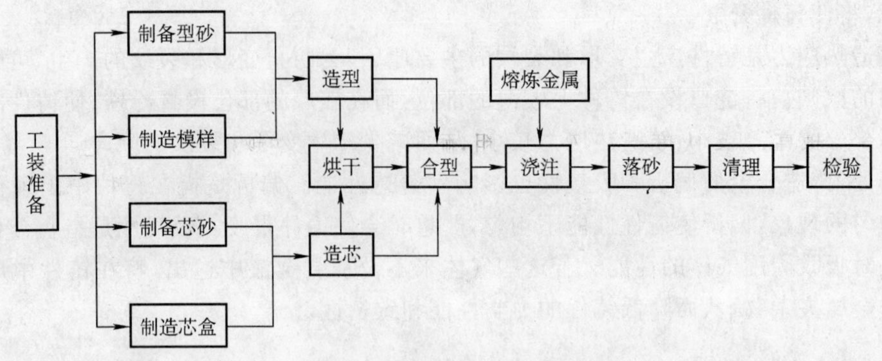

图 8-4 砂型铸造工艺流程图

和尺寸,型芯主要形成铸件上的孔和内腔形状。出气孔、型芯通气孔是用来将浇注过程中型腔和型芯所产生的气体排出铸型外,防止铸件产生气孔等缺陷。

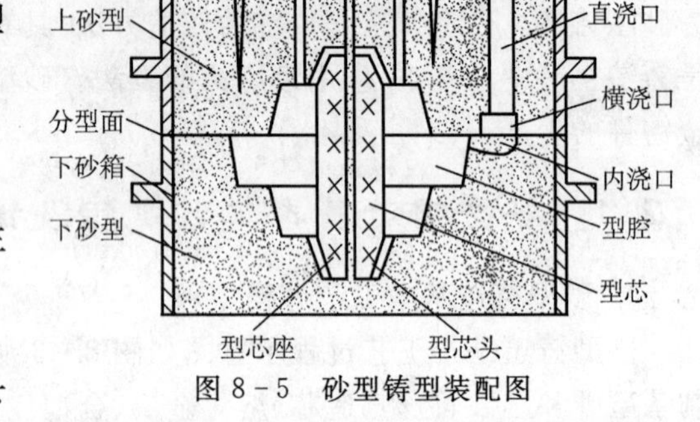

图 8-5 砂型铸型装配图

8.2.2 造型材料

制造铸型用的材料称为造型材料,主要指造型用型砂和造芯用芯砂。

1. 对造型材料的性能要求

(1) 可塑性。型(芯)砂在外力作用下可以成形,外力消除后仍能保持其形状的性能称为可塑性。可塑性好,易于成形,能获得型腔清晰的砂型,从而保证铸件具有精确的轮廓尺寸。

(2) 强度。型砂、芯砂抵抗外力破坏的能力称为型砂强度。砂型应具有足够的强度,以避免造好的砂型、型芯在搬运、合箱及浇注时被破坏。例如,在浇注时能承受熔融金属的冲击和压力而不致发生变形和毁坏(如冲砂、塌箱等),从而避免铸件产生夹砂、结疤、砂眼等缺陷。

(3) 耐火性。型砂在高温熔融金属的作用下不软化、不熔融烧结及不黏附在铸件表面上的性能称为耐火性。耐火性差会造成铸件表面粘砂,使清理和切削困难,严重时铸件报废。

(4)透气性。型砂透气性用紧实砂样的孔隙度表示。孔隙度是指在标准温度和0.1MPa 压力下,1min 内通过 $1cm^2$ 截面和 1cm 高试样的空气量(cm^3)。孔隙度越大,则透气性越好。熔融金属浇入砂型后,在高温的作用下,砂型中会产生大量气体,熔融金属内部也会分离出气体。如果透气性差,部分气体就会留在熔融金属内不能排出,导致铸件产生气孔等缺陷。

(5)退让性。铸件冷却收缩时,砂型与型芯的体积可以被压缩的性能称为退让性。退让性差时,铸件收缩时受到较大阻碍,会使铸件产生较大内应力,甚至产生变形或裂纹等缺陷。

在铸造过程中,由于浇注时砂芯的表面被高温液态金属包围,受到的冲刷、烘烤较严重,因此,芯砂比型砂应具有更高的强度、耐火性、透气性和退让性。

2. 型砂和芯砂的组成

型砂和芯砂的组成基本相同，都是由原砂、胶黏剂、附加物和水组成。

(1)原砂。其主要成分为硅砂(硅砂中主要成分是 SiO_2)，熔点可达 1700℃，砂中 SiO_2 的含量越高，其耐火度越好，砂粒越粗，耐火度和透气性越好。

(2)胶黏剂。胶黏剂的作用是粘结砂粒。常用的胶黏剂为黏土和特殊胶黏剂。黏土是配制型砂、芯砂的主要胶黏剂，特殊胶黏剂多用于芯砂，它包括水玻璃、桐油、树脂等。

(3) 附加物。常用附加物有煤粉、木屑等，煤粉可降低铸件的表面粗糙度，木屑可提高型砂、芯砂的透气性和退让性。

8.2.3 造型、造芯方法

制造砂型的工艺过程称为造型，制造砂芯的工艺过程称为造芯。造型是砂型铸造最基本的工序，按紧实型砂方法的不同可将造型方法分为手工造型和机器造型两种。

1. 手工造型用的砂箱和工具

(1)砂箱手工造型用的砂箱如图 8-6 所示。砂箱是用铸铁、钢、木料等材料制成的(长方形、方形等)坚实的框架，它的作用是支承砂型。通常砂箱由上箱和下箱组成，上、下箱之间用销子定位。复杂、大型铸件的砂箱可由多箱组成。

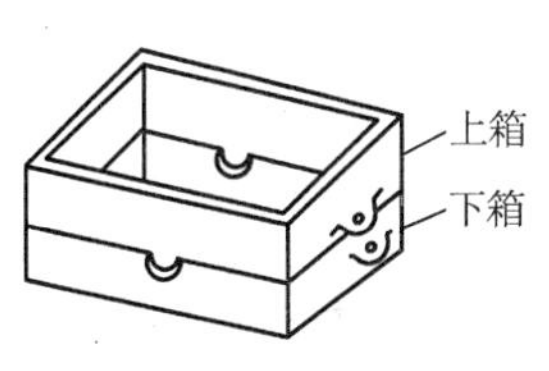

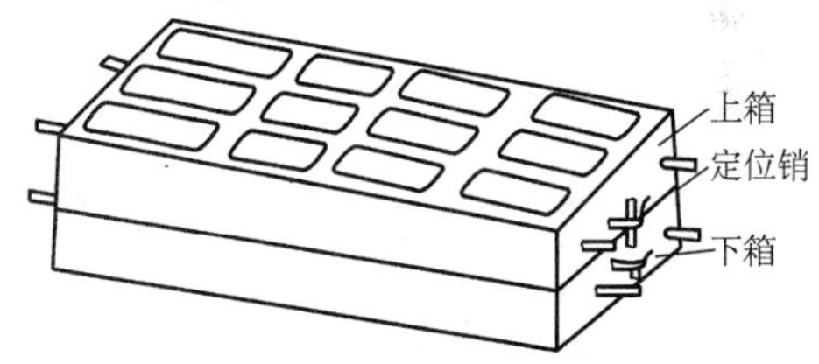

图 8-6 砂箱

(2)造型工具。手工造型用的工具如图 8-7 所示。底板用于放置模样；舂砂锤的作用是用尖头锤舂砂，用平头锤打紧砂箱顶部的砂；通气针是扎砂型通气孔用；起模针比通气针粗，起模用；手风箱用于吹去模样上或散落在型腔中的砂粒；镘刀用于修平面；“半圆”用于修圆柱形的内壁和内圆角；提钩用于修深而窄的底平面或侧面；“秋叶”用于修凹的曲面。

2. 手工造型

手工造型是用手工或手动工具制造铸型的过程。手工造型特点：具有所用工具简单、操作方便灵活、适应性强、模样生产准备时间短等优点。缺点是生产率低、劳动强度大、铸件质量不易保证、只适用于单件小批量生产。手工造型方法按照砂箱特征分为两箱造型、多箱造型、脱箱造型和地坑造型等。按照模样特征可分为整体模造型、分开模造型、挖砂造型、活块造型等。

1)整体模造型

没有分模面的模样称为整体模，整体模造型是指使用整体模样造型，造型时，型腔全部在半个铸型(通常为下型)内，另外半个铸型(上型)为平箱，分型面就是模样的一端，且为一平面，使模样可以直接从砂型中取出的方法。其造型过程示意如图 8-8 所示。将模样放置在下砂箱或上砂箱中是根据铸件的技术要求而定。这种造型方法操作简便，适用

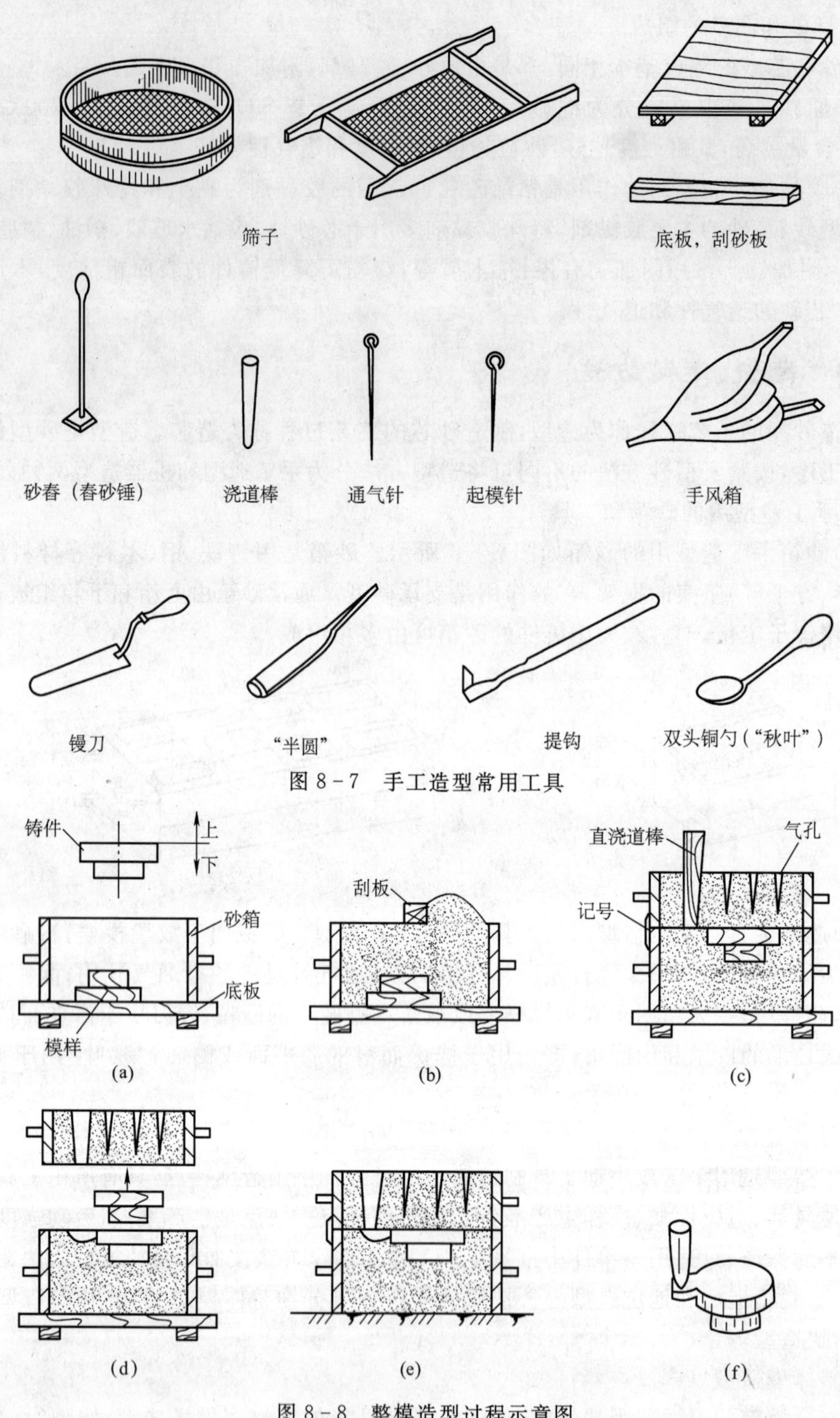

图 8-7　手工造型常用工具

图 8-8　整模造型过程示意图

(a)放好模样和砂箱；(b)造下型；(c)造上型；(d)翻箱、起模、挖浇道；(e)合型待浇注；(f)带浇注系统的铸件。

于形状简单、最大截面在零件一端的铸件生产。

2)分模造型

分模造型使用的模样是由两部分组成,一般沿着模样截面最大处将其分割为两半,通常称为分模面(模样之间的结合面)。它与造型时的分型面一致。为便于造型操作,分模之间定位用的销子或棒必须设在上半模样上,而销孔或棒孔应开在下半模样上。当模样分成两部分时,就采用两箱造型,两半模样分别置于上砂箱和下砂箱内。分开模造型也有三箱造型,但其中两箱分开模造型是应用最广泛的一种有箱造型方法。图 8-9 所示为套管的分模两箱造型过程。这种方法操作简便,适用于生产各种批量的圆柱体、套筒、管子、阀体类等形状的零件。

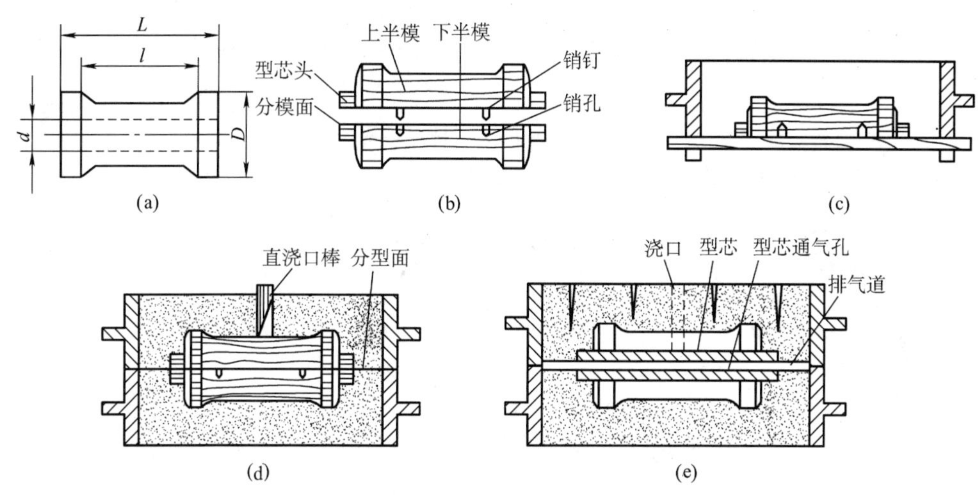

图 8-9 分模造型过程示意图

(a)铸件;(b)模样分成两半;(c)用下半模造下砂型;
(d)用上半模造上砂型;(e)起模、放型芯、合型。

3)挖砂造型和假箱造型

有些铸件的模样,上下都不是平面,但由于模样的结构(强度、刚度等)要求或制模工艺等原因,模样又不便于分成两半,只好用整体模先造好下型,在分型面上挖去阻碍模样取出的那一部分型砂,并修成光滑向上的斜面,然后再造上型,这种造型方法称为挖砂造型。其造型过程如图 8-10 所示。

挖砂造型时,每造一个铸型就要挖砂一次,生产效率低且对操作者技术水平要求高,只适用于单件生产。若要小批量生产,可预先做一个特制的、能多次使用的假箱来代替造型用的模底板承托模样,如图 8-11(a)所示。在其上先造出下型,然后翻转砂箱,如图 8-11(b)所示,再在此下箱上造上型。这就省去了每次造型挖砂的工序,由于假箱只是代替模底板用来造型,而不是用来浇注铸件,故称为假箱造型。当生产批量较大时,可用木制的成型模底板代替假箱,如图 8-11(c)所示。

4)活块造型

当模样侧面有较小局部凸起,造型起模时受到阻碍。这时,可将模样上凸起部分与模样本体分开,做成可拆卸的活动模块,造型时先用销钉固定在模样本体上,待活块周围的型砂紧实后,再小心地拔掉销钉。起模时先起出模样本体,然后再用弯曲的起模针通过型腔取出活块部分。这种造型方法称为活块造型。如图 8-12 所示。

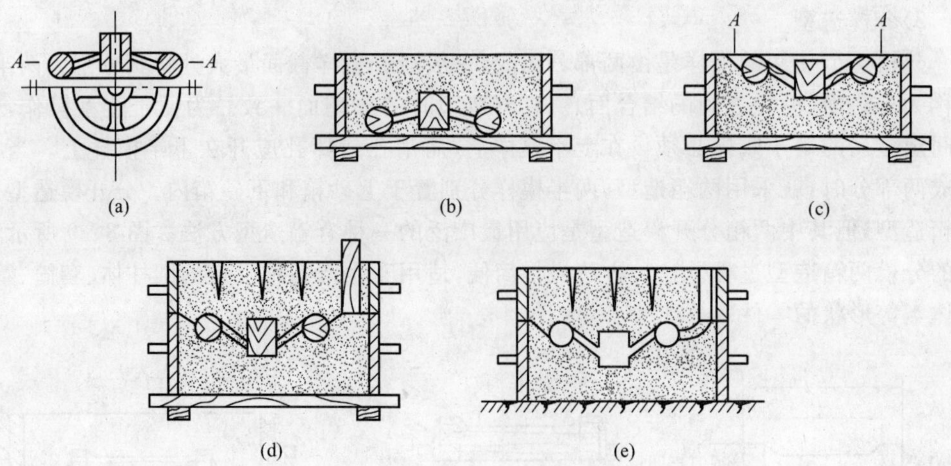

图 8-10　挖砂造型过程示意图

(a)铸件;(b)造下型;(c)挖下型分型面(A—A);(d)造上型;(e)合型待浇注。

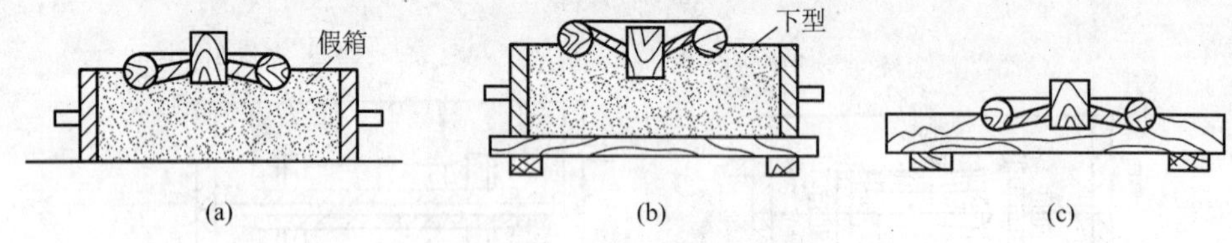

图 8-11　假箱和模底板造型

(a)假箱及放在其上的模样;(b)用假箱或模底板制出的下型;(c)放在模底板上的模样。

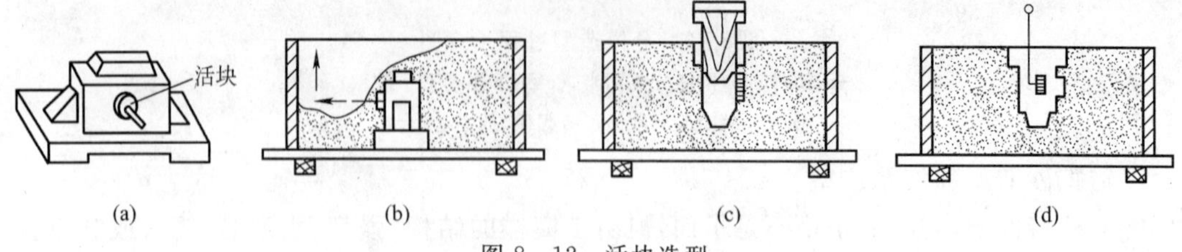

图 8-12　活块造型

(a)模样;(b)拔出销钉;(c)起模;(d)起活块。

5)多箱造型

对于有些结构形状复杂,或模样两端外形轮廓尺寸大于中间部分尺寸的铸件,为便于造型时取出模样,需要设置多个分型面。对于高度较大的铸件,为便于紧实型砂、修型、开设浇道和组装铸型,也需要设置多个分型面,这种需要两个以上砂箱进行造型的方法称为多箱造型。带轮铸件的三箱造型过程如图 8-13 所示。

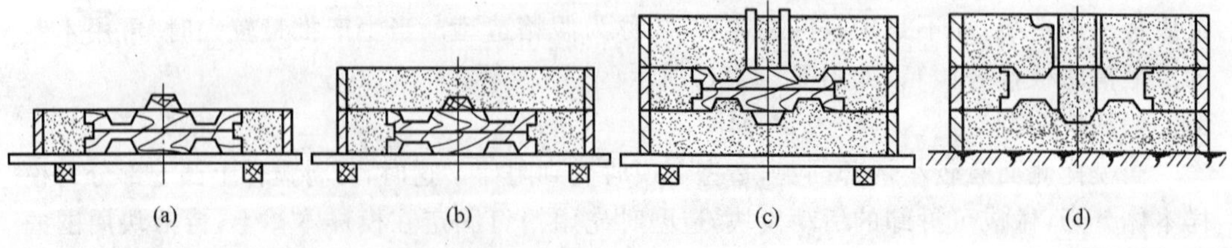

图 8-13　三箱造型

(a)造中型;(b)造下型;(c)造上型;(d)铸型。

多箱造型由于分型面多、操作复杂、劳动强度大、生产效率低、铸件尺寸精度不高，故只适用于单件小批量手工生产。当铸件生产批量较大或采用机器造型时，应改用两箱砂芯造型。

各种常用手工造型方法的特点及其适用范围归纳成表 8－3。

表 8－3　常用手工造型方法的特点和应用范围

造型方法		主要特点	适用范围
按砂箱特征区分	两箱造型	铸型由上型和下型组成，造型、起模、修型等操作方便	适用于各种生产批量，各种大、中、小铸件
	三箱造型	铸型由上、中、下三部分组成，中型的高度需与铸件两个分型面的间距相适应。三箱造型费工，应尽量避免使用	主要用于单件、小批量生产具有两个分型面的铸件
	低坑造型	在车间地坑内造型，用地坑代替下砂箱，只要一个上砂箱，可减少砂箱的投资。但造型费工，而且要求操作者的技术水平较高	常用于砂箱数量不足，制造批量不大的大、中型铸件
	脱箱造型	铸型合型后，将砂箱脱出，重新用于造型。浇注前，需用型砂将脱箱后的砂型周围填紧，也可在砂型上加套箱	主要用于生产小铸件，砂箱尺寸较小
按模样特征区分	整模造型	模样是整体的，多数情况下，型腔全部在下半型内，上半型无型腔。造型简单，铸件不会产生错型缺陷	适用于一端为最大截面，且为平面的铸件
	分模造型	将模样沿最大截面处分为两半，型腔分别位于上、下两个半型内。造型简单，节省工时	常用于最大截面在中部的铸件
	挖砂造型	模样是整体的，但铸件的分型面是曲面。为了起模方便，造型时用手工挖去阻碍起模的型砂。每造一件，就挖砂一次，费工、生产率低	用于单件或小批量生产分型面不是平面的铸件
	假箱造型	为了克服挖砂造型的缺点，先将模样放在一个预先做好的假箱上，然后放在假箱上造下型，省去挖砂操作。操作简便，分型面整齐	用于成批生产分型面不是平面的铸件
	活块造型	铸件上有妨碍起模的小凸台、肋条等。制模时将此部分做成活块，在主体模样起出后，从侧面取出活块。造型费工，要求操作者的技术水平较高	主要用于单件、小批量生产带有突出部分、难以起模的铸件
	刮板造型	用刮板代替模样造型。可大大降低模样成本、节约木材、缩短生产周期。但生产率低，要求操作者的技术水平较高	主要用于有等截面的或回转体的大、中型铸件的单件或小批量生产

3. 机器造型

在单件、小批量生产时，大都采用手工造型；成批或大量生产时，采用机器造型。机器造型需专用设备和工装，它能生产出尺寸精确、表面粗糙度小、切削加工余量少的铸件，可改变手工铸造车间环境差、劳动条件恶劣的状况。机器造型将造型过程中的紧实型砂和起模等主要工序实现了机械化，减轻了工人劳动强度，显著提高了生产率。

根据紧实型砂的原理不同机器造型方法有压实式造型、震击压实式造型、微震压实式造型、高压式造型、空气冲击式造型、射压式造型和抛砂式造型等。其中震击压实式造型方法为典型造型方法。

图 8-14 所示为最基本的震击压实式(简称震压式)造型机及其生产过程。

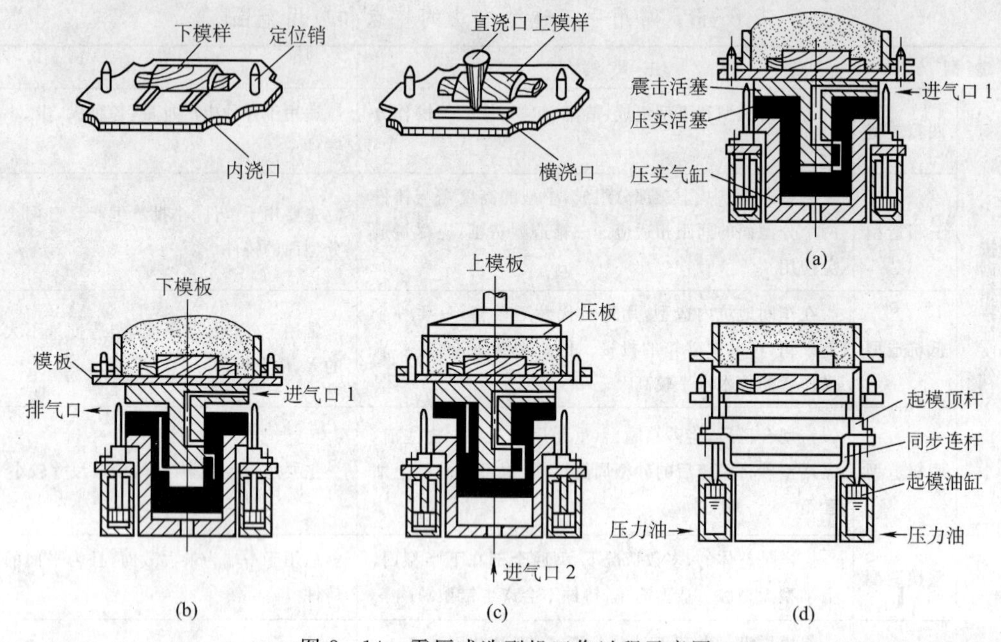

图 8-14　震压式造型机工作过程示意图

(a)填砂;(b)震动紧砂;(c)压实顶部型砂;(d)起模。

震压式造型的工艺特点是采用模板进行两箱造型,用来固定模样、浇口的底板称为模板。模板上有定位销,用以固定砂箱的位置。造型后,底板形成分型面,模样形成铸型空腔。基本过程是填砂—震击紧砂—压实顶部型砂—起模。

(1) 填砂。将模板置于砂箱后填砂。

(2) 震动紧砂。先使压缩空气从进气口 1 进入震击活塞底部,顶起震击活塞、模板、砂箱等,并将进气口过道关闭。当活塞上升到排气口以上时,压缩空气被排出。由于底部压力下降,震击活塞等自由下落,与压实活塞顶部撞击。如此反复多次,将砂型逐渐紧实。

(3) 压实顶部型砂。由于震动后砂型下紧上松,还需将上部型砂压实。压实时,压缩空气由进气口 2 通入压实汽缸底部,顶起压实活塞、震击活塞、模板和砂型,使砂型压在已经移到造型机上方的压板上面,将上部型砂压实。然后转动控制阀,进行排气,使砂型下降。

(4) 起模。压缩空气推动压力油进入下面两个起模油缸内,使四根起模顶杆平稳上升,顶起砂型,同时振动器产生振动使模样与砂型分离。

震压造型所用机器结构简单、价格低廉,应用较普遍,但砂型紧实度不高。为了进一步提高铸件质量和生产率,出现了微震压造型,在对型砂紧实的同时进行微震,震动频率较高,振幅较小,砂型紧实度高而均匀,生产率较高。通常使用两台造型机分别造出上型和下型,再进行合型。

4. 造芯

制作空心铸件,或铸件的外壁内凹,或铸件具有影响起模的外凸时,经常要用到型芯,制作型芯的工艺过程称为造芯。因此,型芯既可形成铸件的内腔形状,也可以形成铸件的外形。型芯可用手工制造,也可用机器制造。形状复杂的型芯可分块制造,然后粘合成形。砂芯一般是用芯盒制成的,芯盒的空腔形状和铸件的内腔相适应。

为了便于型芯中气体的排出,必须做出通气道并与砂型的通气孔相通。形状简单的型芯可以在造芯时用气孔针扎通气孔。形状复杂的型芯可以在型芯中埋入蜡线或草绳,蜡线或草绳在烘干型芯时燃烧掉,从而留下通气道。型芯一般需烘干使用,目的是为了提高型芯的强度和透气性。尺寸较大的型芯,为了提高型芯的强度,常在型芯中放置芯骨。小型芯常用铁丝、铁钉做芯骨。为了便于搬运、吊装,常在芯骨上做出吊环。图 8-15 所示为型芯的结构。

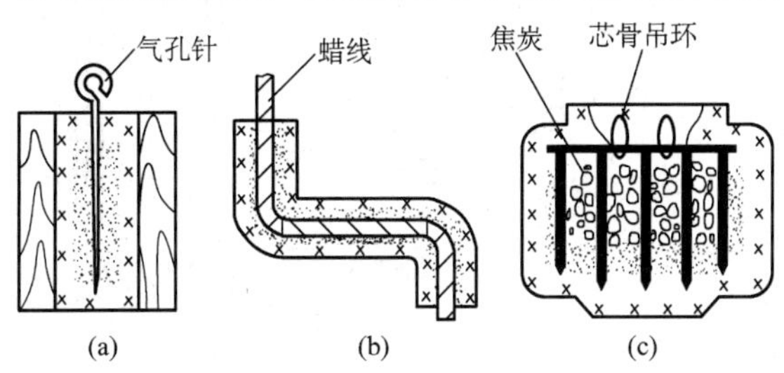

图 8-15 型芯的结构

(a)圆形芯子;(b)弯曲芯子;(c)大型芯子。

8.2.4 合型、熔炼与浇注

1. 砂型的合型

将型芯及上、下砂型装配在一起的操作过程称为合型。合型是造型工艺的最后工序。合型时一定要全面检查砂型和型芯的质量,然后将型芯准确安放在芯座上,最后盖上上型。对于干型而言,应沿分型面、芯头处垫以石棉绳或油泥条,以防止在浇注时漏铁液。为防止合型时上、下型位置不准确(错箱),可采用定位销、定位线等定位。合型后,一定要将上、下型用工具卡紧或用压铁压实才能浇注液态金属。否则,由于浇注时金属液的压力和砂芯的浮力作用,有可能将上型顶起,造成跑火(即金属液从分型面跑漏)。

2. 铸铁的熔炼

用于铸造的合金有铸铁、铸钢、铜合金和铝合金等,其中铸铁应用最广。生产合格的铸件,首先要熔炼出合格的铸造合金液,一般应满足以下要求:

(1)合金液温度足够高。

(2)合金液的化学成分应符合要求。

(3)熔化效率高,燃料消耗少。

熔炼铸铁的设备有冲天炉、工频感应电炉和中频感应电炉等。目前,以冲天炉应用最广,冲天炉熔炼的质量不及电炉好,但冲天炉的结构简单,操作方便,燃料消耗少,熔化的效率也较高。

1)冲天炉的构造

冲天炉的规格是以每小时熔化多少吨铁液来表示的。常用的冲天炉为 2t/h~10t/h。冲天炉的构造如图 8-16 所示,共包括五个组成部分。

(1)后炉。后炉是冲天炉的主体部分,包括炉身、烟囱、火花罩、加料口、炉底、支柱和过道等部分。它的主要作用是完成炉料的预热和熔化和过热铁液。

(2)前炉。前炉起储存铁液的作用,上面有出铁口、出渣口和窥视口。

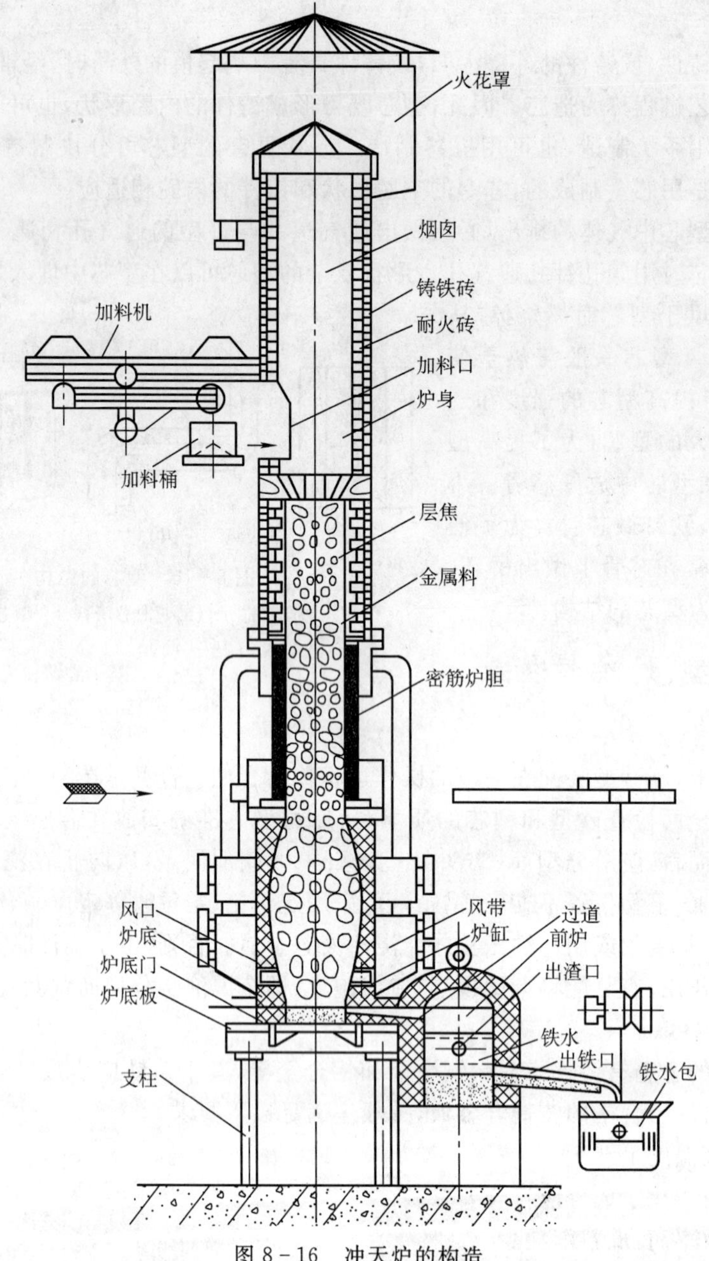

图 8-16 冲天炉的构造

(3)加料系统。它包括加料吊车、送料机和加料桶。它的作用是使炉料按一定配比和分量,按次序分批从加料口中送进炉内。

(4) 送风系统。它包括鼓风机、风管、风带和风口。它的作用是把空气送到炉内,使焦炭充分燃烧。

(5)检测系统。包括风量计和风压计。

冲天炉熔化用的炉料包括金属炉料、燃料和熔剂三部分。

2)炉料的熔化

熔炼铸铁的炉料包括金属炉料、燃料和熔剂。金属炉料有生铁、回炉料(浇冒口、废铸件)、废钢和铁合金(硅铁、锰铁等),燃料主要是焦炭,熔剂是石灰石或萤石。

炉料的熔化过程:炉料从加料口装入,自上而下运动,被上升的热炉气预热,并在熔化带(在底焦顶部,温度约1200℃)开始熔化。铁液在下落过程中又被高温炉气和炽热焦炭进一步加热(称过热),温度可达1600℃左右,经过过道进入前炉。此时温度稍有下降,最后出炉温度为1360℃~1420℃。从风口进入的风和底焦燃烧后形成的高温炉气,是自下而上流动的,最后变成废气从烟囱中排出。所以,冲天炉是利用对流的原理来进行熔化的。冲天炉内铸铁的熔化过程不仅是一个金属料的重熔过程,而且是炉内炉料与炉气之间产生的一系列物理、化学变化(冶金反应)的过程。

冲天炉是间歇工作的,每次连续熔化时间为4h~8h。具体操作过程如下:

(1) 备料。炉料的质量及块度大小对熔化质量有很大影响,应按照炉料配比及铁液质量的要求来准备各种炉料。

(2) 修炉。每次装料前用耐火材料将炉内损坏处修好。

(3) 烘干、点火。修炉后,应烘干炉壁,再加入刨花、木柴并点燃。

(4) 加底焦。木柴烧旺后分批加入底焦,底焦的高度对熔化速度和铁液温度有很大的影响,一般到高出风口0.6m~1m处为宜。

(5) 加炉料。底焦烧旺后,先加一批熔剂,再按金属炉料、燃料、熔剂顺序一批批地向炉内加料至料口为止。

(6) 熔化。待炉料预热15min~30min后,鼓风5min~10min,金属炉料便开始熔化,形成铁液,同时也形成熔渣。

(7) 排渣与出铁。前炉中的铁液聚集到一定容量后,便可定时排渣与出铁。

(8) 停风、打炉。估计炉内铁液量够用时,即停止加料,停止鼓风。等最后一批铁液浇完,即可打开炉底门,将炉内的剩余炉料熄灭并用小车清运干净。

3. 浇注

把液体金属浇入铸型的过程称为浇注。烧注工序对铸件的质量影响很大。浇注操作不当常会引起浇不足、冷隔、跑火、夹渣和缩孔等缺陷。

1)浇注前应做好的准备工作

(1)清理浇注时行走的通道,不应有杂物挡道,更不能有积水。

(2)了解要浇注铸件的质量、大小、形状和铁液牌号等,做到心中有数。

(3)上下砂型要紧固,以免浇注时由于铁液浮力将上箱抬起,造成跑火。单件小批量生产时,使用压铁压箱,压铁的质量按经验一般为铸件质量的3倍~5倍。成批大量生产时,多使用专用的卡子或螺栓紧固砂型。

(4)浇注的用具及设备,如挡渣勾、浇包等,要烘干,以免降低铁液的温度及引起铁液飞溅。

2)浇注时必须注意的问题

(1)浇注温度。浇注温度过低时,由于铁液的流动性差,易产生浇不足、冷隔、气孔等缺陷。浇注温度过高时,会使铁液收缩量增加而产生缩孔、裂纹以及铸件粘砂等缺陷。浇注温度一般是根据铸件的大小及形状来确定的,对形状较复杂的薄壁件,浇注温度应高些,对简单的厚壁件,浇注温度可低一些。常用铸造合金砂型铸造的浇注温度见表8-4。

(2) 浇注速度。浇注速度应适中,太慢会使金属液降温过多,产生浇不足等缺陷。浇

表 8-4 常用铸造合金砂型铸造的浇注温度

合金名称	浇注温度/℃		
	铸件壁厚小于 20mm	铸件壁厚 20mm～30mm	铸件壁厚大于 30mm
铸钢	1560～1620	1550～1580	1540～1560
灰铸铁	1340～1380	1320～1360	1280～1340
球铁	1320～1360	1300～1340	1280～1320
可锻铸铁	1360～1400	1340～1380	1300～1340
锡青铜	1180～1200	1150～1180	1100～1150
铝硅合金	720～740	700～740	650～700
镁合金	780～820	740～780	700～720

注速度太快会使铸型中气体来不及跑出而产生气孔,同时由于金属液的动压力增大,易造成冲砂、抬箱、跑火等缺陷。浇注速度还应考虑到铸件的形状,对于薄壁件要求用较快的浇注速度。

(3) 估计好铁液质量。铁液不够时不应浇注,因为浇注中不能断流。

(4) 挡好熔渣。为使溶渣变稠便于扒出或挡住,可在浇包内金属液面上加些干砂或稻草灰。

(5) 引火。用红热的挡渣勾及时点燃从砂型中逸出的气体,以防一氧化碳(CO)等有害气体污染空气及形成气孔。

8.2.5 落砂与清理

1. 铸件的落砂

将铸件从砂型中取出来称为落砂。落砂时应注意铸件的温度。温度太高时落砂,会使铸件急冷而产生白口组织(既硬又脆无法加工)、变形和裂纹。但冷却到室温时才落砂,会影响生产率。一般说来应在保证铸件质量的前提下尽早落砂。铸件在砂型中合适的停留时间与铸件形状、大小、壁厚等有关。

落砂的方法有手工落砂和机械落砂两种。在大量生产中一般用落砂机进行落砂。

2. 铸件的清理

落砂后的铸件必须经过清理工序,才能使铸件外表面达到要求。清理工作主要包括切除浇冒口、清除砂芯、清除粘砂和铸件的修整等。铸件上的浇口、浇道和冒口,对于铸铁件可用铁锤敲去。铸钢件可用气割切除。非铁金属铸件则可用锯削除去。铸件上的粘砂、细小飞翅、氧化皮等可用喷砂或抛丸清砂、水力清砂、化学清砂等方法予以清除。大量生产时多采用专用清理机械和设备进行清理。清理完的铸件要进行质量检验,合格的铸件检收入库,次品酌情修补,废品进行分析,找出原因并提出预防措施。

8.3 砂型铸造工艺图

为了获得合格的铸件,减小铸型制造的工作量,降低铸件成本,在砂型铸造的生产准备过程中,必须合理地制订出铸造工艺方案,并绘制出铸造工艺图。

铸造工艺图是指用铸造工艺参数及规定的符号表示出铸造工艺方案的图样，其主要内容包括：铸件的浇注位置，铸型分型面，型芯的数量、形状、固定方法及下芯次序，加工余量，起模斜度，收缩率，浇注系统，冒口，冷铁的尺寸和布置等。铸造工艺图是指导模样（芯盒）设计、生产准备、铸型制造和铸件检验的基本工艺文件。依据铸造工艺图，结合所选造型方法，便可绘制出模样图及合箱图。

8.3.1 铸造工艺图设计的一般程序

1. 浇注位置的选定

浇注位置是指浇注时铸件在铸型中所处的位置（即铸型分型面所处的位置），分型面为水平、垂直或倾斜时，分别称为水平浇注、垂直浇注或倾斜浇注。浇注位置一旦确定，铸件在浇注时，某个表面朝上或朝下就确定了。为了保证铸件质量，浇注位置的选定应遵循以下原则：

（1）铸件的重要加工面和主要工作面应朝下，其原因是金属液中的熔渣、气体一般都漂浮在上面。图 8－17 为一圆锥齿轮铸件，因对轮齿部分质量要求较高，故齿面应朝下。

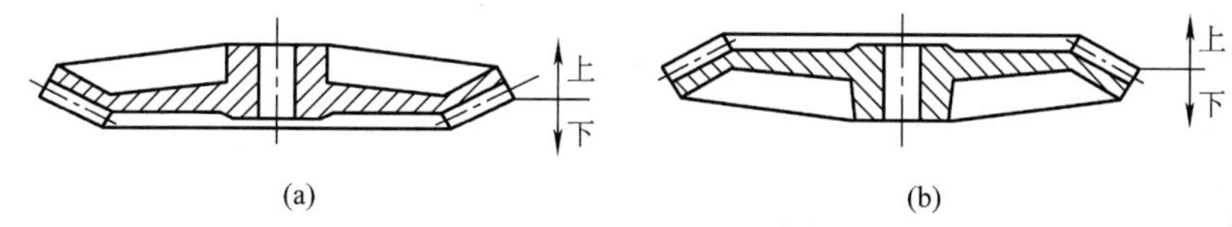

图 8－17　圆锥齿轮的浇注位置

（a）合理；（b）不合理。

（2）铸件的大平面尽可能朝下或采用倾斜浇注，以防止大平面内有气孔、砂眼等缺陷。图 8－18 为一大平板的浇注位置。

（3）铸件的薄壁部分放在下部或侧面，以免产生浇不到、冷隔等缺陷。如图 8－19 所示。

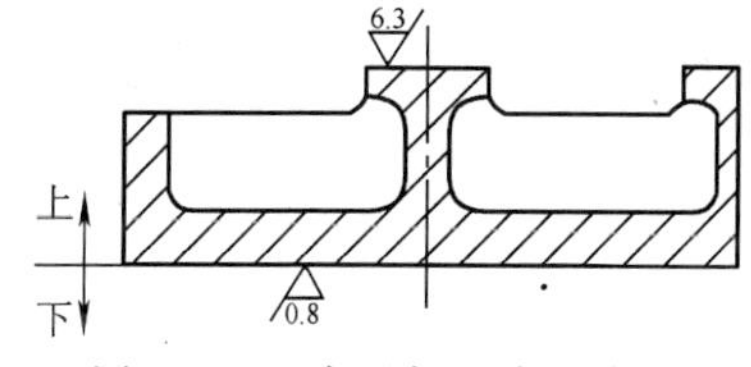

图 8－18　大平板的浇注位置

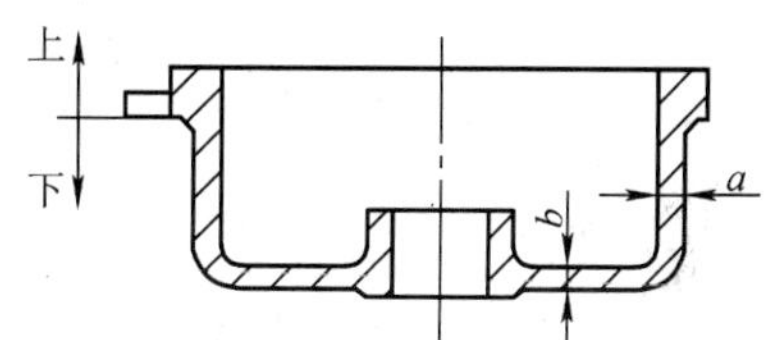

图 8－19　电动机端盖的浇注位置　壁厚 $b<a$

2. 分型面的选定

分型面是指上、下砂型的分界面（又称为合型面）。在采用两箱分开模造型时，只有一个分型面，通常也就是模样的分界面，即分模面。选定分型面时应尽量满足浇注位置的要求，并考虑以下原则。

（1）分型面总是放在铸件的最大截面处，以便于起模。

（2）尽量使铸件全部或大部置于同一砂箱内，以保证铸件质量。如图 8－20 所示。该床身的导轨面 A 是重要加工面，B、C、D、E 面均需加工，其中 C 为定位基准面。若采用图 8－20(a)所示的分型面，稍有错箱，就会影响铸孔的尺寸，并造成壁厚不均。若采用图 8－20(b)所示的分型面，上述问题可以解决，但需要增加一个外型芯。

（3）为便于起模，使造型工艺简化，应尽量使分型面平直、数量少，避免不必要的活块和型芯。

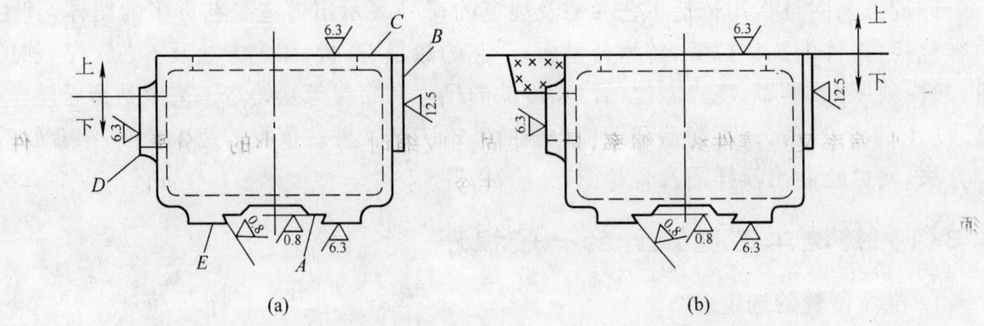

图 8-20　床身分型面的选定

(a)不合理；(b)合理。

图 8-21 为一起重臂铸件，按图中所示的分型面为一平面，故可采用较简便的分模造型。如果选用弯曲分型面，则需采用挖砂或假箱造型，而在大量生产中则使机器造型的模底板的制造费用增加。

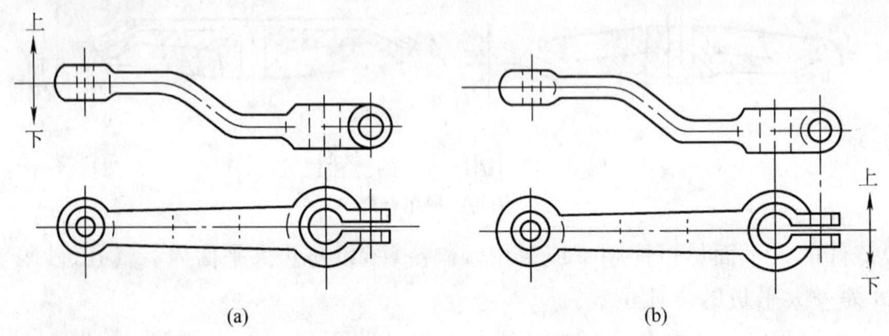

图 8-21　起重臂分型面的选定

(a)不合理；(b)合理。

3. 铸造工艺参数的确定

铸造工艺参数是指铸造工艺设计时所需要的一些工艺数据，其内容主要包括：机械加工余量、铸件线收缩率、起模斜度及铸造圆角、最小铸出孔、芯头尺寸等。

1)机械加工余量

为保证铸件加工面尺寸和零件精度，在铸造工艺设计时，预先增加将在切削加工时切去的金属层厚度，称为机械加工余量。

机械加工余量的大小主要取决于造型方法、铸件大小、加工表面的精度要求及铸件在铸型中的位置等因素。通常，手工造型比机器造型加工余量大。铸件加工面在浇注位置的上面时比在下面的加工余量大。铸件内表面(孔)比铸件外表面加工余量大。铸钢件比铸铁件的加工余量大。机械加工余量应合理选取，加工余量过大，浪费金属，增加机加工工时；加工余量过小，会使铸件因尺寸和机加工精度达不到要求而报废。具体数据可查有关手册。

铸件上的孔、槽是否铸出，应从铸件质量和经济角度全面分析。一般情况下，较大的孔、槽应当铸出，以节约机械加工工时，减少金属损耗，还可以避免铸件因局部过厚而形成缩孔。弯曲孔和无法进行机械加工的孔，则必须铸出。当孔的尺寸较小或者孔壁较薄时，一般不宜铸出。

2)铸造收缩率

铸造收缩率又称铸件线收缩率，是铸件固态收缩时尺寸减小的百分率。由于铸件的线收缩会使铸件各部分尺寸缩小，为了使铸件冷却至室温后的尺寸与铸件图的尺寸一致，必须将收缩量加到模样相应尺寸上去。铸件的线收缩率以模样与铸件的长度差占铸件长度的百分数表示，即

$$K=\frac{L_{M}-L_{J}}{L_{M}}\times 100\%$$

式中 K——铸造收缩率(%)；

L_{M}——模样(芯盒)的尺寸(mm)；

L_{J}——铸件的尺寸(mm)。

铸件的线收缩率不是一个常数，它与铸造合金的种类、铸件收缩时是否受阻和型砂、芯砂的退让性等因素有关。由于铸件结构不同，收缩受阻的程度不同，铸件的线收缩率相差较大。对于小型铸件和铸件上不重要的部位，各个方向上的线收缩率允许取相同的数值，这样处理是为了制造模样的方便。对于重要的工作面，则应给出不同的线收缩率。

生产中制造模样时，为方便起见，常用特制的缩尺。缩尺的刻度比普通尺长，其加长的尺寸等于收缩量。目前使用的有 0.8%、1.5%、2.0%等缩尺。

3)起模斜度及铸造圆角

为使模样容易从铸型中取出或型芯从芯盒中脱出，均需在模样(或芯盒)平行于起模方向的壁上做出斜度，此斜度称为起模斜度。起模斜度的大小取决于模样的高度、尺寸和表面粗糙度以及造型材料的特点和造型方法等。木模的起模斜度一般为 $1^{\circ}\sim3^{\circ}$具体数据可查有关手册。

铸件上各相交壁的交角应避免尖角而设计为圆角，亦称为铸造圆角。以防止铸件在冷却凝固时产生裂纹、铸件尖角处的粘砂不便于清理以及起模时该处的型砂被损坏。此外，型砂的尖角处改成圆角后，就不易发生金属液冲破等问题。对于一般中小铸件，外圆角半径为 2mm～8mm，内圆角半径为 4mm～16mm。

4)型芯头

铸件上的孔和内腔用型芯铸出。为便于型芯在砂型中的固定，多数型芯一般均带有芯头，相应地，在砂型中应制出型芯座(型芯座直接利用模样上相应的头部形成)，如图 8-22 所示。在浇注凝固过程中，砂芯中产生的大量气体也可借助型芯头及时排出铸型。根据砂芯在铸型中的安放位置，可分为垂直芯头、水平芯头两大类。

4. 浇注系统、冒口、出气口

1)浇注系统

浇注系统是指金属液填充铸型型腔和冒口而开设于铸型中的一系列通道。合理的浇注系统应使金属液平稳、均匀地引入铸型，而不易冲坏砂型、砂芯，并能防止熔渣和周围气体的卷入。还能及时补充铸件凝固收缩时所需的金属液，以防止铸件产生缩孔。

通常浇注系统由四个部分组成，如图 8-23 所示。但也不是每个铸件都非要有这四个部分不可，如一些简单的小铸件，有时就只有直浇道与内浇口，而无横浇道，甚至有的铸

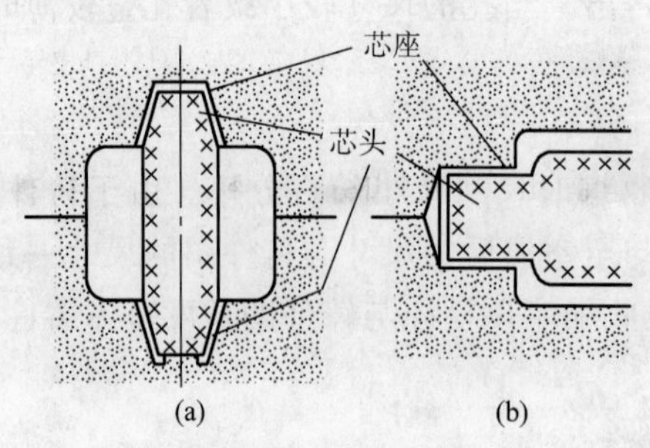

图 8-22　芯头和芯座

(a)垂直芯心;(b)水平芯头。

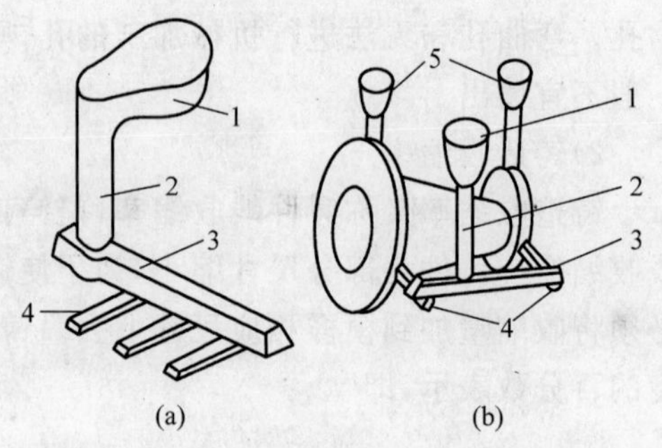

图 8-23　浇注系统的组成

1—浇口杯;2—直浇道;3—横浇道;4—内浇口;5—冒口。

件只有直浇道而无横浇道和内浇口。

浇注系统各组元的作用:浇口杯是金属液的直接注入处。直浇道是圆锥形的垂直通道。金属液注入浇口杯后随即流入直浇道。直浇道高度越高,金属液充满直浇道后对底部的压力就越大,金属液流入铸型的速度也越快,型腔的薄壁处和最高处也容易被金属液充满。横浇道将熔融金属分配给每个内浇道,同时可起到防止熔渣、砂粒、气体等进入型腔;能进一步起挡渣作用,同时减缓金属液流动速度,使金属液平稳地通过内浇口进入铸型。形状简单的不重要铸件也可不设置横浇道。内浇口是把金属液直接引入铸型的最后通道,其主要作用是控制金属液流入铸型的速度和方向。因此,内浇道的开设方向不应正对着型腔壁和砂芯,以免被熔融金属冲坏。内浇道还能调节铸件各部分的冷却速度。内浇口的数量、位置,随铸件形状和大小而定。

2)冒口

在金属液最后凝固的地方(一般是铸件的厚大部分)极易形成缩孔。为此,通常在这些部位的上方铸型型腔中预制出与这些部位直接相通的较大的储液空腔,该空腔称为冒口。显然,冒口的作用是使冒口成为最后凝固的部位,使缩孔产生在冒口处,从而有效地防止在铸件中产生缩孔。

防止铸件内产生缩孔的根本措施是顺序凝固,即使铸件按规定的方向,从一部分到另一部分逐渐凝固的过程,通常向着冒口的方向凝固,通过设置冷铁、冒口而实现顺序凝固。冷铁本身不起补缩作用,只能增加铸件局部冷却速度。

冒口除有补缩作用外,还有排气、集渣和通过冒口观察金属液是否充满型腔的作用。冒口按合箱后能否看到而分为明冒口和暗冒口两种,暗冒口一般只能起到补缩作用。

3)出气口

出气口是在上砂型型腔最高处预制一个或几个垂直的锥形通道,使型腔直接与大气相通,该通道即为出气口。通常大、中型铸件都要在砂型上制作出气口,而对于小型铸件,一般采用扎通气孔的办法来解决砂型的排气问题。

8.3.2　绘制铸造工艺图

在单件或小批量生产条件下,铸造工艺图可采用红、蓝铅笔将规定的工艺符号或文字直接绘制在零件蓝图上。

绘制铸造工艺图时，需要注意以下问题：

(1)每项工艺符号只在某一视图或剖视图上表示清楚即可，不必在每个视图上标写相同内容的符号。

(2)相同尺寸的铸造圆角和起模斜度可不在图形上标注，而用文字写在铸造工艺图的技术要求中。

(3)型芯的边界线如果与零件或加工余量线重合，则可省去型芯边界线。

(4)所标注的工艺符号和数据等，不能盖住零件蓝图上的数据。

图 8-24 是连接盘零件图和铸造工艺图。

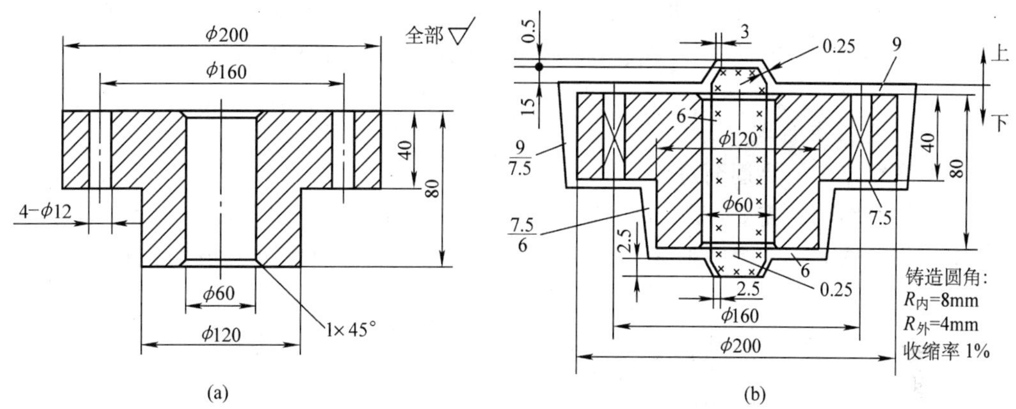

图 8-24 连接盘零件图和铸造工艺图

(a)零件图；(b)铸造工艺图。

在铸造生产中，还常用到铸件图。铸件图是指反映铸件实际形状、尺寸和技术要求的图(对切削加工工序则是零件的毛坯图)，它是铸造生产、铸件检验的主要依据。铸件图可根据铸造工艺图方便地绘出。

8.4 铸件的结构工艺性

铸件结构的工艺性是指铸件的结构设计在满足零件使用性能要求的前提下，铸造成形的可行性和经济性，即铸造性能和铸造工艺对铸件结构的要求。合理的铸件结构不仅能保证铸件质量，满足使用要求，而且工艺简单、生产率高、成本低等。

8.4.1 铸造性能对结构的要求

1. 铸件的壁厚应适当、均匀

铸件的壁厚越大，越有利于液态合金充填型腔。但是随着壁厚的增加，铸件心部的晶粒越来越粗大，而且凝固收缩时不易金属液的补充，容易产生缩孔、缩松等缺陷，故其承载能力并不随着壁厚的增加而成比例地提高。铸件壁厚减小，有利于获得细小晶粒，但不利于液态合金充填型腔，容易产生冷隔和浇不到等缺陷。

既能满足合金充型要求，又能使铸件获得细小晶粒的最小壁厚，称为铸件最小允许壁厚。常用铸造合金的最小允许壁厚值见相关手册。

当铸件壁厚不能满足力学性能要求时，常常采用带加强筋结构的铸件，而不是用单纯增加壁厚的方法。

铸件壁厚如果明显不均匀，容易在厚大的部分产生缩孔，也容易在厚壁与薄壁交界处产生裂纹。图 8-25(a)所示铸件结构因壁厚不均匀，厚度大的部分易产生缩孔，改为图 8-25(b)所示的结构后，就比较合理了。此外，由于铸件内壁较外壁冷却慢，故内壁应比外壁薄。

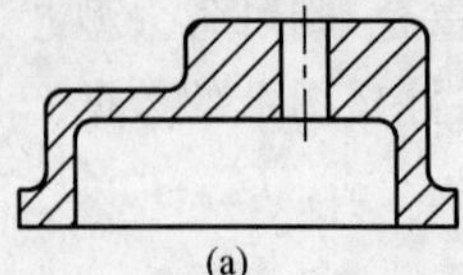
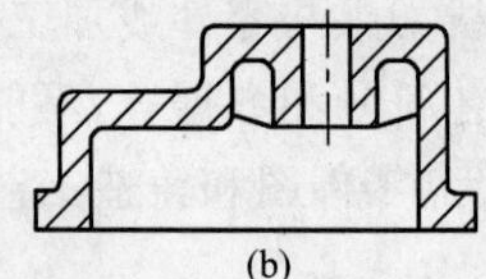

(a)　　(b)

图 8-25　铸件壁厚改为均匀

(a)壁厚不均匀；(b)壁厚均匀。

2. 壁间连接要合理

1)不同壁厚之间要逐渐过渡

由于铸件结构的需要，不可能做到壁厚均匀时，则不同壁厚的连接要遵循逐渐过渡的原则来处理。图 8-26 为圆弧或尺寸渐变的过渡形式，具体尺寸可见相关手册。

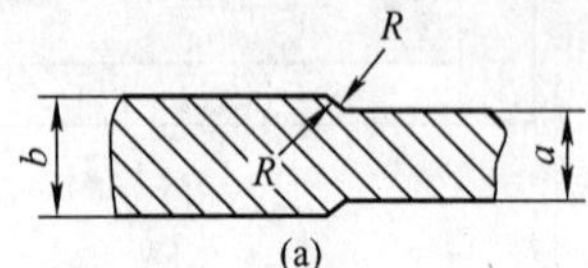

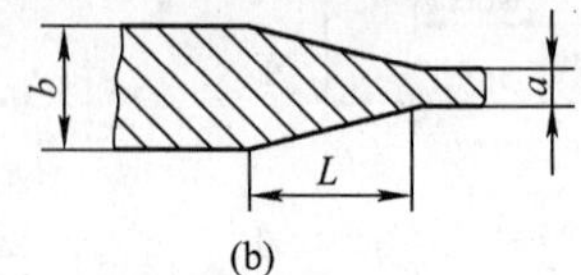

(a)　　(b)

图 8-26　壁厚之间要逐渐过渡形式

(a)圆弧过渡形式；(b)尺寸渐变的过渡形式。

2)壁的转弯处要有圆角

砂型中的直角转弯处容易形成冲砂、砂眼等缺陷，同时也容易在尖锐的棱角部分形成结晶薄弱区，如图 8-27(a)所示。此外，直角转弯处还因热量积聚较多(热节)而容易形成缩孔、黏砂等缺陷，如图 8-27(a)、(b)所示。设计合理的内圆角和外圆角可以有效地避免上述铸造缺陷的产生，如图 8-27(c)所示。

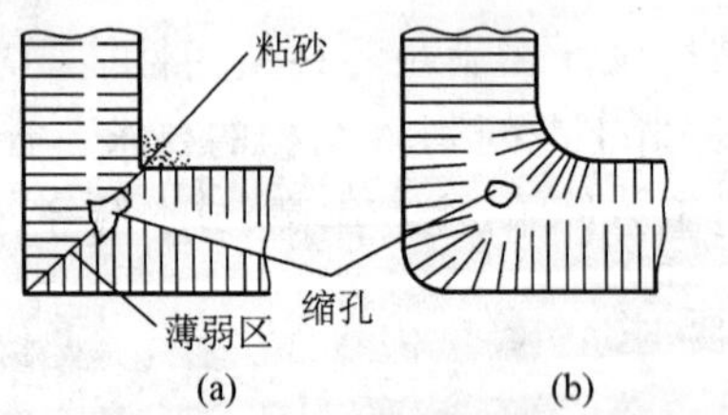

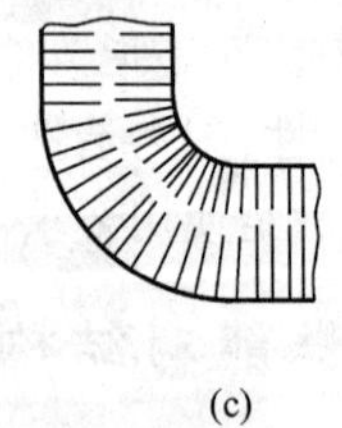

(a)　　(b)　　(c)

图 8-27　直角与圆角对铸件质量的影响

(a)不好；(b)较差；(c)良好。

3)壁间连接应避免交叉和锐角

两个以上壁的连接处热量积聚较多，易形成热节，铸件容易形成缩孔，因此，应避免壁的集中交叉。砂型中锐角连接处容易形成冲砂、砂眼等缺陷，应尽量使铸件壁间直角(带圆角)连接。

3. 尽可能避免铸件上的大平面

铸件上的大平面不利于液态合金的充填，常常因金属液的漫流而使铸件产生浇不到、冷隔等缺陷。另外，因大平面上方的砂型受高温金属液的烘烤，容易掉砂而使铸件产生夹砂等缺陷。

在图 8-28(a)中，若将水平大平面改为如图 8-28(b)所示的大斜面，则浇注时金属液就可以逐渐地、均匀地上升，避免了漫流，也使型腔内的气体能较顺利地排出。如果不能将大平面改为大斜面，也可以在浇注时将铸型倾斜一定角度 α，使铸型底面处于倾斜位置，如图 8-28(c)所示，可避免金属液漫流。但这会给铸造工艺过程带来不便。

8.4.2 铸造工艺对结构的要求

1. 尽量减少分型面

分型面少，可以减少砂箱数量和造型工时，也可减少因错型、偏芯而产生的铸造缺陷。图 8-29(a)所示铸件因有两个分型面，所以必须采用三箱造型。如果该铸件生产批量较大，应将三箱造型改为两箱造型，这样可以显著提高造型效率。图 8-29(b)所示的铸件结构就可达到这个目的。

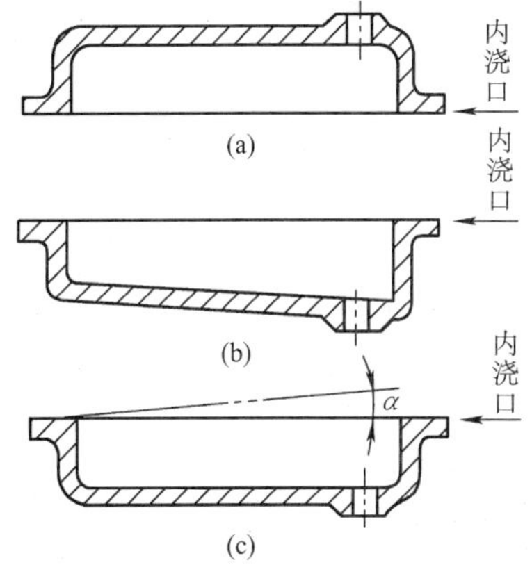

图 8-28 改进大平面结构的措施
(a)铸件的大平面与水平平行；
(b)铸件的大平面不与水平平行；
(c)大平面与水平倾斜。

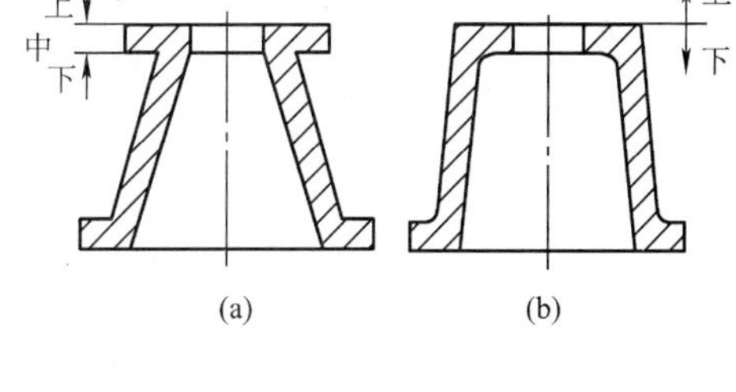

图 8-29 减少分型面的结构
(a)不合理；(b)合理。

2. 尽可能使铸件分型面平直

分型面如果不平直，造型时必须采用挖砂或假箱造型，而这两种造型方法较复杂、生产率低。图 8-30(a)所示杠杆铸件的分型面是不平直的。如果在不改变铸件孔间距和使用要求的前提下，将铸件结构改变为图 8-30(b)所示的结构，即改为平直的分型面，则既可简化造型操作，又不会增加生产成本。

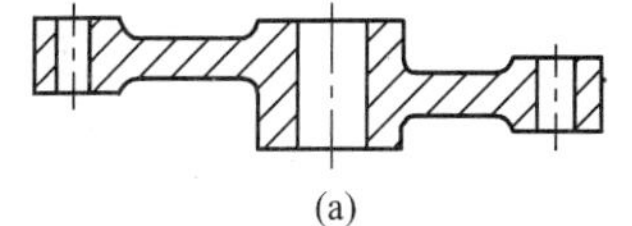

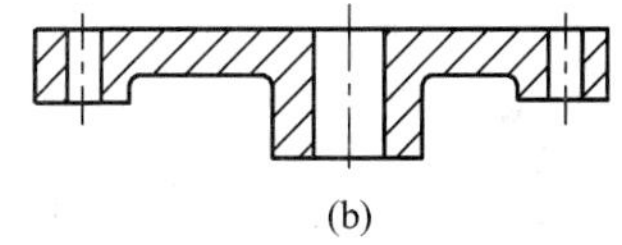

图 8-30 使分型面平直的结构
(a)不合理；(b)合理。

3. 尽可能减少型芯或不用型芯

减少型芯或不用型芯可以节省制芯盒、配芯砂等费用，还能减少造芯、烘芯和下芯等操作。为此，应尽可能使铸件的空腔和外形凹入结构能利用上箱吊砂或下箱砂垛的造型工艺来得到。图 8-31(a)所示铸件结构需采用内、外两个型芯，若改为图 8-31(b)所示的结构，则可不用型芯。

4. 平行于起模方向的非加工壁应有结构斜度

平行于起模方向的非加工壁应具有一定的结构斜度，如图 8-32(b)所示，在造型时容易起模，不易损坏型腔。图 8-32(a)所示为无结构斜度的不合理结构。

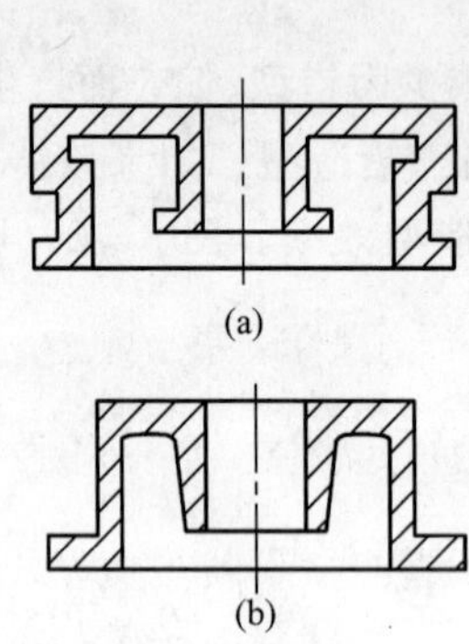

图 8-31 简化型芯的结构
(a)不合理；(b)合理。

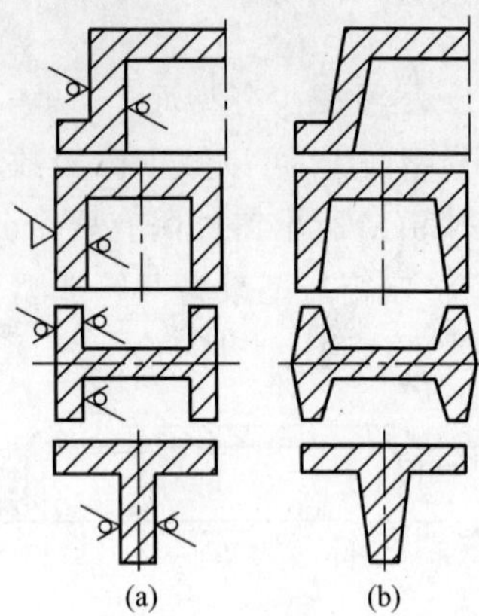

图 8-32 垂直壁上的结构斜度
(a)无结构斜度；(b)有结构斜度。

综上所述，设计铸件结构时，不仅要考虑其零件的使用性能，而且还要从铸造性能和铸造工艺两个方面综合考虑才合理。

8.5 特种铸造

由于砂型铸造具有适应性广、生产设备简单、铸件成本低等优点，在生产中得到了广泛应用。但砂型铸造的缺点也是显而易见的，如生产效率低以及铸件的尺寸精度低、表面质量和内部质量差等。为此，通过改变铸型材料、浇注方法、液态合金充填铸型的形式或铸件凝固条件等，又形成了许多不同于砂型铸造的其他铸造方法。这些有别于砂型铸造工艺的其他铸造方法，统称为特种铸造，它包括金属型铸造、压力铸造、熔模铸造、陶瓷型铸造、离心铸造、低压铸造、挤压铸造等。

本节就几种较为常见的特种铸造方法作一些简单介绍。

8.5.1 金属型铸造

利用重力将熔融金属浇注入金属铸型获得铸件的方法称为金属型铸造。用金属材料制成的铸型称为金属型。金属型常用灰铸铁或铸钢制成。型芯可用砂芯或金属芯：砂芯常用于高熔点合金铸件；金属芯常用于非铁基金属铸件。图 8-33 所示为采用垂

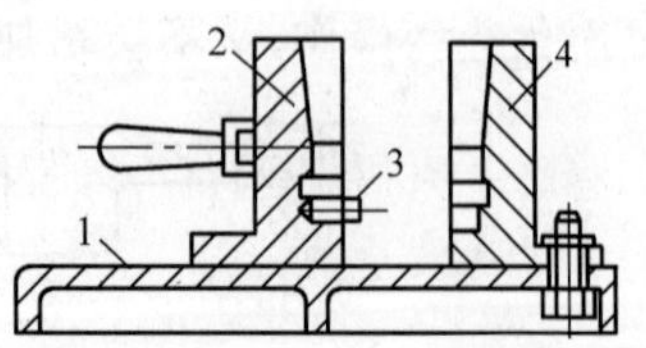

图 8-33 垂直分型式金属型
1—底座；2—活动半型；
3—定位销；4—固定半型。

直分型方式的金属型。

与砂型铸造比较，金属型铸造有如下特点：

(1)金属型可以多次使用，浇注次数可达数万次而不损坏，因此，可节省造型工时和大量的造型材料。

(2)金属型加工精确，型腔变形小，型壁光洁，因此，铸件形状准确，铸件尺寸公差等级可达 CT9～CT6(手工造型砂型铸件只能达到 CT13～CT11)。表面粗糙度 R_a 值可达 12.5μm～6.3μm。

(3)金属型传热迅速，铸件冷却速度快，因而晶粒细、力学性能较好。

(4)生产率高、无粉尘，劳动条件得到改善。

(5)金属型的设计、制造、使用及维护要求高，制造成本高，生产准备时间较长。金属型铸造主要应用于非铁基金属铸件的大批量生产，其铸件不宜过大，形状不能太复杂，壁不能太薄。

8.5.2 压力铸造

使熔融金属在高压下高速充型，并在压力下凝固的铸造方法称为压力铸造(简称压铸)。压力铸造在压铸机上进行。压铸机主要由压射装置和合型机构组成，按压铸型是否预热分为冷室压铸机和热室压铸机，按压射冲头的位置又可分为立式和卧式。生产上以卧式冷室压铸机应用较多。图 8-34 为卧式冷室压铸机的工作原理图。

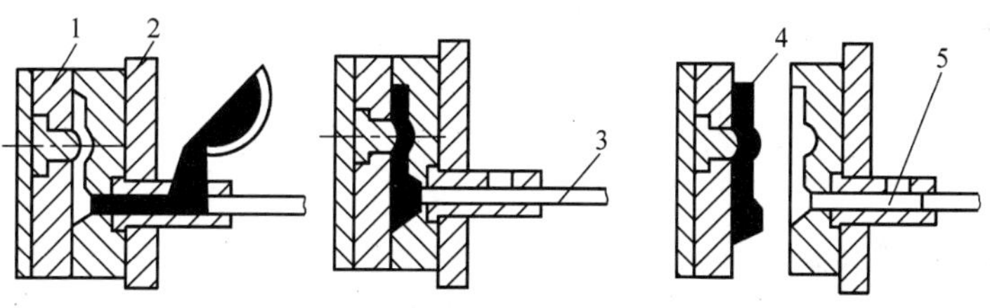

图 8-34　卧式冷室压铸机工作原理图

1—动型；2—定型；3—压射冲头；4—铸件；5—压室。

将熔融金属注入压室后，压射冲头(俗称活塞、柱塞)向左推进，将熔融金属压入闭合的压铸型型腔，稍停片刻，使金属在压力下凝固，然后向右退回压射冲头，分开压铸型(动型向左移，定型不动)，推杆(图中未画出)顶出压铸件。

压力铸造有如下特点：

(1)可以铸造形状复杂的薄壁铸件。

(2)铸件质量高、强度和硬度都较砂型或金属型铸件高，铸件尺寸公差等级可达CT8～CT4，表面粗糙度 R_a 值可达 3.2μm～0.8μm。

(3)生产率高、成本低，容易实现自动化生产。

(4)压铸机投资大，压铸型制造复杂、生产周期长、费用高。压力铸造是实现少切削或无切削的有效途径之一。目前，压铸件的材料已由非铁基金属扩大到铸铁、碳素钢和合金钢。

8.5.3 离心铸造

使熔融金属浇入绕水平轴、倾斜轴或立轴旋转的铸型，在离心力作用下凝固成形的铸造方法称为离心铸造。离心铸造在离心铸造机上进行，铸型可以用金属型，也可以用砂型。图 8－35 为离心铸造的工作原理图。图 8－35(a)为绕立轴旋转的离心铸造，铸件内表面呈抛物面，铸件壁上下厚度不均匀，并随铸件高度增大而越加严重，所以，只适用于高度较小的环类、盘套类铸件。图 8－35(b)为绕水平轴旋转的离心铸造，铸件壁厚均匀，适于制造管、筒、套(包括双金属衬套)及辊轴等铸件。

图 8－35　离心铸造

在离心力的作用下，金属结晶从铸型壁(铸件的外层)向铸件内表面顺序进行，呈方向性结晶，熔渣、气体、夹杂物等集中于铸件内表层，铸件其他部分结晶组织细密，无气孔、缩孔、夹渣等缺陷，因此，铸件力学性能较好。对于中空铸件，可以留足余量，以便将劣质的内表层用切削的方法去除，以确保内孔的形状和尺寸精度。此外，离心铸造不需浇注系统，无浇冒口等处熔融金属的消耗，铸造中空铸件时还可省去型芯，因此，设备投资少、效率高。

8.5.4　熔模铸造

用易熔材料如蜡料制成模样，在模样上包覆多层耐火材料，然后将模样熔去制成无分型面的型壳，经焙烧、浇注而获得铸件的方法称为熔模铸造。熔模铸造的工艺过程如图 8－36所示。

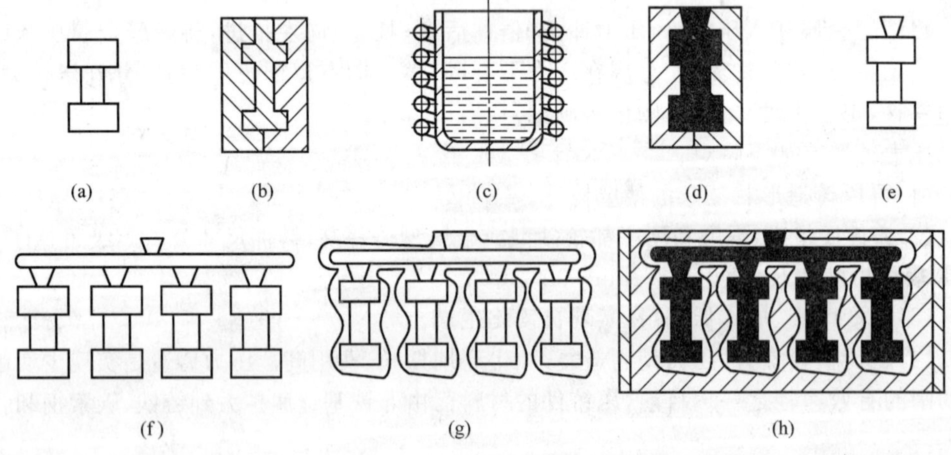

图 8－36　熔模铸造的工艺过程

(a)铸件；(b)压型；(c)熔蜡；(d)压制熔模；(e)单个蜡模；(f)模组；(g)制型壳、脱蜡；(h)填砂、浇注。

熔模是可以在热水或蒸汽中熔化的模样，用蜡基材料(常用50%石蜡和50%硬脂酸)制成的熔模称为蜡模。将液态或糊状的易熔模料压入压型制成单个熔(蜡)模，然后将若干个单个蜡模粘合在蜡制的浇注系统上，形成模组。型壳的制作工艺是将模组浸入以水玻璃与石英粉配成的熔模涂料中，取出后撒上石英砂，再在氯化铵溶液中硬化，重复多次直到结成厚5mm～10mm、具有足够强度的型壳。将型壳浸入80℃～95℃的热水中，使蜡模熔化浮离型壳，再将型壳焙烧除尽残蜡，得到空腔的型壳。在型壳(铸型)外填砂以增强其强度和稳固性，然后进行浇注。

熔模铸造有如下特点：

(1)可以制造形状很复杂的铸件，因为形状复杂的整体蜡模可以由若干形状简单的蜡模单元组合而成。

(2)铸件尺寸公差等级可达CT7～CT4，表面粗糙度 R_a 值可达12.5μm～1.6μm，而且不必设置起模斜度和分型面。

(3)适应性广。因为型壳的耐火性好，所以，既可以浇注熔点低的非铁金属铸件，也可生产高熔点的金属铸件，如耐热合金钢铸件等。

(4)生产工艺复杂，生产周期长，成本较高，铸件质量不能太大。

熔模铸造主要用于铸造各种形状复杂的精密小型零件的毛坯，如汽轮机和航空发动机的叶片，刀具，汽车、拖拉机、风动工具、机床上的小型零件等。

8.5.5 实型铸造

实型铸造又称为气化模铸造(或消失模铸造)，其原理是用泡沫塑料代替木模或金属模样(包括浇冒口系统)进行造型，造型后模样不取出，铸型呈实体，浇入液态金属后，模样燃烧、气化、消失，金属液充填模样的位置，冷却凝固后得到铸件。图8-37为实型铸造工艺过程。

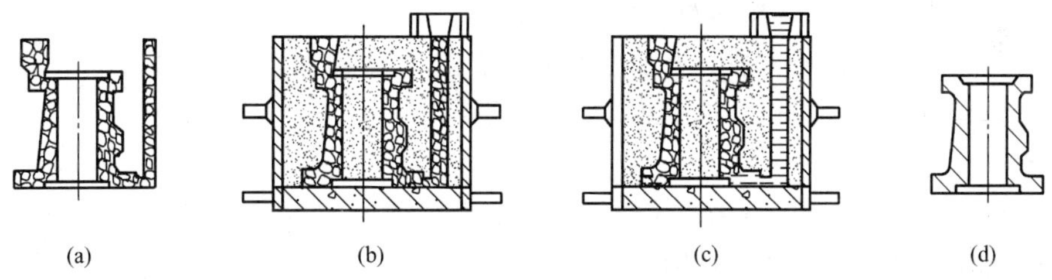

图8-37 实型铸造的工艺过程

(a)泡沫塑料模；(b)造型；(c)浇注；(d)铸件(无飞边、毛刺)。

实型铸造由于铸型没有型腔和分型面，不必起模和修型，工序简单、生产周期短、生产效率高、铸件尺寸精度高，可采用无胶黏剂型砂，劳动强度低。

实型铸造应用范围较广，几乎不受铸件结构、尺寸、质量、材料和批量的限制，特别适用于生产形状复杂的铸件。

8.6 液态成形技术的发展

8.6.1 造型技术的新发展

1. 气体冲压造型

这是近年来发展迅速的低噪声造型方法，它包括空气冲击造型和燃气冲击造型两类。前者是将储存在压力罐内的压缩空气突然释放实现脉冲冲击成形。后者是利用储气罐内的可燃气体和空气的混合物点火燃烧爆炸产生的压力波冲击紧实。其主要工艺过程是，将型砂填入砂箱和辅助框内，然后在短时间内快速释放阀门而给气，对松散的型砂进行脉冲冲击紧实成形，可一次紧实成形，无需辅助紧实。气体冲击造型具有砂型紧实度高、均匀合理、能生产复杂的铸件、噪声小、设备结构简单和节约能源等优点，近年来发展较快，主要用于交通运输、纺织机械所用铸件以及水管的造型。

2. 真空密封造型(V 法造型)

V 法造型近年来在艺术铸件、大型标牌、浴缸、钢琴弦架等制造行业得到较大的发展，它是一种全新的物理造型方法。它的基本工艺过程是，首先在特制的砂箱内填入无水、无胶黏剂的干型砂后，然后，用塑料薄膜将砂箱密封并抽成真空，借助铸型内外的压力差使型砂紧实成形。V 法造型适于生产面积大、壁薄、形状不太复杂，以及表面要求光洁、轮廓清晰的铸件。

3. 冷冻造型

冷冻造型又称低温造型，由英国 BCD 公司首先研制出来，并于 1997 年建成世界上第一条冷冻造型自动生产线。

冷冻造型采用石英砂作为骨架材料，加入少量水，必要时还加入少量黏土，按普通造型方法制好铸型后送入冷冻室，用液态的氮或二氧化碳作为制冷剂，使铸型冷冻，借助于包覆在砂粒表面的冰冻水分而实现砂粒的结合，使铸型具有很高的强度和硬度。浇注时铸型温度升高，水分蒸发，铸型逐渐解冻，稍加振动，立即溃散，可方便地取出铸件。与其他造型方法相比，这种造型方法具有型砂配制简单、落砂清理方便、对环境污染小、铸型强度高、透气性好、铸件表面光洁、缺陷少、成本低等特点。

4. 挤压铸造

挤压铸造(又称液态模锻)是用铸型的一部分直接挤压金属液，使金属液在压力的作用下成型、凝固而获得零件或毛坯的方法。

最简单的挤压铸造方法如图 8-38 所示。其工作原理是在铸型中浇入一定量的液态金属，上型随即向下运动，使液态金属自下而上充型。挤压铸造的压力和速度较低，无涡流飞溅现象，且铸件成形时伴有局部塑性变形，因此铸件致密。

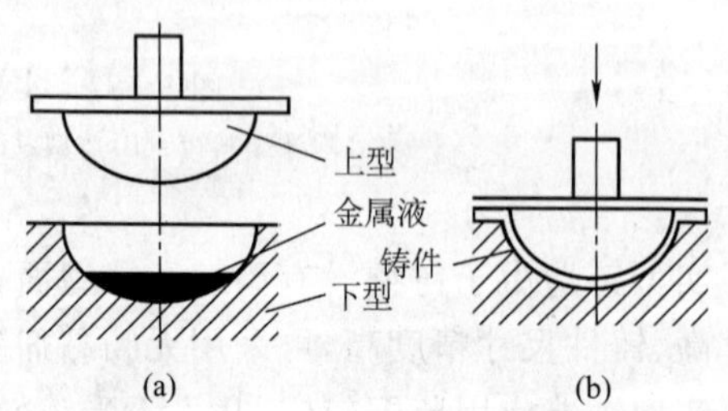

图 8-38 挤压铸造原理示意图

(a)浸入定量液体金属；(b)上型向下挤压。

挤压铸造的尺寸精度高、表面质量好，无需开设浇冒口，金属利用率高、适应性强、多数合金都可挤压铸造。容易实现机械化和自动化。挤压铸造适用于生产强度要求较高、气密性好、薄板类型的铸件，如泵和阀的壳体、活塞、机架、轮毂和铸铁锅等。

8.6.2 计算机在铸造中的应用

1. 计算机数值模拟技术

用计算机数值模拟技术模拟铸件凝固过程，可以模拟计算包括冒口在内的三维铸件的温度场分布。即将铸件首先剖分成六面体的网格，每一个网格单元有一初始温度，然后计算其在实际生产条件下，在各种铸型中的传热情况。算出各个时刻每个单元的温度值，分析铸件薄壁处、厚壁处、棱角边缘处、铸件芯部和冒口处的凝固时间，分析冒口是否能很好补缩铸件及铸件最后凝固是否在冒口处，进而可分析铸件是否出现缩孔、缩松等缺陷。这种模拟计算可以概括为电脑试浇。由于工艺设计的不同，如砂型种类（硅砂、铬铁矿砂、锆砂），冒口大小和位置，初始浇注温度，冷铁多少、大小的不同，其电脑试浇的结果也不同，反复试浇（即反复模拟计算），总可以找到一种科学、合理的工艺，即通过计算机模拟计算优化了工艺，进而组织生产，就可以得到优质铸件，这就是"铸造工艺 CAD 技术"。由于电脑试浇并非真正的人力、物力投入进行热生产试验，而是在一定的程序软件下进行模拟计算就行，因而可以大量节省生产试验成本，其经济效益十分显著。

2. 铸造工艺计算机辅助设计

铸造工艺计算机辅助设计是利用计算机协助铸造工艺设计者分析铸造方法、优化铸造工艺、估算铸造成本、确定设计方案并绘制铸造工艺图等，把计算机的快速性、准确性与设计人员的思维、综合分析能力结合起来，从而极大地提高了产品的设计质量和速度，使产品更具有竞争力。

8.7 铸件质量与技术检验

8.7.1 铸件缺陷的产生原因及预防措施

经清理后的铸件都需要经过检验，并对出现的缺陷进行分析，找出产生缺陷的原因，以采取相应的预防措施。

常见的铸件缺陷包括气孔、缩孔、砂眼、粘砂、浇不到、冷隔、错型、裂纹等，分别如图 8-39～图8-46 所示。铸件常见缺陷的产生原因及预防措施见表 8-5。

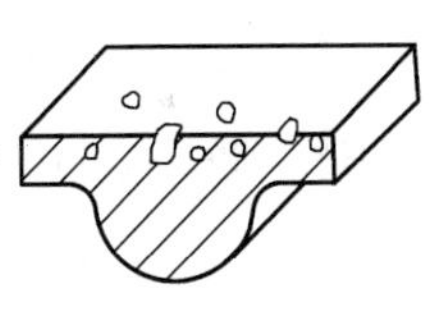

图 8-39 气孔

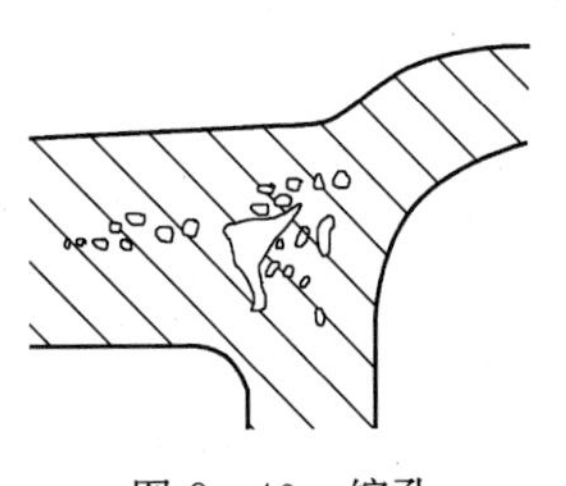

图 8-40 缩孔

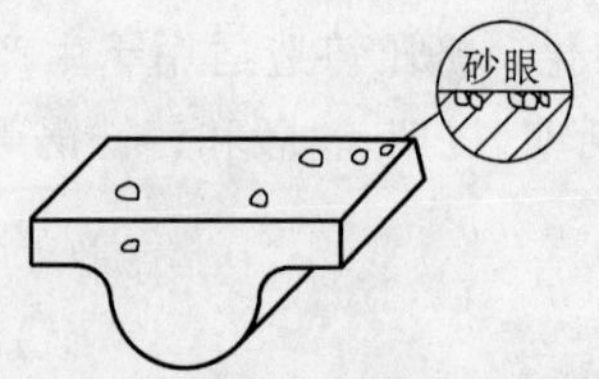

图 8-41 砂眼

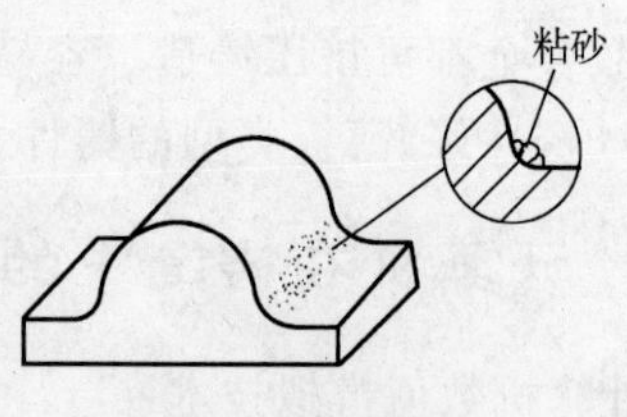

图 8-42 粘砂

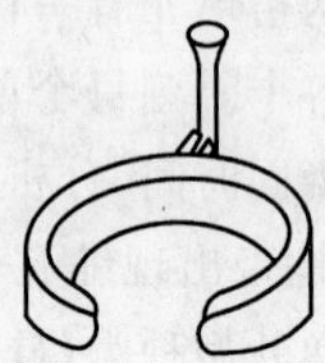

图 8-43 浇不到

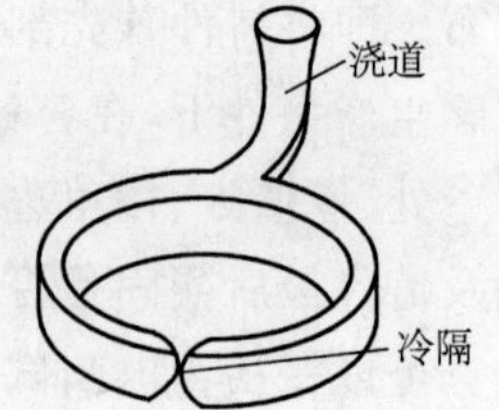

图 8-44 冷隔

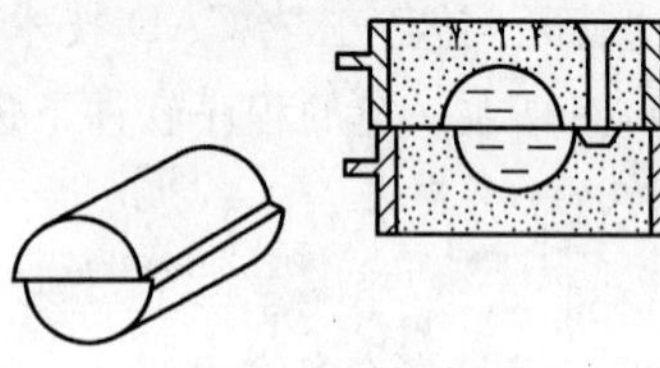

图 8-45 错型(错箱)

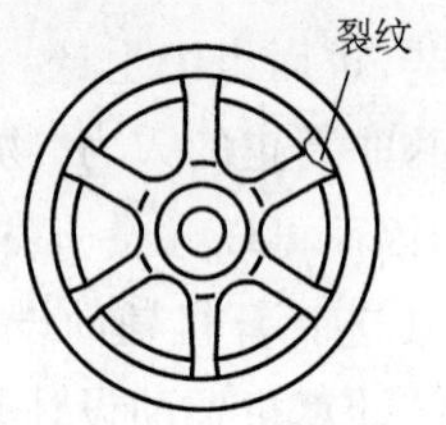

图 8-46 裂纹

表 8-5 铸件常见缺陷的产生原因及预防措施

缺陷	产生原因	预防措施
气孔	型砂、芯砂含水量多、透气性差。砂型、型芯的紧实度过高。起模、修型时,刷水过多。型芯未烘干,通气孔被堵塞。浇冒口设置不当,气体难于排出。浇注温度低,金属液的流动性差,致使金属液中的气体难于排出	严格控制型砂、芯砂的含水量。造型、造芯时,各处紧实度要适当,起模和修型时的刷水量要适当,以减少铸型发气量。大型、重要的铸件采用干型。适当提高浇注温度。浇包及浇注用工具要烘干
缩孔	铸件结构设计不合理,如壁厚不均匀、局部过厚等。内浇道、冒口的位置不当,或冒口尺寸太小,补缩能力差。浇注温度太高	合理设计铸件结构,使壁厚均匀。合理设计浇冒口系统,增强冒口的补缩能力。在保证流动性的前提下,采用合适的浇注温度和速度
砂眼	砂型、型芯的强度不够。合型前型腔和浇道内散砂未吹净。内浇道的方向不对	提高砂型强度,例如,对铸型中强度低的部位用铁钉或芯骨来加强。合型前应将残留在型腔和浇道中的散砂吹干净,合型时要小心,合型后及时浇注。合理设置内浇道,减少金属液对型腔壁和型芯的冲击
粘砂	型砂耐火度低。浇注温度太高	选用耐火度高的型砂。选用合适的浇注温度。按要求喷刷涂料
浇不到	铸件壁薄。浇注温度低,浇注速度低。浇道位置不当或浇道尺寸太小	合理设计铸件结构,使壁厚适当。适当提高浇注温度和速度。合理设计浇注系统

（续）

缺陷	产生原因	预防措施
冷隔	铸件壁厚较薄。合金流动性差。浇注温度和浇注速度低。浇道小或布置不当	合理设计铸件壁厚。选用流动性较好的合金。适当提高浇注温度和浇注速度，提高其充型能力。增大浇道横截面积，多开内浇道
错型	模样的上下半模有错移。合型时，上下型未对准	分开模用定位销准确定位。按合型标记或定位装置合型
裂纹	铸件结构设计不合理，例如，图 8-48 的带轮铸件采用直的轮辐，且轮辐数为偶数，当合金收缩率大时，轮辐处易产生裂纹。型砂、芯砂的退让性差，铸件收缩时受到较大阻碍，导致开裂。内浇道和冒口开设不当，使铸件各部分冷却、收缩不均匀。浇注温度和落砂温度过高。合金中含硫、磷较多	合理设计铸件结构，力求壁厚均匀。改善型砂、芯砂的退让性。合理设计浇冒口系统，使铸件冷却、收缩较均匀。严格控制合金的含硫、磷量。适当降低浇注温度，待铸件冷却到较低温度后落砂

8.7.2 铸件检验

铸件检验的依据是铸件图样及其技术要求。

铸件经检验后，可按其质量分为三类，即合格品（达到图样及技术要求）、返修品（虽有缺陷，但经修补、矫正后可达到图样及技术要求）和废品（无法修补只能报废）。

铸件检验的内容取决于对铸件质量的要求（即铸件图样及其技术要求）。铸件检验的内容如下：

(1)表面质量检验。

(2)几何尺寸检验。

(3)力学性能试验和化学成分检验。

(4)内部质量检验。常用的铸件内部质量检验方法有射线探伤法、超声波探伤法和金相法。射线探伤法和超声波探伤法可查明铸件内部是否有缺陷，以及缺陷的大小和所处位置。利用金相法可对铸件及断口进行低倍、高倍观察，以判断铸件的内部组织、晶粒大小、脱碳层厚度以及是否存在夹杂、裂纹、缩松和偏析等。

(5)气密性和水密性试验。将有一定压力的气体充入铸件内腔，观察铸件外表面是否有气体逸出，以此判断铸件致密性的试验称为气密性试验。如将气体换成水则为水密性试验。水压和气压一般要超过铸件工作压力的 30%～50%。

思考题与习题

8-1 什么是铸造？铸造有哪些优点？

8-2 什么是砂型铸造？什么是特种铸造？常用的特种铸造有哪些？

8-3 什么是型砂？什么是芯砂？型(芯)砂应具备哪些主要性能？

8-4 何谓模样？制造模样时要注意哪些问题？

8-5 常见的手工造型方法有哪几种？

8-6 什么是浇注系统？浇注系统由哪几部分组成？各组成部分的主要作用是什么？

8-7 什么是冒口？起什么作用？冒口一般设置在铸件的什么部位？

8-8 浇注时影响铸件质量的主要因素是什么？

8-9 什么是落砂？什么是清理？

8-10 铸件常见的缺陷有哪些？简述其产生的原因。

8-11 什么是金属型铸造？它有哪些特点？

8-12 什么是压力铸造？它有哪些特点？为什么压力铸造只适用于小型铸件？

8-13 简述离心铸造的特点及其应用。

8-14 什么是熔模铸造？它有哪些特点？

8-15 铸造工艺图设计的一般程序是什么？一般要考虑哪些内容？

8-16 什么叫铸件的结构工艺性？

8-17 液态成形技术的发展情况怎样？

第9章 锻 压

锻压是利用金属材料塑性变形的特点对坯料施加外力，使之获得具有一定形状、尺寸和性能要求的零件、毛坯或原材料的加工方法。锻压也称为塑性成形。本章着重介绍金属塑性成形的工艺理论基础，自由锻、模锻和冲压生产的特点、工艺过程以及工件结构的工艺性等内容。

9.1 锻压概述

9.1.1 锻压加工方法及特点

1. 锻压加工方法

常见锻压加工方法主要有以下几种：

(1)轧制。使金属坯料通过一对旋转轧辊间的孔隙而产生塑性变形的加工方法称为轧制，如图 9-1(a)所示。

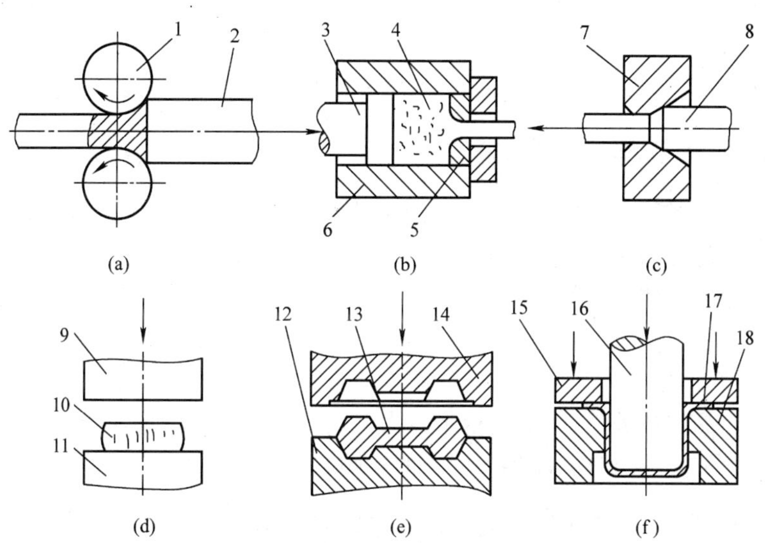

图 9-1 锻压加工方式示意图

(a)轧制；(b)挤压；(c)拉拔；(d)自由锻；(e)模锻；(f)板料冲压。

1—轧辊；2、4、8、10、13、17—坯料；3、16—凸模；5—挤压模；6—挤压桶；

7—拉拔模；9—上砧铁；11—下砧铁；12—下模；14—上模；15—压板；18—凹模。

(2)挤压。将金属坯料置于挤压模腔中，压力机使金属坯料在模腔内三向受压情况下从孔隙中挤出而成形的加工方法称为挤压，如图 9-1(b)所示。

(3)拉拔。将金属坯料从拉拔模的模孔中拉出而成形的加工方法称为拉拔，如图9-1(c)示。

(4)自由锻。将金属坯料放置在锻造设备的上、下砧铁之间，在冲击力或压力作用而成形的加工方法称为自由锻(图9-1(d))。

(5)模锻。将金属坯料置于锻模模膛内，在锻压机械的冲击力或压力作用下成形的加工方法称为模锻，如图9-1(e)。

(6)板料冲压。板料冲压是通过模具对金属板料施加外力，使之产生塑性变形或分离，从而获得一定尺寸、形状制件的加工方法，如图9-1(f)所示。

轧制、挤压、拉拔等方法主要用于生产金属型材、板材、管材、线材等原材料。凡承受复杂应力的重要零件，通常采用自由锻或模锻方法生产的锻件作毛坯，再经过切削加工而成，如重要齿轮、连杆、主轴等。板料冲压主要用于生产壳体薄壁件，如仪表盘、汽车车门等。

2. 锻压加工的特点

金属经锻压加工以后具有以下特点：

(1)锻压最原始的坯料是铸锭，通过锻压可以压合铸造组织中的缩松、气孔、微裂纹等缺陷。晶粒由于再结晶而得到细化，因此，组织变得致密均匀，从而提高了金属的力学性能。

(2)金属中的夹杂物可以形成沿着零件轮廓合理分布的“锻造流线”(也称金属纤维组织)，提高了零件的使用性能。

(3)经锻压生产的锻件尺寸精度和表面粗糙度已接近或达到成品零件的要求，只需少量或不需切削加工即可得到成品零件，从而减少了金属加工损耗，节约材料。

(4)锻压产品适用范围广泛，且模锻、冲压有较高的劳动生产率。

9.1.2 金属的塑性变形

金属的塑性变形过程实质上是金属晶体内部位错运动的过程。金属的塑性变形实质上就是大量位错运动的宏观表现。如图9-2所示，通过位错运动实现金属塑性变形的基本过程。金属晶体在切应力作用下，位错中心上面的原子列向右作微量位移，而位错中心下面的原子列向左作微量位移。继续施加切应力，位错将从晶体的一侧移动到晶体的另一侧，从而使晶粒产生了一个原子间距的塑性伸长量。在外力作用下，晶体内会不断增殖新的位错并移至晶体的表面，变形量越来越大。由于实际金属大都是多晶体，所以，其塑性变形受到晶粒的大小、位向、晶界等因素的影响。

9.1.3 塑性变形对金属组织和性能的影响

1. 冷塑性变形对金属组织和性能的影响

金属材料经冷塑性变形后，不仅外形和尺寸发生变化，其组织与性能也产生了很大变化。

1)形成纤维组织

冷塑性变形在改变金属外形的同时，内部晶粒的形状也发生了相应的变化。当变形度较大时，晶粒及金属中的夹杂物沿着变形方向被逐渐拉长，当变形度很大时，晶界变得

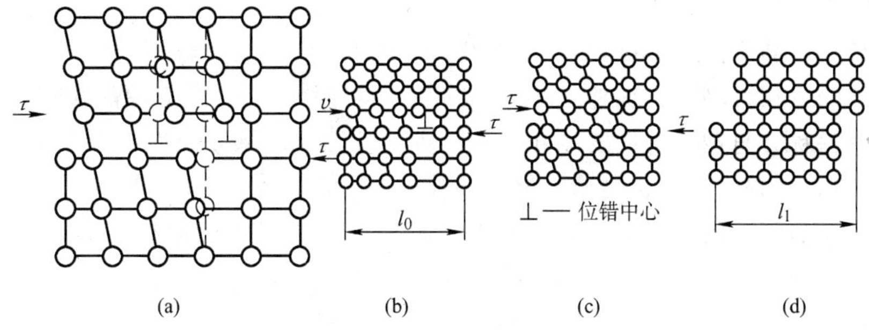

图 9-2　位错运动

(a)位错中心位移;(b)、(c)位错运动;(d)塑性变形。

模糊不清,晶粒变成细条状,夹杂物也被拉长成细带状或碎链状,形成纤维组织。这种组织使金属的性能呈各向异性,顺纤维方向的力学性能明显高于横纤维方向。

2)产生加工硬化

加工硬化也称形变强化或冷作硬化,是指随着金属冷塑性变形程度的增加,金属材料的强度和硬度不断提高而塑性和韧性不断下降的现象。产生加工硬化的主要原因,是随着变形程度的增加,金属晶体内位错的密度和阻力不断增加。

加工硬化现象在实际生产中有利也有弊。加工硬化是一种常用强化金属的重要手段,特别适用于那些不能用热处理方法强化的金属材料。但金属在冷变形过程中,由于加工硬化现象的出现,给继续变形造成困难,为了消除加工硬化,恢复塑性,常在冷冲压工艺中增加再结晶退火处理。

2. 回复与再结晶

由于冷塑性变形金属内部存在着严重的晶格畸变,原子处于不稳定状态,具有向稳定状态转化的趋势。室温时,多数金属的原子活动能力很低,这种转化较难实现。生产中,经常采用"中间退火"的处理方法,对已产生加工硬化的金属进行加热,提高内部原子的活动扩散能力,加速金属组织向稳定状态转化。随着加热温度的升高,冷塑性变形金属将相继发生回复、再结晶和晶粒长大三个阶段的变化,如图 9-3 所示。

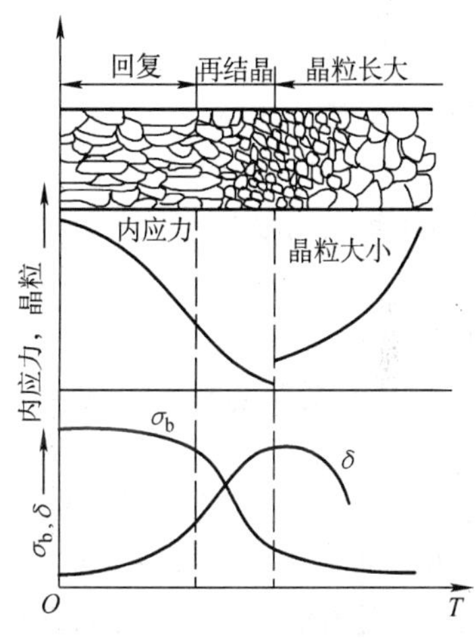

图 9-3　冷变形金属加热时组织和性能的变化

1)回复

当加热温度较低,冷塑性变形金属内部原子活动能力小时,显微组织没有明显的变化。强度、硬度略有下降。塑性、韧性有所回升,但内应力有较明显的降低,称为回复阶段。在生产中,对冷塑性变形后金属要保持其因加工硬化而提高的强度、硬度,又需降低或消除残余内应力的,则可利用低温加热时的回复阶段来达到目的,这种热处理方法称为去应力退火。例如,冷拔弹簧钢丝绕制弹簧后常进行低温去应力退火处理,加热温度为250℃~350℃。其目的就是为了既保持冷拔钢丝的高强度,又降低甚至消除绕制弹簧时产生的内应力。

2)再结晶

当加热温度高于回复阶段，由于温度高，原子活动扩散能力增强，金属内部组织结构发生了显著的变化，破碎的、被伸长和压扁的晶粒将向均匀细小的等轴晶粒转化。金属的强度、硬度明显下降。塑性、韧度显著提高。各项性能恢复到冷塑性变形前的水平，因为这一过程类似于结晶过程，也是通过形核和长大的方式完成的，故称为再结晶过程。

再结晶前后晶粒的晶格类型和化学成分不变，只改变晶粒的形状，经再结晶后的晶格类型与冷变形前完全相同，因此，再结晶过程不是相变过程。这也是再结晶与液态结晶相比较，最重要的不同点。在冷塑性变形生产中(如冷冲压)，常利用再结晶过程消除加工硬化现象，以便于继续变形。这种热处理称为再结晶退火或中间退火。

金属的再结晶不是一个恒温过程，而是在一定的温度范围内进行的，一般把开始进行再结晶的最低温度称为再结晶温度。金属的再结晶温度主要与预先的冷塑性变形程度有关。金属预先的变形程度越大，其再结晶温度越低，当变形度达到一定程度后，再结晶温度趋于某一极限值。变形度与再结晶温度的关系如图 9-4 所示。

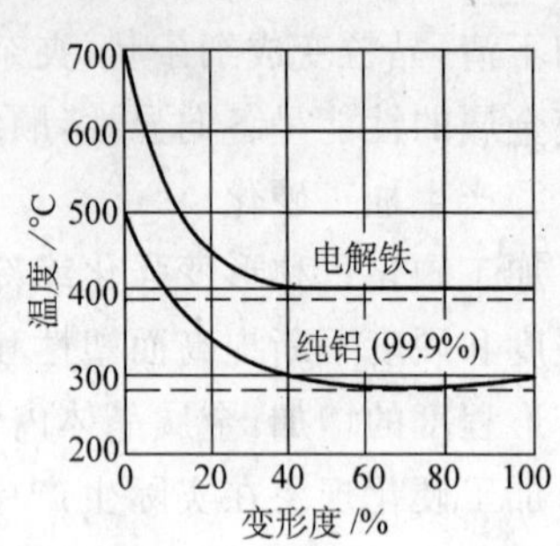

图 9-4 变形度对再结晶温度的影响

此外，金属的再结晶温度还受到金属的纯度、加热速度和保温时间等因素的影响。实验表明，工业纯金属的再结晶温度与熔点之间的大致关系为

$$T_{再} \approx 0.4T_{熔}\,(\mathrm{K})$$

式中温度均用热力学温度表示。

3)晶粒长大

冷塑性变形金属经过再结晶，可得到细小均匀晶粒。但继续延长加热时间或提高加热温度，则晶粒会明显长大，冷却后得到粗晶组织，金属的力学性能就会下降。

3. 冷塑性变形与热塑性变形

冷塑性变形与热塑性变形的区分，通常是以金属的再结晶温度为界。变形时温度在该金属再结晶温度以上的，称为热塑性变形，反之，称为冷塑性变形。所以，不能以是否加热来确定热塑性变形或冷塑性变形。

冷塑性变形包括冷轧、冷拔、冷冲压、冷挤压等工艺，变形时具有明显的加工硬化现象，所以变形量不宜过大，以避免工件撕裂或降低模具寿命。但冷塑性变形产品具有尺寸精度高，表面质量好，强度、硬度高等特点，所以应用较多。金属在热塑性变形时同样也会产生加工硬化，但由于在高于再结晶温度状态下，所以，在加工过程中产生的加工硬化几乎同时被再结晶软化和消除。仍可保持较高塑性和较低的变形抗力。热塑性变形虽然容易成形，但也因高温而造成表面易形成氧化皮、尺寸精度和表面质量较低、劳动条件较差等。常用于制造形状复杂、厚大的毛坯件。自由锻、热模锻、热轧等工艺都属于热塑性变形。

4. 热塑性变形对金属组织和性能的影响

(1)经热塑性变形及再结晶，可以使铸锭中的组织缺陷得到明显改善，如铸态金属原始结晶的粗大晶粒变为细小的等轴晶粒；气孔、缩松被压实，使金属组织的致密度增加；某些合金钢中的大块碳化物被打碎并均匀分布；可以减轻金属化学成分的偏析。

(2)随着热塑性变形的进行，金属中的脆性杂质被破碎，并沿金属流动方向呈粒状或链状分布。塑性杂质则沿变形方向呈带状分布，形成锻造流线。锻造比越大，流线越明显。流线的存在使锻件的力学性能呈现明显的各向异性。其纵向的塑性和韧性显著好于横向，而强度也有所提高。因此，应力求使锻件的流线合理分布。图 9-5 是锻造曲轴和轧材切削加工曲轴的流线分布，明显看出，经切削加工的曲轴流线易沿轴肩部位发生断裂，流线分布不合理。

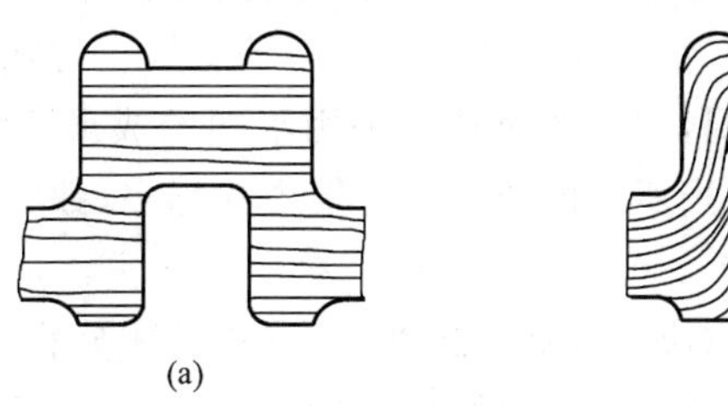

图 9-5　曲轴的流线分布示意图

(a)轧材切削；(b)锻造。

9.1.4　金属的锻造性能

金属的锻造性能(也称金属的可锻性)是指金属材料在压力加工时，变形难易程度的一项工艺性能。它常用金属的塑性和变形抗力衡量。金属塑性好，变形抗力低，则锻造性能好。反之则差。由于金属的锻造性能是由金属的塑性和变形抗力所决定的，因此，金属的锻造性能与其化学成分、组织和变形条件等因素有关。

1. 化学成分和组织

金属的化学成分和组织不同时，锻造性能的差别很大。一般地，金属中合金元素的种类、含量越多，锻造性能越差。单相组织的锻造性能比多相组织好。通常纯金属和具有单相固溶体组织(如铁素体、奥氏体)的合金，都具有良好的锻造性能。在具有化合物相的多相混合组织的合金中，一般随化合物的增多，合金的锻造性能下降。例如，钢中含碳量增多时，由于碳化物的增加而使锻造性能下降。此外，晶粒的粗细也影响锻造性能。晶粒细化有利于提高塑性，但同时也提高了变形抗力。粗晶粒和铸造组织降低金属的塑性。

2. 变形条件

在一定的变形温度范围内，随着变形温度升高，金属的塑性增加，变形抗力降低，即提高了锻造性能。温度高，还可以加速再结晶过程，及时消除变形过程中产生的加工硬化。但是，若加热温度过高，会使金属晶粒过分长大，从而降低坯料的锻造性能和锻件的力学性能，此现象称为过热。若加热温度更高时，则晶间低熔点物质发生熔化，破坏了晶粒间的联系，从而使坯料失去可锻性，此现象称为过烧。因此，必须严格控制变形温度。

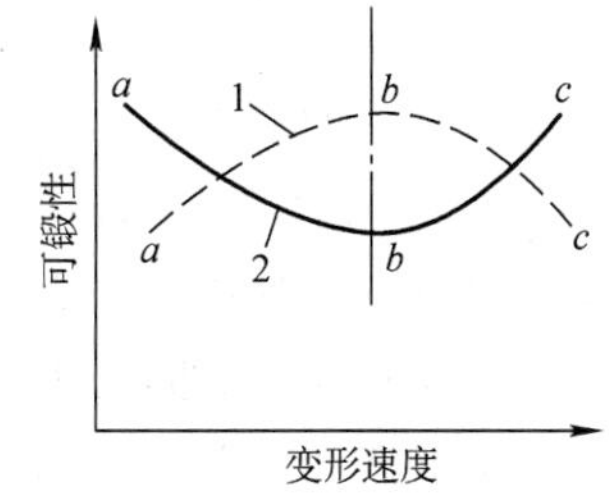

图 9-6　变形速度对锻造性能的影响

1—变形抗力；2—塑性。

单位时间内的变形程度称为金属材料的变形速度，它对锻造性能的影响如图 9-6 所示。图中曲线

的前半段 ab 表明，随着变形速度的增大，变形抗力增加，塑性降低，即锻造性能下降。这是因为再结晶过程来不及完成，不能及时消除加工硬化的缘故。曲线下半段 bc 表明，当变形速度高达一定数值（如高速锻锤、爆炸成形）时，随着变形速度增大，锻造性能得到改善。这是由于变形速度很大时，变形功转化的热来不及散失，产生热效应，从而使金属的温度升高的缘故。变形速度越快，热效应越明显。在一般锻压生产中，变形速度并不很快，因而热效应作用也不明显。

金属采用不同的塑性成形方法变形时，变形体的受力状况不同，所产生的应力大小和应力性质有很大的的差别。例如，镦粗和模锻时是三向承受压应力，拉拔时是两向承受压应力，一向承受拉应力。实践表明，同一金属材料采用不同的成形方法时，由于应力状态的差别，所表现的锻造性能不同，当所受的压应力方向个数越多，数值越大时，金属的塑性越高。反之，则金属的塑性越低。

总之，金属的锻造性能不仅取决于金属的内在因素（化学成分和组织），还取决于变形条件（变形温度、变形速度和应力状态）。在锻压生产中，对于给定成分的金属材料，应力求创造最有利的变形条件来改善锻造性能，提高产品质量和降低功耗，以达到最佳的塑性成形效果。

9.1.5 锻造比

金属热变形后的力学性能与变形程度有关。在锻造生产中，锻件所需的变形程度用锻造比表示和控制。锻造比的计算方法与锻造工艺有关。通常用变形前后的截面比、长度比或高度比 Y 来表示，即

拔长时的锻造比为 $Y_b = A_0/A = L/L_0$

镦粗时的锻造比为 $Y_d = A_0/A = H_0/H$

式中 A_0、L_0、H_0 ——坯料变形前的横截面积、长度和高度；

A、L、H ——坯料变形后的横截面积、长度和高度。

显然，锻造比越大，则表示锻件的变形程度越大。选用合理的锻造比是锻造加工工艺中的重要技术条件，它关系到锻件的质量、锻造设备条件以及产品成本等。

锻件以钢锭为坯料，镦粗锻造比一般取 $Y=2\sim2.5$。拔长锻造比一般取 $Y=2.5\sim3$。以型材为坯料时，因型材在轧制过程中内部组织和力学性能都得到了不同程度的改善，锻造比可取 $Y=1.1\sim1.5$。锻造高合金钢或特殊性钢时，为使碳化物弥散和细化，可采用较大的锻造比，如高速钢可取 $Y=5\sim10$。

9.2 自由锻

自由锻锻造是利用冲击力或压力，使金属坯料在砧铁间产生变形，以获得锻件的加工方法。由于坯料在砧铁间受力变形时可朝各个方向自由流动，故称之为自由锻。自由锻可分为手工锻造和机器锻造两种。手工锻造劳动强度大，只适于少量小型锻件的生产，现代生产中主要采用机器锻造。

自由锻所用工具简单，设备和工具的通用性强，成本较低。但自由锻锻件形状和尺寸主要由操作工的操作技术来保证，锻件加工余量大、精度低，劳动条件差、生产率低，所以，

只适合于单件、小批量生产，尤其适合锻制大型锻件。

9.2.1 自由锻设备

根据对坯料作用力的性质不同，机器锻造设备分为自由锻锤和液压机两大类。

1. 自由锻锤

自由锻锤产生冲击力使金属坯料变形。有空气锤和蒸汽—空气锤两类。图 9-7 为空气锤的示意图。空气锤有两个气缸，即工作气缸 2 和压缩气缸 1。工作时，电动机 6 通过减速机 7 带动曲柄 15 转动，再通过连杆 5 带动压缩气缸 1 内的活塞 3 作上下运动。在压缩缸与工作缸之间有上下两个气阀 8、9，当压缩气缸内活塞作上下运动时，压缩气体经过打开的气阀交替地进入或排出工作气缸 2 的上部或下部空间，推动工作气缸内的活塞 4 连同锤杆 16 和上砧 11 一起上下运动，对坯料进行打击。

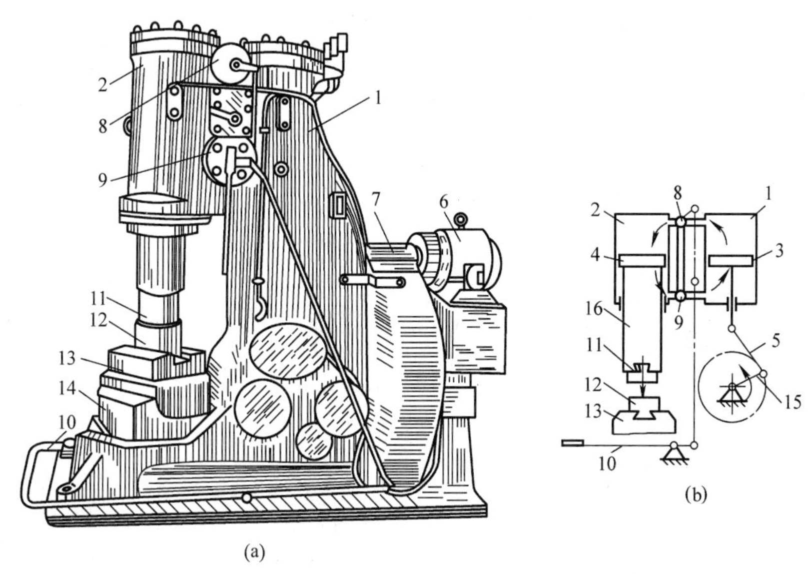

图 9-7　空气锤

(a)外形图；(b)传动图。

1—压缩气缸；2—工作气缸；3、4—活塞；5—连杆；6—电动机；7—减速器；8、9—气阀；10—踏杆；11—上砧铁；12—下砧铁；13—砧铁；14—砧座；15—曲柄；16—锤杆。

通过踏杆 10 或手柄控制上下气阀的不同位置，空气锤可以完成锤头悬空、单打、连打和压住锻件等动作。

空气锤的吨位用落下部分（活塞、锤杆、上砧铁的总称）质量表示，一般为 65kg～750kg，主要用于小型锻件的生产。

蒸汽—空气锤的工作原理与空气锤基本相同，主要不同点是蒸汽—空气锤是以 0.7MPa～0.9MPa 压力的蒸汽或压缩空气为动力的，吨位较大，为 1t～5t，适用于中小型锻件的生产。

2. 液压机

生产中使用的液压机主要是水压机。水压机以静压力作用在金属坯料上使之成形，变形速度慢，有利于再结晶的进行，从而改善了金属坯料的锻造性能。

水压机的规格用其产生的最大压力来表示，一般为 5MN～125MN，最大的已达 900MN。水压机压力大、能耗少，但设备庞大、造价高，主要用于大型锻件和高合金钢锻件的锻造，可锻钢锭的质量达 300000kg。

9.2.2 自由锻工序

自由锻工序可分为基本工序、辅助工序及修整工序。基本工序是自由锻造的主要工序，包括镦粗、拔长、冲孔、弯曲、切割、错移和扭转等，见表 9－1。辅助工序是为基本工序操作方便而进行的预先变形，如压钳口、钢锭倒棱和压肩等。修整工序是为提高锻件表面质量而进行的工序，如校整、滚圆、平整等。以下简要介绍基本工序。

表 9－1　自由锻基本工序简图

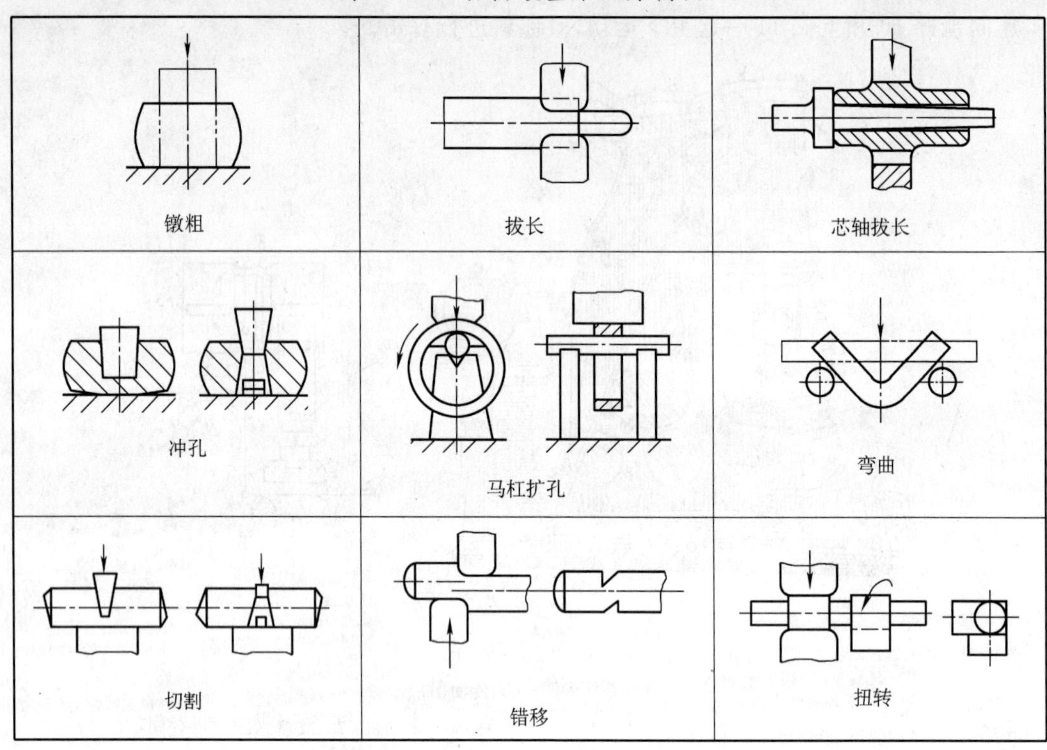

1. 镦粗

减小坯料高度，增大横截面的成形工序称为镦粗。在坯料上某一部分进行的镦粗称为局部镦粗。镦粗主要用于：

(1)由横截面积较小的坯料得到横截面积较大而高度较小的锻件。

(2)冲孔前增大坯料横截面积和平整坯料端面。

(3)提高下一步拔长时的锻造比。

(4)提高锻件的力学性能和减小力学性能的异向性。

(5)反复进行镦粗和拔长可以破碎合金工具钢中的碳化物，并使其均匀分布。

2. 拔长

减小坯料横截面积，增加其长度的成形工序称为拔长。

拔长可分为矩形截面坯料的拔长、圆截面坯料的拔长和空心坯料的拔长等三类。空心坯料的拔长一般叫芯轴拔长，用于锻制长筒类锻件。

3. 冲孔

冲孔是用冲子在坯料上冲出透孔或不透孔的锻造工序。根椐冲头形式不同，可分为实心冲头冲孔（孔径小于 300mm）及空心冲头冲孔（孔径大于 300mm），主要用于锻造环套类零件。

4. 扩孔

减小空心坯壁厚而增加其内、外径的成形工序叫扩孔。

常用的扩孔方法有冲子扩孔、芯轴扩孔（又叫马杠扩孔）、辗压扩孔、楔扩孔、液压扩孔和爆炸扩孔等。

5. 弯曲

将坯料弯成所规定外形的成形工序称为弯曲。主要用于锻造各种弯曲类锻件，如起重吊钩、弯曲轴杆等。

6. 切割

用剁子将坯料切断或部分割开的锻造工序称为切割。常用于切除锻件的料头、分段、劈缝或切割成所需形状等。

7. 错移

在保持坯料轴线平行的前提下，将其一部分相对另一部分平移错开的锻造工序称为错移，常用于锻造曲轴类零件。

8. 扭转

将坯料的一部分相对于另一部分绕其轴线旋转一定角度的锻造工序称为扭转。主要用于制造小型曲轴、连杆等零件。

9.2.3 自由锻工艺规程

在自由锻造生产中，由坯料锻造成锻件，其工艺规程主要包括下列内容：

(1)根据零件图绘制锻件图。

(2)确定坯料的质量和尺寸。

(3)确定锻造成形工序。

(4)选择锻造设备和工具。

(5)确定加热次数、锻造温度范围、加热和冷却方式以及热处理规范。

(6)规定锻件技术要求和检验方法。

下面就其主要问题简要说明。

1. 绘制锻件图

锻件图是编制锻造工艺、设计工具、指导生产和检验锻件的主要依据。它是根据自由锻工艺特点，在零件图的基础上加上加工余量、锻件公差以及为简化锻件形状的工艺余块绘制而成。

典型锻件图如图 9－8 所示，为了使锻造者了解零件切削加工后的形状和尺寸，在锻件图上用双点划线画出零件主要轮廓形状，并在锻件尺寸线下面用括弧注明零件尺寸。有时，在锻件图上还注明一些特殊用途的余块，如热处理夹头、试验用的试棒以及切削加工用的夹头等的位置。

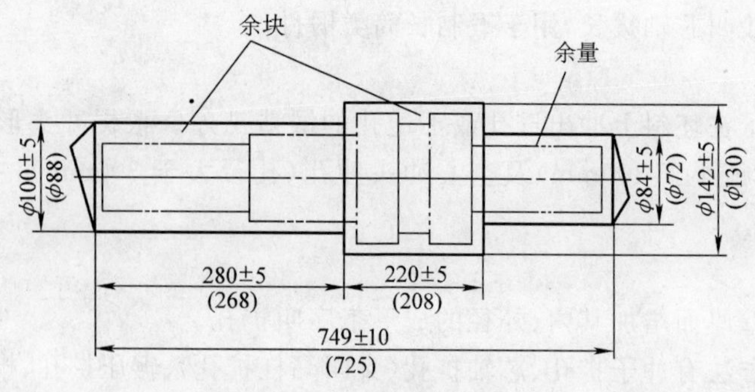

图 9－8　典型锻件图

1)加工余量

自由锻件的精度低、表面质量较差，为了保证零件有一定的加工尺寸，必须在零件加工表面上增加供切削加工用的金属层，即加工余量。其大小与零件的形状、尺寸、设备技术状况以及工人技术水平等因素有关。零件越大、形状越复杂，则加工余量越大。

2)锻件公差

锻件公差是锻件公称尺寸的允许偏差。其大小是根据锻件的形状、尺寸、精度要求并考虑生产的具体情况而选取的。

表 9－2 列出了台阶轴类自由锻件的加工余量与公差(锻件精度为 F 级)。

表 9－2　台阶轴类锻件加工余量与公差(摘自 GB/T 15826・7—1995)

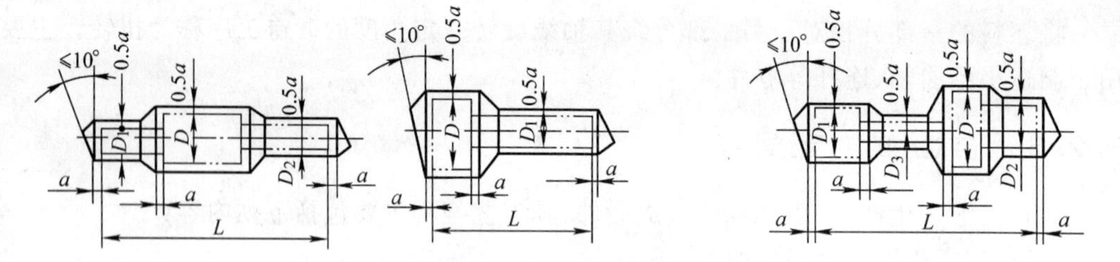

零件直径 D/mm		零件总长 L/mm						
		大于 0	315	630	1000	1600	2500	4000
		至 315	630	1000	1600	2500	4000	6000
		余量 a 与极限偏差						
大于	至	锻造精度等级 F						
0	40	7±2	8±3	9±3	10±4			
40	63	8±3	9±3	10±3	12±5	13±5		
63	100	9±3	10±4	11±4	13±5	14±6	16±7	
100	160	10±4	11±4	12±5	14±6	15±6	17±7	19±8
160	200		12±5	13±5	15±6	16±7	18±8	20±8
200	250		13±5	14±6	16±7	17±7	18±8	21±9
250	315			16±7	18±8	19±9	21±8	23±10
315	400			18±8	19±8	20±8	22±9	
400	500				20±8	22±9		

3)工艺余块

为了简化锻件的形状，便于成形，在零件上的小孔、台阶和凹档等难以锻出的部位增加的那一部分金属称为工艺余块。添加工艺余块应综合考虑工艺的可行性和金属材料的消耗等因素。余块在以后的加工中需要切除掉。

2. 计算坯料质量和尺寸

坯料质量包括锻件质量与锻造过程中的各种损耗质量之和，可按下式计算，即

$$m_{坯}=m_{锻}+m_{损}=m_{锻}+m_{烧}+m_{切}(\text{或 } m_{芯})$$

式中 $m_{坯}$——坯料的质量(kg)；

$m_{锻}$——锻件的质量(kg)；

$m_{损}$——坯料在加热和锻造过程中的损耗质量，包括坯料加热时的表面烧损质量和修切锻件端部料头的质量或冲孔时芯料的质量，计算方法可参照表9-3。

表 9-3 坯料在加热和锻造过程中损耗质量(kg)的计算

烧损量 $m_{损}=K_1 \cdot m_{锻}$	冲孔芯料损耗 $m_{芯}=K_2 \cdot d^2 H$	料头损耗 $m_{切}$
室式煤炉 $K_1=2.5\%\sim4\%$ 油　　炉 $K_1=2\%\sim3\%$ 煤气炉 $K_1=1.5\%\sim2.5\%$	实心冲子冲孔 $K_2=1.18\sim1.57$ 空心冲子冲孔 $K_2=6.16$ 垫环冲孔 $K_2=4.33\sim4.71$	圆形截面 $m_{切}=(1.5\sim1.8)D_1^3$ 矩形截面 $m_{切}=(2.2\sim2.36)B_1^2 \cdot H_1$
注：d—冲孔直径(dm)。H—坯料高度(dm)。D_1—切头部分直径(dm)。B_1—切头部分宽度(dm)。H_1—切头部分高度(dm)		

根据坯料的质量和密度，可算出坯料的体积。确定坯料尺寸时，还应考虑锻件的锻造比以及所采用的基本工序等。

(1)锻造以镦粗工序为主的锻件时，为了避免镦弯和便于操作，坯料的高径比应满足

$$H_0/D_0=1.25\sim2.5$$

由此得圆坯料直径为

$$D_{计}=(0.8\sim1)\sqrt[3]{V_{坯}}$$

式中 $D_{计}$——坯料计算直径(mm)；

$V_{坯}$——坯料体积(mm^3)。

计算出坯料直径后，可参考有关材料标准规格，确定坯料的实际直径，然后再计算出坯料的下料长度。

(2)锻造以拔长工序为主的锻件时，坯料的横截面积应按规定的锻造比要求计算，坯料的横截面积为

$$A_{坯}\geqslant YA_{max}$$

式中 $A_{坯}$——坯料横截面积(mm^2)；

Y——规定的锻造比，采用钢锭锻造时，$Y\geqslant2\sim5$，采用轧材锻造时，$Y\geqslant1\sim3$；

A_{max}——经拔长后锻件的最大截面积(mm^2)。

由此得圆坯料直径为

$$D_{计}\geqslant\sqrt{Y}D_{max}$$

式中　D_{max}——经拔长后锻件的最大截面直径(mm)。

3. 确定锻造工序

自由锻造工序主要根据锻件形状结合自由锻造基本工序的特点加以确定。典型的自由锻锻件的锻造工序举例如表9-4所列。

表9-4　典型的自由锻锻件的锻造工序举例

锻件类别	图　例	锻造工序	实　例
轴类零件	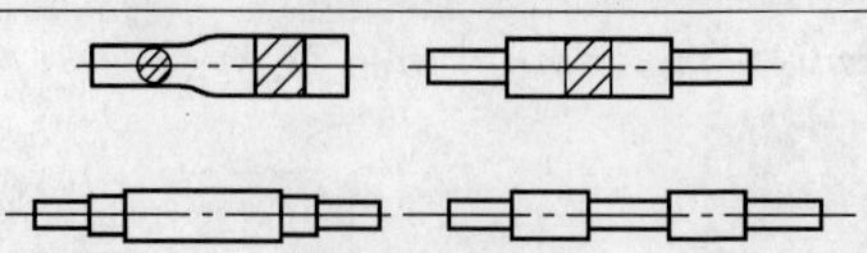	拔长、压肩、滚圆	主轴、传动轴等
杆类零件	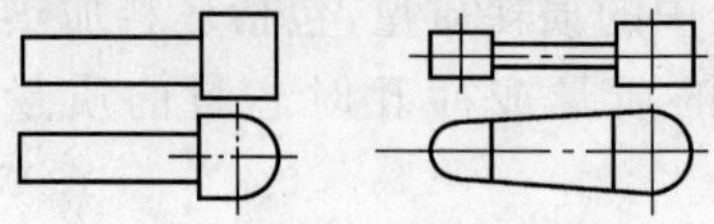	拔长、压肩、修整、冲孔	连杆等
曲轴类零件	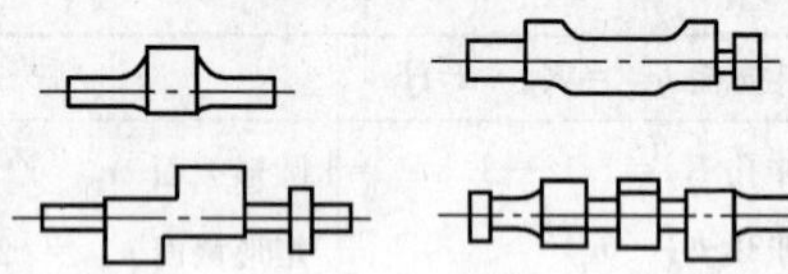	拔长、错移、压肩、扭转、滚圆	曲轴、偏心轴等
盘类、圆环类零件	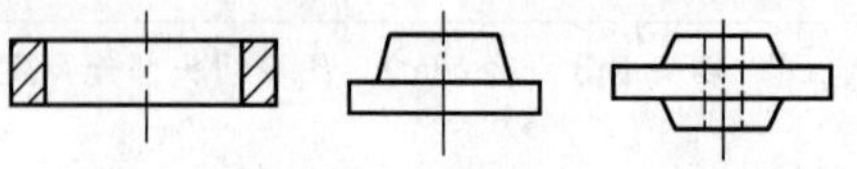	镦粗、冲孔、马杠扩孔、定径	齿圈、法兰、套筒、圆环等
筒类零件	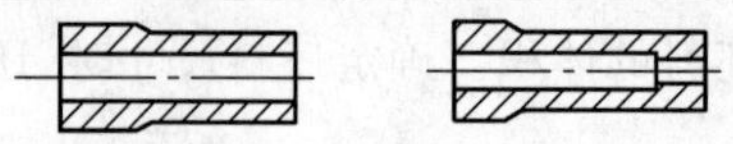	镦粗、冲孔、芯棒拔长、滚圆	圆筒、套筒等
弯曲类零件	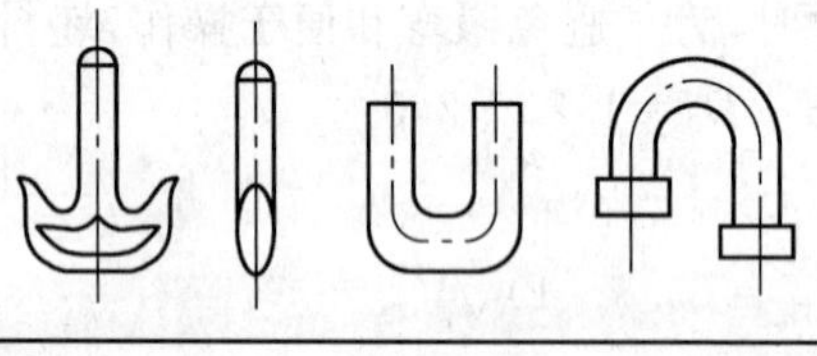	拔长、弯曲	吊钩、轴瓦、弯杆

4. 确定锻造温度范围

锻造温度范围是指锻件由始锻温度到终锻温度的锻造温度间隔。

(1)始锻温度是指开始锻造时坯料的温度。通常,始锻温度比金属材料的熔点低150℃～200℃,在不发生过热、过烧的前提下,尽可能提高始锻温度,有利于金属的塑性成形。

(2)终锻温度是指停止锻造时锻件的温度,在保证锻后获得再结晶组织的前提下,适当降低终锻温度有利于完成各种变形工序。终锻温度过低时,金属塑性降低,容易产生裂纹。终锻温度过高,会引起晶粒长大,降低金属的力学性能。

常用金属的始锻温度和终锻温度见表9-5。

5. 锻件冷却及热处理规范

1)锻件冷却

锻后冷却的重要性并不亚于锻前加热和锻造变形过程,如果锻后冷却方法选择不当,锻件有可能产生裂纹或其他缺陷甚至报废。

表 9-5 锻造温度范围

合金种类	始锻温度/℃	终锻温度/℃	锻造温度范围/℃
含碳量小于0.3%的碳素钢	1200～1250	750～800	450
含碳量在0.3%～0.5%的碳素钢	1150～1200	750～800	400
含碳量在0.5%～0.9%的碳素钢	1100～1150	800	300～350
含碳量大于0.9%的碳素钢	1050～1100	800	250～300
合金结构钢	1150～1200	800～850	350
低合金工具钢	1100～1150	850	250～300
高速钢	1100～1150	900	200～250
硬铝	470	380	90
铝铁青铜	850	700	150

根据锻件在锻后的冷却速度，冷却方法有三种，即空气中冷却，速度较快。在坑(箱)内冷却，速度较慢。在炉内冷却，速度最慢。生产中根据锻件的化学成分、形状和尺寸特点来决定冷却方法，通常：

(1)对于低、中碳钢的中、小锻件可采用在干燥地面上空冷。

(2)一般合金钢锻件锻后放置在填有石灰、砂等绝缘材料的坑中或箱中冷却。

(3)对于高碳、高合金钢以及大型锻件，应在500℃～700℃加热炉中随炉缓冷，即炉冷。

2)热处理规范

由于在锻造过程中，锻件各部分的变形程度、终锻温度和冷却速度不一致，必然导致锻件组织不均匀、残余内应力和加工硬化等现象。为了消除上述不足，在锻后还需进行锻件热处理，其目的如下：

(1)调整锻件的硬度，以改善锻件的切削加工性能。

(2)消除锻件内应力，以免在切削加工或使用时变形。

(3)改善锻件内部组织，细化晶粒，为最终热处理作组织准备。

(4)对于不再进行热处理的锻件，以达到力学性能要求。

6. 选择锻造设备

锻造设备种类及规格主要根据锻件的类型、尺寸、材料和质量等条件来选择，同时也要考虑到车间现有设备条件。对于低、中碳结构钢和低合金结构钢，采用锤上自由锻的方式锻造时，可按表 9-6 选择锻锤吨位。

表 9-6 锻造设备的选择

锻件类型 \ 锻锤落下部分质量/t		0.25	0.5	0.75	1	2	3	5
圆盘	D/mm	<200	<250	<300	≤400	≤500	≤600	≤750
	H(mm)	<35	<50	<100	<150	<200	≤300	≤300
圆环	D/mm	<150	<350	<400	≤500	≤600	≤1000	≤1200
	H/mm	≤60	≤75	<100	<150	<200	<250	≤300
圆筒	D/mm	<150	<175	<250	<275	<300	<350	≤700
	d/mm	≥100	≥125	>125	>125	>125	>150	>500
	L/mm	≤165	≤200	≤275	≤300	≤350	≤400	≤550

(续)

锻锤落下部分质量/t 锻件类型		0.25	0.5	0.75	1	2	3	5
圆轴	D/mm	<80	<125	<150	≤175	≤225	≤275	≤350
	G/kg	<100	<200	<300	<500	≤750	≤1000	≤1500
方块	$H=B$/mm	≤80	≤150	≤175	≤200	≤250	≤300	≤450
	G/kg	<25	<50	<70	≤100	≤350	≤800	≤1000
扁方	B/mm	≤100	<160	<175	≤200	<400	≤600	≤700
	H/mm	>7	≥15	≥20	≥25	≥40	≥50	≥70
钢锭直径/mm		125	200	250	300	400	450	600
钢坯直径/mm		100	175	225	275	350	400	550
注：D—锻件外经。d—锻件内经。H—锻件高度。B—锻件宽度。L—锻件长度。G—锻件质量								

7. 自由锻工艺规程实例

表 9-7 是半轴的自由锻工艺卡。

表 9-7 半轴的自由锻工艺卡

锻件名称	半　轴	锻　件　图
坯料质量	25kg	$\phi55\pm2(\phi48)$　$\phi70\pm2(\phi60)$　$\phi60^{+1}_{-2}(\phi50)$　$\phi80\pm2(\phi70)$　$\phi105\pm1.5$　(98)　$\phi123^{+2}_{-1}$　$(\phi114.8)$　90^{+3}_{-2}　102 ± 2　(92)　45 ± 2　(38)　$287^{+2}_{-3}(297)$　150 ± 2　(140)　$690^{+3}_{-5}(672)$
坯料尺寸	ϕ130nm×ϕ240mm	
材　　料	20CrMnTi	
火　　次	工　　序	图　　例
1	锻出头部	$\phi108$　$\phi125$　47
	拔长	$\phi108$
	拔长及修整台阶	$\phi81$　104

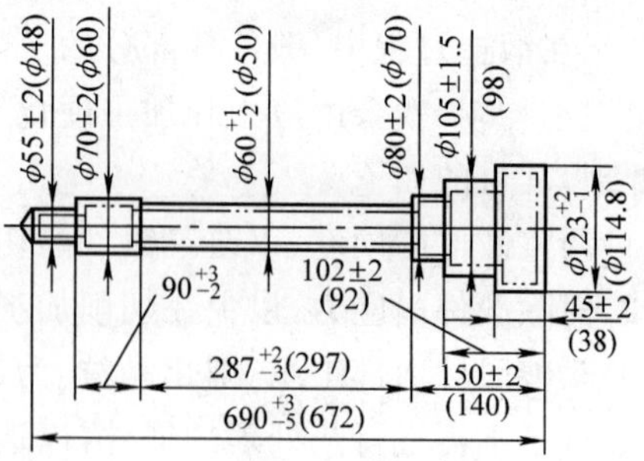

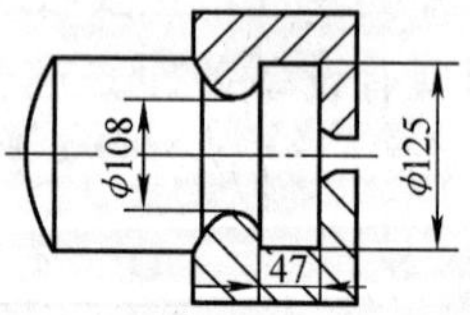

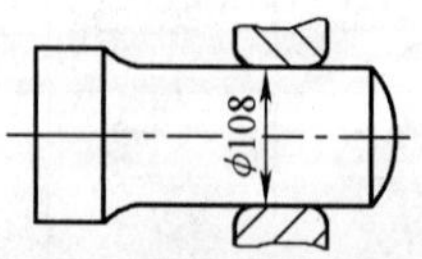

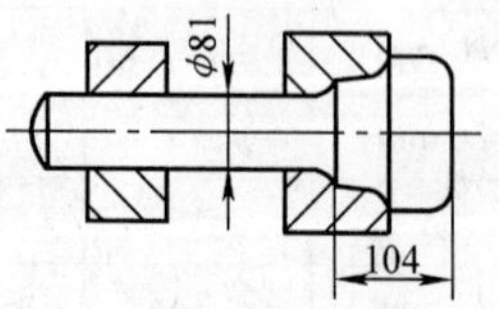

(续)

火　次	工　序	图　例
1	拔长并留出台阶	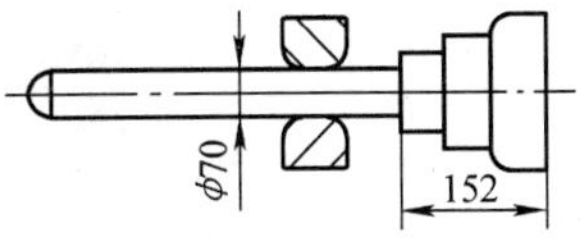 152 φ70
	锻出凹挡及拔长端部并修整	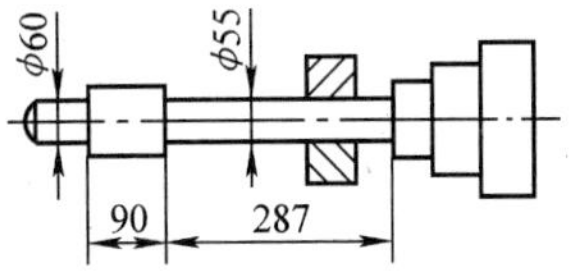 φ60 φ55 90 287

9.2.4 自由锻锻件结构的工艺性

自由锻造的成形特点决定了自由锻造只能锻制出形状比较简单的锻件。因此,设计自由锻锻件结构时,除满足使用性能要求外,还应考虑自由锻的工艺特点,使之成形容易、材料与切削加工工时消耗少以及生产率高等。其一般原则如下:

(1)锻件上应避免楔形、曲线形、锥形等倾斜结构,这类锻件加工时需要专用工具,且锻造困难。应尽量设计成圆柱形、方形结构。

(2)圆柱体与圆柱体曲面交接处锻造很困难,应改成平面与圆柱体交接或平面与平面交接较为合理。

(3)锻件上的加强筋和小凸台等,难以锻造,可适当增加壁厚提高强度。小凸台应用沉头孔代替。

(4)对于横截面有急剧变化或形状复杂的锻件,可将其设计成几个简单件锻制成形后,再用焊接或机械连接方式构成组合件。

表 9-8 为自由锻锻件常见结构的工艺性好坏进行比较的几个例子。

表 9-8　自由锻锻件结构工艺性示例

工 艺 要 求	工艺性差的设计	工艺性好的设计
避免锥面、斜面	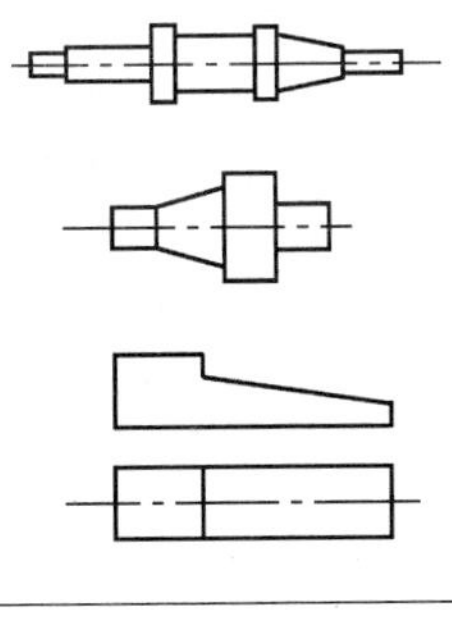	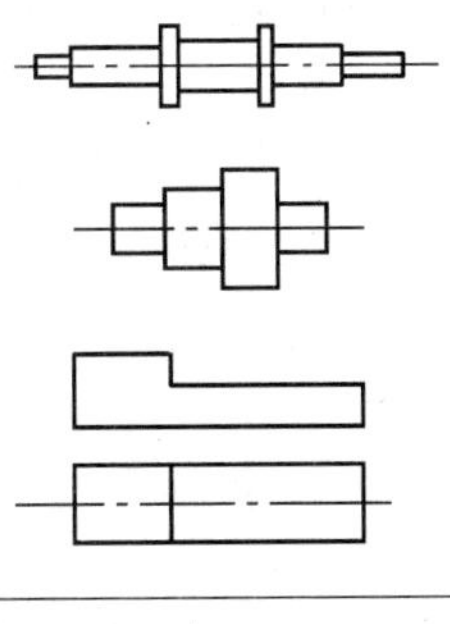
避免非平面相交	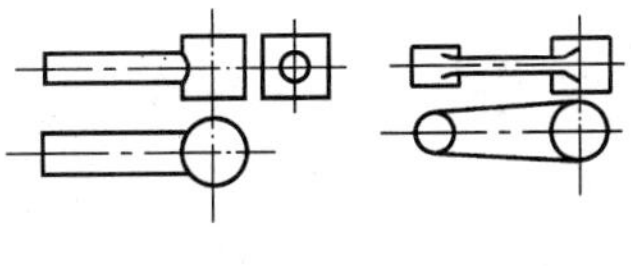	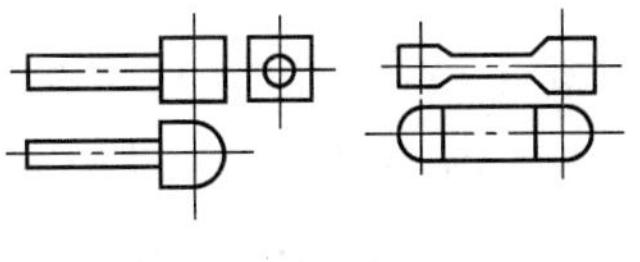

（续）

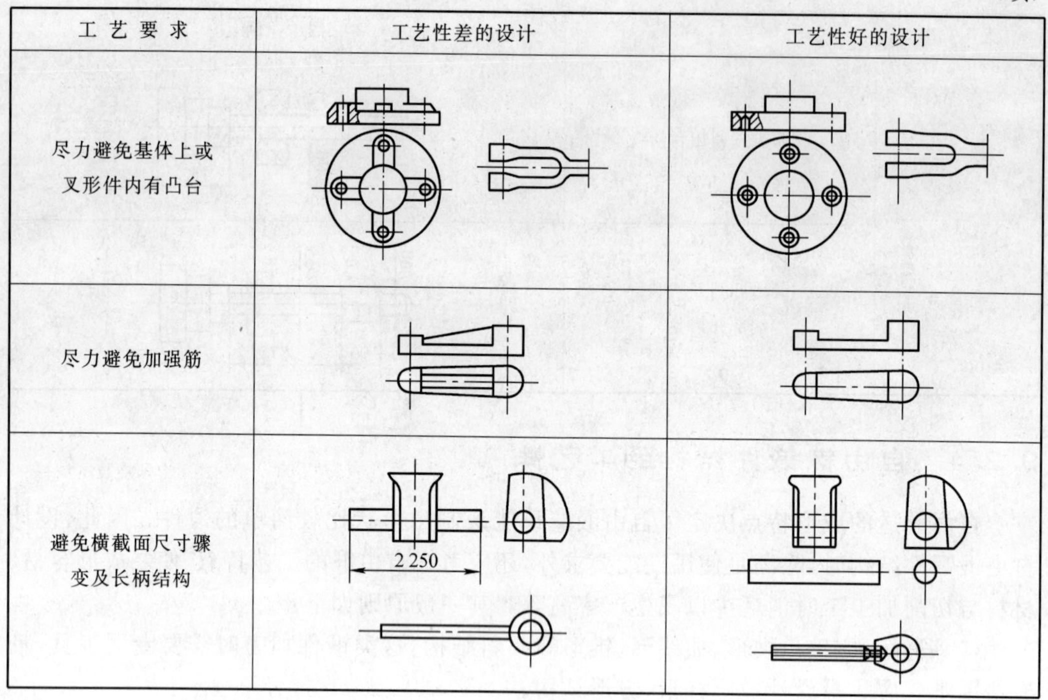

工 艺 要 求	工艺性差的设计	工艺性好的设计
尽力避免基体上或叉形件内有凸台		
尽力避免加强筋		
避免横截面尺寸骤变及长柄结构	2 250	

9.3 模 锻

将金属坯料置于锻模模膛内，在冲击力或压力作用下产生塑性流动，从而充满模膛获得与模膛形状相同的锻件的加工工艺称为模锻。模锻与自由锻比较有以下特点：

(1)金属变形是在模膛内进行，锻件成形快、生产率高，一般比自由锻高 3 倍～4 倍，甚至 10 几倍。

(2)锻件的形状和尺寸由锻模保证，故可锻出形状复杂、更接近于成品的锻件，且锻造流线比较完整，有利于提高零件的力学性能和使用寿命。

(3) 锻件表面质量好、尺寸精度高、加工余量小，材料与切削加工工时消耗少。

(4) 操作简单、质量易于控制、生产过程易于实现机械化和自动化。

(5)模锻设备要求功率大、刚性好、精度高，所以设备投资大、能量消耗大。锻模制造工艺复杂，制造成本高、周期长。

(6)模锻主要适用于中小型锻件成批或大量生产。

模锻按使用的设备不同可分为锤上模锻、热模锻压力机上模锻、平锻机上模锻和摩擦压力机上模锻等。

9.3.1 锤上模锻

锤上模锻所使用的设备有蒸汽—空气模锻锤、无砧座锤、高速锤等，其中，蒸汽—空气模锻锤应用最为广泛。其工作原理与蒸汽—空气自由锻锤基本相同，但锤头与导轨间隙较小，可调节，以保证锤击时上下模对得准。

模锻锤的吨位也用落下部分质量表示。一般为1t～16t,可锻造0.5kg～150kg的锻件。

1. 锻模

图9-9所示为某锻件锤上模锻过程示意图。锤上模锻用的锻模是由带有燕尾的上模和下模两部分组成,并分别用楔铁紧固在锤头和模座上。上下模合模后形成一定形状的模膛。

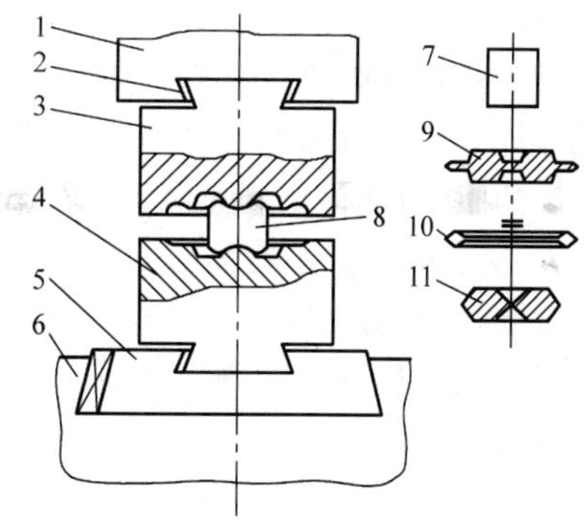

图9-9 模锻过程示意图

1—锤头;2—楔铁;3—上模;4—下模;5—模座;6—砧铁;7—坯料;8—模锻中的坯料;9—带有飞边和连皮的锻件;10—冲切下来的飞边和连皮;11—锻件。

根据模锻件复杂程度不同,锻模又可分为单膛锻模和多膛锻模。单膛锻模是在一副锻模上只有一个终锻模膛,如图9-9所示。多膛锻模是在一副锻模具有两个以上的模膛。图9-10是弯曲连杆模锻件的多膛锻模。

根据模膛的功能,锻模模膛可分为制坯模膛和模锻模膛两大类。

1)制坯模膛

主要作用是使坯料形状基本接近模锻件形状,合理分布金属材料,更易于充满模膛。一般有镦粗台、拔长模膛、滚压模膛和弯曲模膛等。

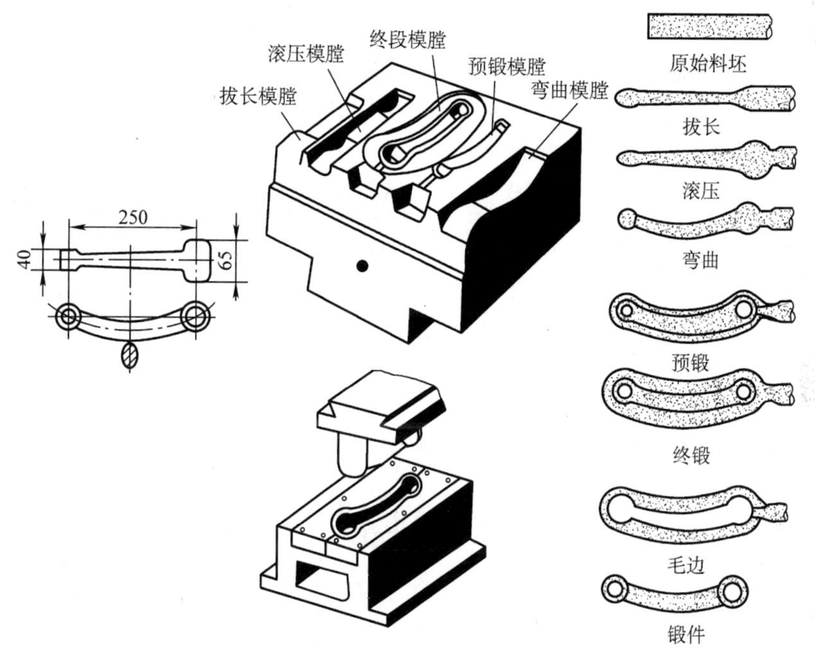

图9-10 弯曲连杆模锻过程示意图

2)模锻模膛

又分为预锻模膛和终锻模膛两种。

(1)预锻模膛的作用是使坯料变形到接近于锻件的形状和尺寸,使金属更容易充满终锻模膛,减少模膛磨损,增加模膛使用寿命。用于形状复杂的锻件。预锻模膛比终锻模膛高度略高、宽度略小,不带飞边槽。相交的面与面之间以较大圆角过渡。模锻斜度大于终锻模膛。

(2)终锻模膛的形状和锻件相同。考虑到锻件冷却时的收缩，终锻模膛的尺寸应比锻件尺寸放大一个收缩量。终锻模膛带有飞边槽，其作用是容纳多余金属，增加金属从模膛中流出的阻力，促使金属充满模膛。锻件上的飞边可在切边模上切除。

2. 锤上模锻工艺规程的制定

锤上模锻的工艺过程：下料→加热坯料→模锻→切除飞边（或冲孔连皮）→校正锻件→锻件热处理→表面清理→检验→入库。

模锻生产的工艺规程包括设计模锻件图、计算坯料尺寸、确定变形工步、选择模锻设备、确定加热规范以及模锻后续工序等。

1)设计模锻件图

模锻件图是设计和制造锻模、计算坯料和检验锻件的依据。设计模锻件图时，应结合模锻工艺特点考虑如下几个问题：

(1)选择分模面。分模面是上下锻模在模锻件上的分界面，其位置是否合理，对于锻件成形质量、材料利用率以及模具制造等都有很大影响。选择分模面的主要原则见表9-9。

表9-9　模锻件分模面的选择原则

选择原则	图例	
	不合理	合理
侧壁无内凹，保证锻件能从模膛中取出	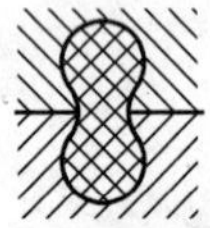	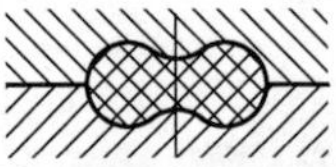
分模面在最大截面处，使模膛最浅，金属易充满，锻件易取出	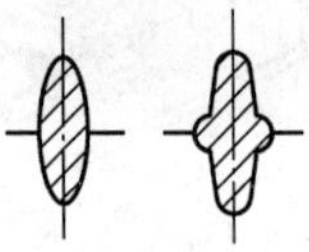	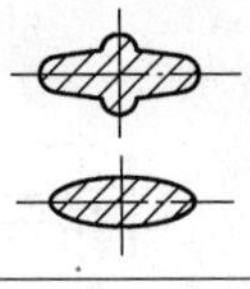
分模面尽可能取平面，以简化锻模及切边模的制造	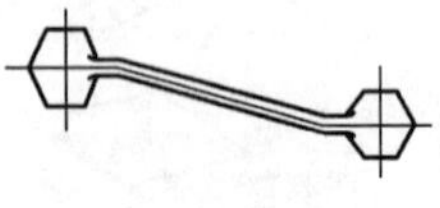	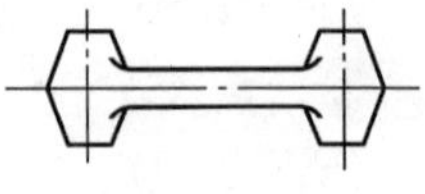
节约锻件材料，便于加工模具	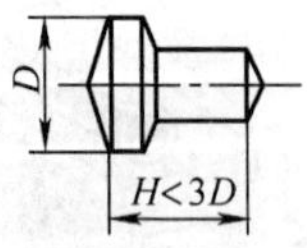 D H<3D	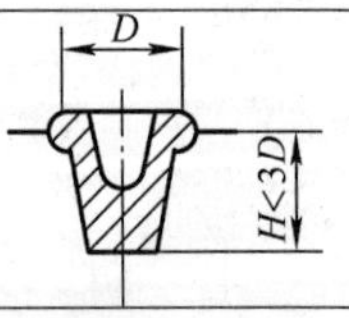 D H<3D
分模面不宜选择台阶面，以便能及时发现上、下模错移	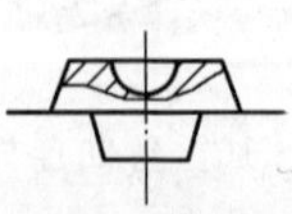	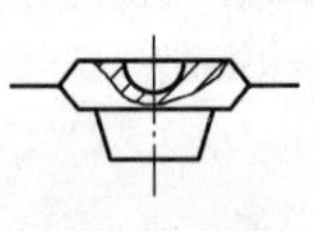
分模面不宜选在零件最大载荷处，否则流线末端外露，易造成应力腐蚀。高强度铝合金航空用锻件对应力腐蚀敏感，应引起注意	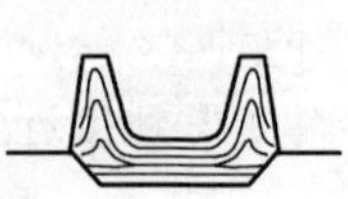	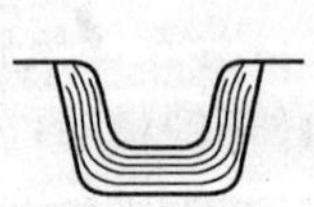

(2)与自由锻件相比,模锻件的尺寸较准确,其加工余量和公差自然要比自由锻件小得多。根据锻件大小、形状和精度等级选择加工余量、公差和工艺余块。一般余量为1mm～4mm,公差为±(0.3mm～3mm)。

(3)为了便于将成形后的锻件从模膛中取出,模锻件上垂直于分模面的表面要有一定的斜度,称为模锻斜度,如图 9-11 所示。模锻斜度的大小与锻件高度和设备类型有关,一般模锻件外壁斜度 α_1 的值常取 5°～10°,内壁斜度 α_2 比外壁斜度大 2°～ 5°。

(4)为了便于金属在模膛内流动并保持锻造流线的连续性,提高锻模的使用寿命,锻件上所有面与面相交处,都必须采用圆角过渡,如图 9-12 所示。一般凸圆角半径 r 等于单面加工余量加上零件圆角半径的值,凹圆角半径 $R=(2\sim 3)r$。

(5)为保护锻模凸部,锤上模锻不直接锻出通孔,需在孔内留有一定厚度的金属层,称为冲孔连皮(图 9-13),锻后可在压力机上冲除。冲孔连皮的厚度与孔径有关,孔径在 30mm～80mm 之间的连皮厚度为 4mm～8mm。直径小于 30mm 的孔一般不锻出。

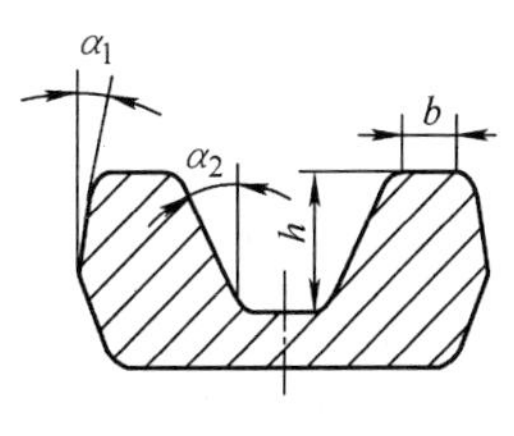

图 9-11 模锻斜度

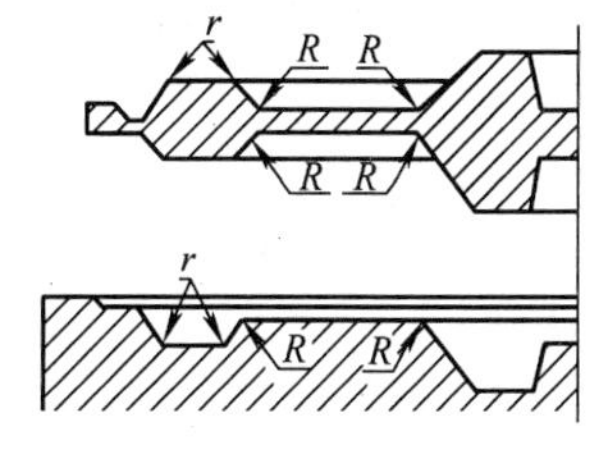

图 9-12 模锻圆角

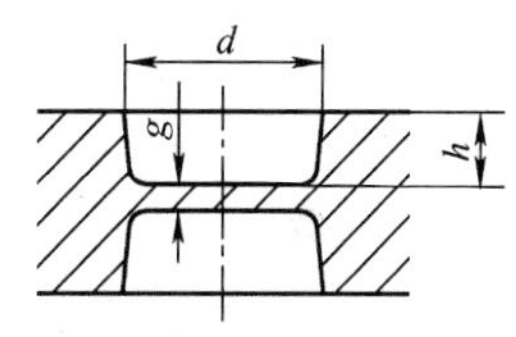

图 9-13 冲孔连皮

2)计算坯料尺寸

计算的步骤与自由锻的基本相同,要求计算精确。

3)确定变形工步

主要依据锻件的形状和尺寸确定,如台阶轴、连杆等长轴类模锻件一般要经过拔长、滚压、弯曲、预锻和终锻等工步;齿轮、法兰盘等盘类模锻件常选用镦粗、预锻和终锻等工步。

4)模锻后续工序

主要包括切除飞边和冲孔连皮(图 9-14)、校正、清理、精压(图 9-15)以及锻后热处理等。

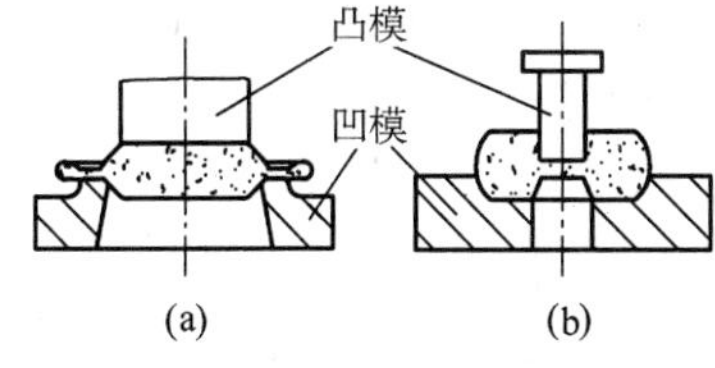

图 9-14 切边与冲孔

(a)切边模;(b)冲孔模。

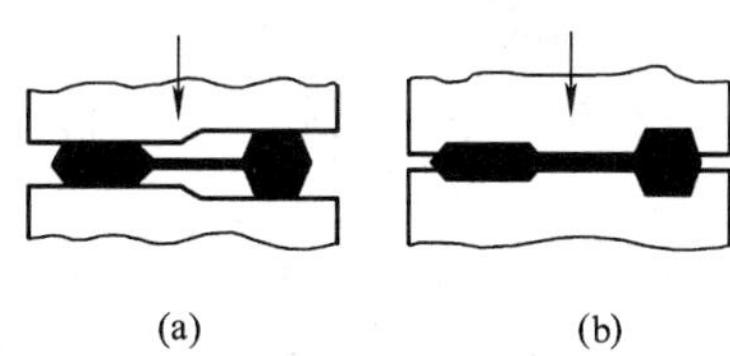

图 9-15 精压

(a)平面精压;(b)体积精压。

模锻的锻造温度范围和加热、冷却方式及热处理规范与自由锻基本相同。

3. 模锻件结构工艺性

在设计模锻件时,其结构应满足模锻成形工艺的要求,如表 9-10 所列。

表 9-10　锤上模锻件结构工艺性

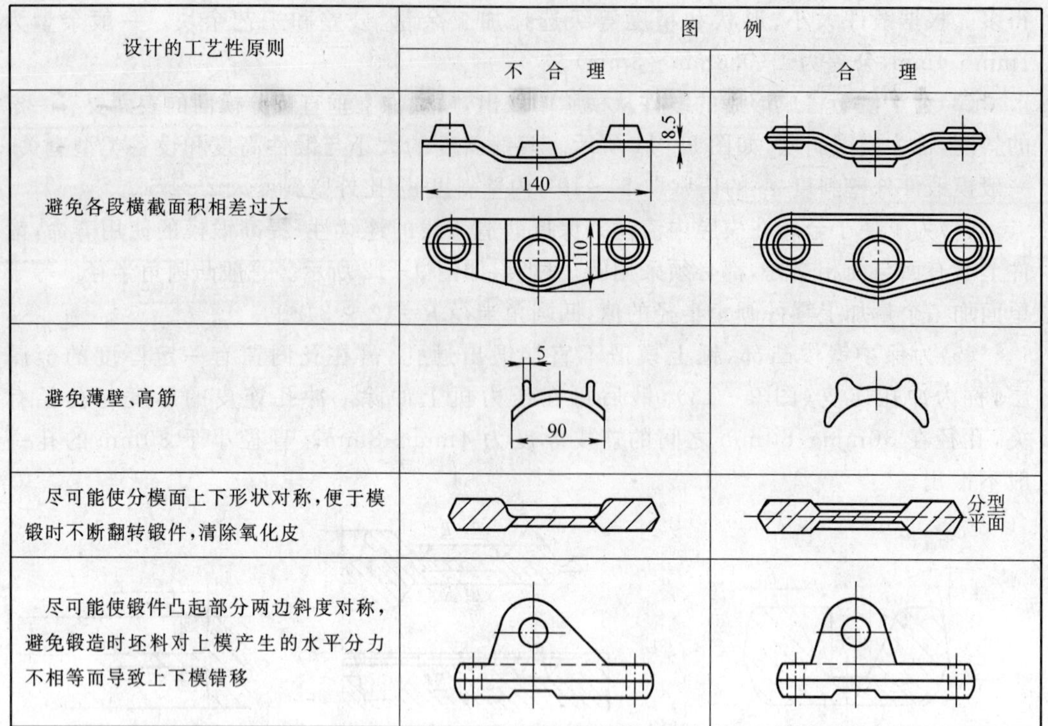

设计的工艺性原则	图例	
	不合理	合理
避免各段横截面积相差过大	8.5 140 110	
避免薄壁、高筋	5 90	
尽可能使分模面上下形状对称，便于模锻时不断翻转锻件，清除氧化皮		分型平面
尽可能使锻件凸起部分两边斜度对称，避免锻造时坯料对上模产生的水平分力不相等而导致上下模错移		

9.3.2　其他设备上的模锻

1. 热模锻压力机上的模锻

热模锻压力机有两种类型，一种是热模锻曲柄压力机（简称曲柄压力机），如图 9-16(a)所示；另一种是楔式热模锻压力机。前者应用较普遍。

曲柄压力机的传动系统如图 9-16(b)所示。锻模的上模固定在滑块 10 上，而下模固定在楔形工作台 11 上。经带轮 2,3 和齿轮 5,6 将电动机 1 的运动和动力传至曲柄连杆机构的曲轴 8 和连杆 9，再带动滑块沿导轨作上下往复运动，进行模锻加工。

与锤上模锻相比，热模锻压力机上模锻有以下特点：

(1)曲柄压力机作用在金属坯料上的变形力是静压力，因此，工作时振动和噪声小、劳动条件好。同时，由于具有静压力的特性，金属坯料在模膛内流动较缓慢，这对变形速度敏感的低塑性合金的成形十分有利，某些不适合锤上模锻的耐热合金就可在热模锻压力机上模锻。

(2)机身刚度大且具有良好的导向装置，上下模膛合模准确，锻件不产生错移。而且，在工作台和滑块中均有顶件装置，因此，锻件的公差、余量和模锻斜度小，锻件精度高。

(3)由于滑块的行程固定，故在曲柄压力机上不宜进行拔长和滚压工步。

(4)在曲柄压力机上无论采用什么模膛都是一次成形，金属变形量过大不易充满终锻模膛，因此，终锻前常采用预成形及预锻工步。

热模锻压力机吨位的规格是以滑块的行程到接近最下位置时所产生的最大压力来表示。一般是 2MN～12MN。

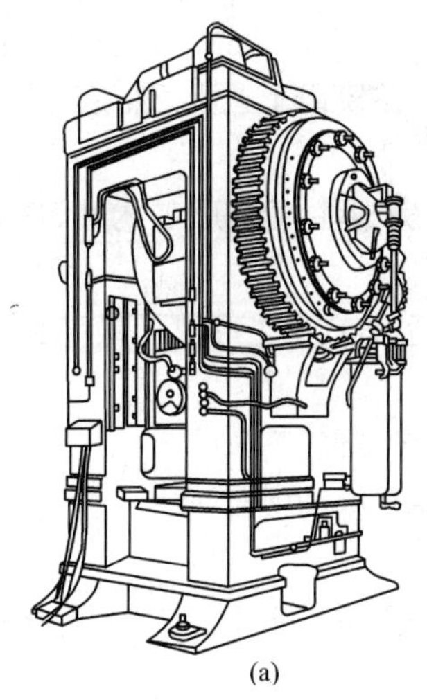
(a)

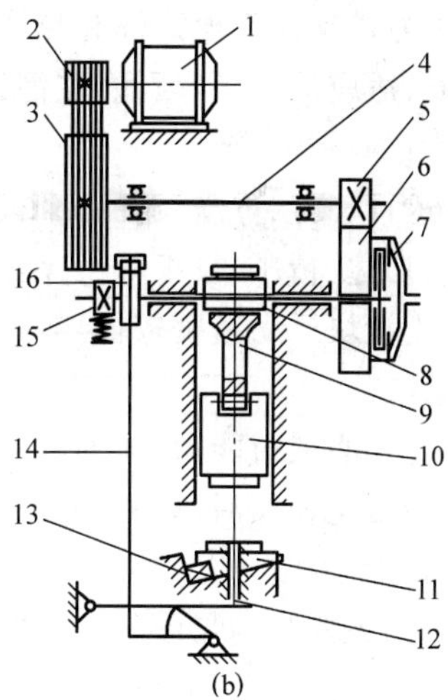

(b)

图 9-16 热模锻曲柄压机

(a)外形图；(b)传动图。

1—电动机；2—小带轮；3—大带轮；4—传动轴；5—小齿轮；6—大齿轮；7—离合器；8—曲轴；9—连杆；10—滑块；11—楔形工作台；12—下顶杆；13—楔铁；14—顶出机构；15—制动器；16—凸轮。

2. 螺旋压力机上模锻

螺旋压力机是利用飞轮旋转所积蓄的能量而转化成金属的变形能进行锻造的。根据传动方式的不同，螺旋压力机分为三类，包括摩擦螺旋压力机、液压螺旋压力机和电动螺旋压力机。在我国前者应用较普遍。

图 9-17(a)所示为摩擦螺旋压力机（简称摩擦压力机）外形图，其工作原理如图 9-17(b) 所示。锻模分别安装在滑块 7 和机座 10 上。螺杆 1 两端分别与滑块和飞轮 3 相连。工作时，电动机 6 经过传动带 5 带动两个摩擦轮 4 旋转。通过改变操纵杆位置可使摩擦轮沿轴向窜动。于是，飞轮可分别与两摩擦轮接触而获得不同方向的旋转。在螺母 2 的制约下，螺杆的转动变为滑块的上下滑动，实现模锻生产。

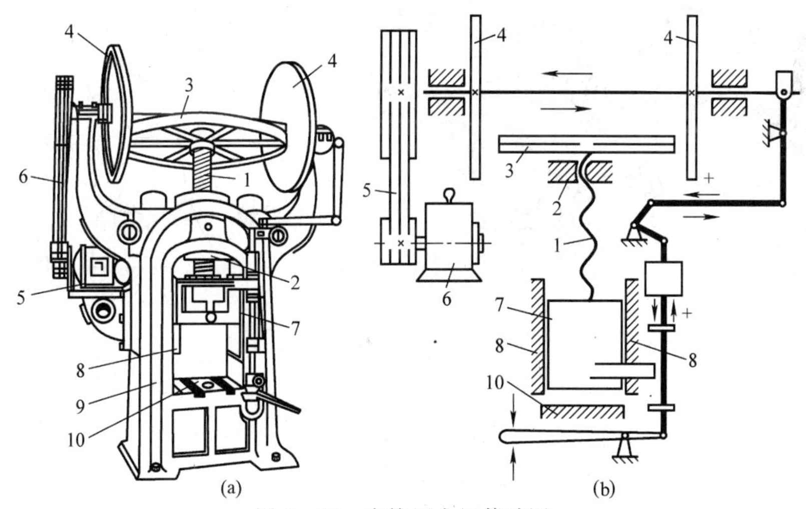

图 9-17 摩擦压力机传动图

(a)外形图；(b)传动图。

1—螺杆；2—螺母；3—飞轮；4—摩擦轮；5—传动带；6—电动机；7—滑块；8—导轨；9—机架；10—机座。

螺旋压力机是介于模锻锤和热模锻压力机之间，并属于锻锤类的一种设备。由于它的通用性强、适应范围广，因此，在锻压生产中应用较多。在模锻工艺上，螺旋压力机模锻有如下特点：

(1)可进行轻打、重击及在一个模膛内多次打击。除完成主要成形工艺外，还可进行弯曲、热压、切边、精压、校正等工序。

(2)由于滑块运动速度较低，有利于坯料的成形，较适合于对变形速度敏感的低塑性合金的模锻。

(3)承受偏心载荷能力差，通常只适用于单膛锻模进行模锻。

(4)生产工艺较灵活，设备自身有顶料装置，可得到高精度的锻件。

3. 平锻机模锻

平锻机的主要结构与曲柄压力机基本相同，不同点是滑块作水平运动，相当于卧式的曲柄压力机，故称之为平锻机。

图 9-18(a)所示为平锻机的外形图，其工作原理如图 9-18(b)所示。平锻机的结构特点是有两个滑块(主滑块和副滑块)沿相互垂直的方向运动。它的锻模由三部分组成，即固定凹模 16，活动凹模 17 和安装在主滑块 15 上的凸模。工作时，电动机 1 运动和动力通过传动带 2、带轮 3、离合器 4、齿轮 6、7 传至曲轴 8 上，随着曲轴的转动，一方面推动主滑块带着凸模前后往复运动，同时曲轴又驱使凸轮 11 旋转。凸轮的旋转通过导轮 10、11 使副滑块 13 移动，并通过连杆机构 18、19、20 带动活动凹模作横向运动，开合凹模。

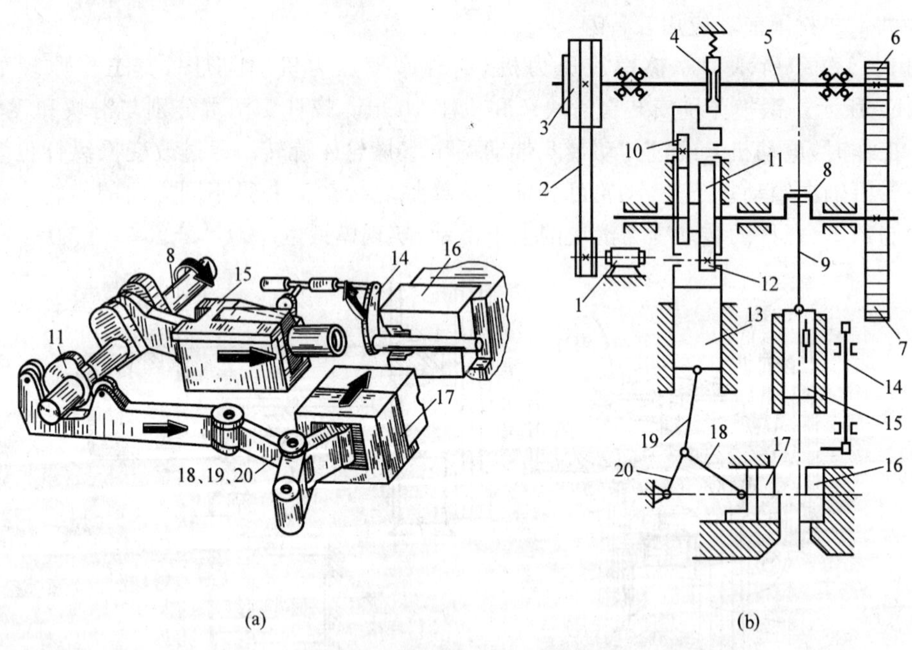

图 9-18 平锻机

(a)外形图；(b)传动图。

1—电动机；2—传动带；3—带轮；4—离合器；5—传动轴；6、7—齿轮；

8—曲轴；9—连杆；10、12—导轮；11—凸轮；13—副滑块；14—挡料板；

15—主滑块；16—固定凹模；17—活动凹模；18、19、20—连杆系统。

平锻机的规格主要以滑块的最大压力表示，一般为 0.5MN～31.5MN，可锻压直径为 25mm～230mm 的棒料。

平锻机模锻特点如下：

(1)平锻机上的模锻工步主要以局部镦粗为主，也可进行压肩、冲孔、弯曲和切断等工步。最适合的锻件是带头部的半轴类和有孔(通孔或不通孔)的锻件。对非回转体及中心不对称的锻件较难锻造。

(2)平锻机有两个分型面，扩大了模锻适用范围，可以锻出锤上和曲柄压力机上无法锻出的锻件，如具有两个凸缘的锻件以及带深孔或通孔的锻件等。

(3)平锻的模锻斜度小，或不需要模锻斜度。锻件精度高，因而节约了材料和切削加工工时。

(4)易实现机械化，生产率高，适于大批量生产。

(5)平锻机上变形工步主要有镦锻、冲孔、成形等。

9.4 板料冲压

板料冲压也是金属塑性变形的一种方法，它是通过冲压设备和模具对板料施压，使之产生分离或变形的加工方法。因为板料冲压通常在常温下进行，所以又称为冷冲压。只有当板料厚度超过 8mm 或材料塑性较差时才采用热冲压。

9.4.1 冲压设备

板料冲压设备主要是剪床和冲床。

1. 剪床

剪床用于把板料剪切成所需的块料(方形、矩形)、条料或其他形状的坯料，以供冲压后续工序使用。常用的剪床有斜刃剪床、平刃剪床和圆盘剪床等，图 9-19 所示为斜刃剪床的外形图和运动简图，电动机 1 通过带轮使轴 2 转动，再通过齿轮传动及离合器 3 使曲轴 4 转动，于是带有刀刃的滑块 5 便上下运动，进行剪切工作。刀刃倾斜角度一般为 3°～9°，这样可减小剪切力。如果剪切窄而厚的板料，则宜用平刃剪床。

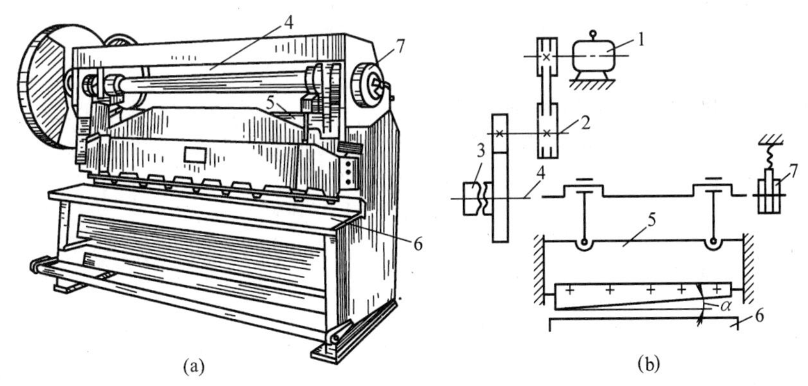

图 9-19 剪床

(a)外形图；(b)运动简图。

1—电动机；2—轴；3—离合器；4—曲轴；5—滑块；6—工作台；7—滑块制动器。

2. 冲床

冲床是进行冲压加工的基本设备，按其结构可分为单柱冲床和双柱冲床。图 9－20 所示为单柱冲床外形图和运动简图。电动机 5 带动飞轮 4 通过离合器 3 与单拐曲轴 2 相接，飞轮可在曲轴上自由转动。曲轴的另一端则通过连杆 8 与滑块 7 连接。工作时，踩下踏板 6 离合器将使飞轮带动曲轴转动，滑块作上下运动。放松踏板，离合器脱开，制动闸 1 立刻停止曲轴转动，滑块停在待工作位置。

冲床的规格是以滑块行程下行时所产生的最大压力来表示。单柱冲床一般是 2000kN 以下，而双柱冲床通常在 40MN 以上。

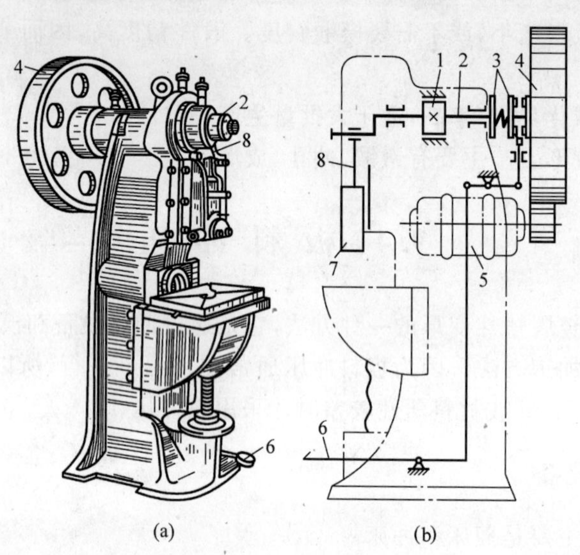

图 9－20　单柱冲床

(a)外形图；(b)运动简图。

1—制动闸；2—曲轴；3—离合器；4—飞轮；5—电动机；6—踏板；7—滑块；8—连杆。

9.4.2　冲压模具

冲压模具(简称冲模)是冲压生产中必不可少的工艺装备。冲模的种类繁多，按模具动作特点分为简单冲模、连续冲模和复合冲模三种。

1. 简单冲模

简单冲模的特点：在冲床的每一次行程中，只完成一道工序。这种冲模结构简单，生产成本也低。图 9－21 所示为简单冲裁冲模结构示意图。凸模 1 用压板 6 固定在上模板 3 上，上模板则通过模柄 5 与冲床的滑块连接随滑块上下运动。凹模 2 用压板 7 固定在下模板 4 上，下模板用螺栓固定在冲床工作台上。工作时，将条料沿两个导板 9 之间送进，碰到定位销 10 止。凸模向下冲压时，冲裁下的材料落入凹模孔。未裁下的条料夹住凸模一起回程，碰

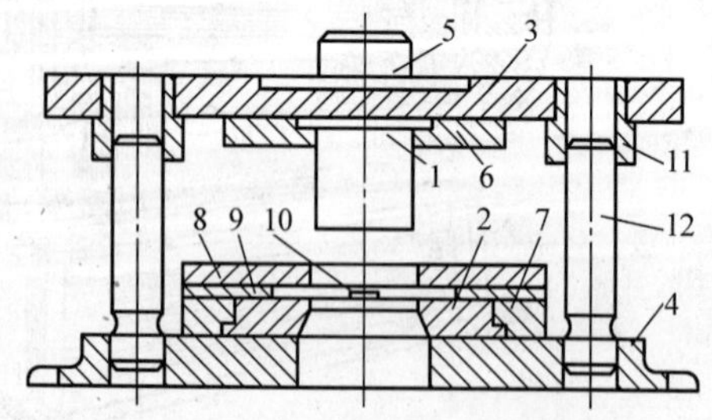

图 9－21　简单冲裁冲模

1—凸模；2—凹模；3—上模板；4—下模板；5—模柄；6、7—压板；8—卸料板；9—导板；10—定位销；11—套筒；12—导柱。

到固定在凹模上的卸料板 8 时被推下。由导柱 12 和套筒 11 组成的导向机构是为了保证凸、凹模合模的准确性而设置的。

2. 连续冲模

连续冲模的特点：在一个模具的不同位置上，安装着两对及两对以上的凸凹模，因此，在一个模具上，可连续完成两道及两道以上的工序。这种冲模结构比较复杂、精度较低、成本较高，但生产效率很高。图 9-22 所示为连续冲裁模结构示意图。该模具上有两对凸凹模，即一对落料凸凹模和一对冲孔凸凹模。两个凸模与冲床滑块联结在一起，而两个凹模则安装在冲床工作台上。滑块向下运动时，定位销 2 对准预先冲出的定位孔，冲孔凸模 4 进行冲孔。与此同时，落料凸模 1 进行落料工序。当滑块回程时，卸料板 6 从凸模推下残料。将坯料 7 向前送进，送进距离由挡料销控制，执行第二次冲裁，如此循环进行。

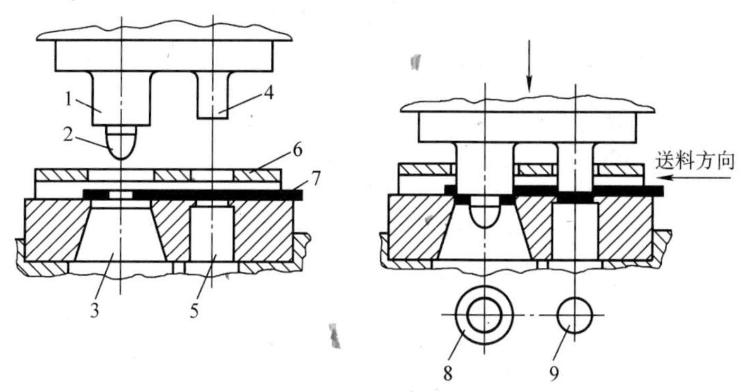

图 9-22　连续冲裁冲模

1—落料凸模；2—定位销；3—落料凹模；4—冲孔凸模；5—冲孔凹模；6—卸料板；7—坯料；8—成品；9—废料。

3. 复合冲模

复合冲模的特点：在一个模具上能同时完成两道或两道以上的工序。与连续冲模的不同之处在于，复合冲模是在一次冲程下，在同一个制件上所有工序能同时完成。因此，复合冲模既具有连续冲模、生产率高的优点，又能冲压出精度较高的制件，但复合冲模结构很复杂。

9.4.3　板料冲压的基本工序

板料冲压的基本工序有多种，但概括起来可分为分离工序和成形工序两大类，如表 9-11、表 9-12 所列。

表 9-11　常用的分离工序及其特点

工序名称	简　图	符　　号
落　料	废料　工件	用冲模沿封闭轮廓线冲切板料，冲下部分是工件，剩下部分为废料
冲　孔	工件　废料	用冲模沿封闭轮廓线冲切板料，冲下部分是废料，剩下部分是工件

(续)

工序名称	简图	符号
切断	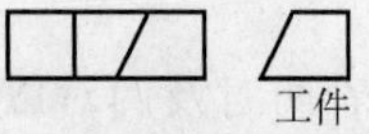 工件	用冲模沿不封闭轮廓线切断板料
切边	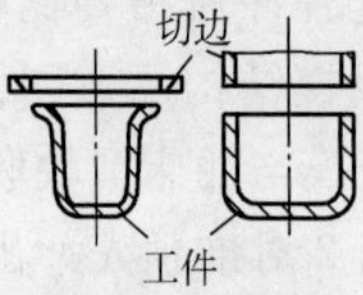 切边 工件	将成形工件的边缘修切整齐或切成一定形状
剖切	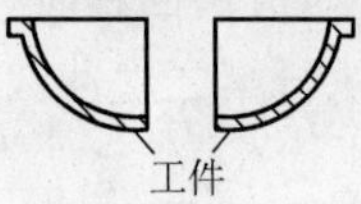 工件	把冲压加工成的半成品切开成为两个或数个工件，多用于不对称工件
修整	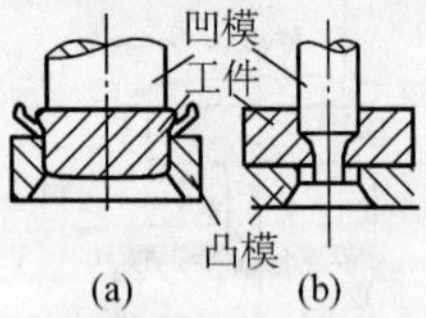 凹模 工件 凸模 (a) (b)	切除冲压件(图(a)为落料件，图(b)为冲孔件)粗糙的切口面，以提高精度与降低表面粗糙度

表 9-12　常用的成形工序及其变形特点

工序名称	简图	变形特点
弯曲及扭转	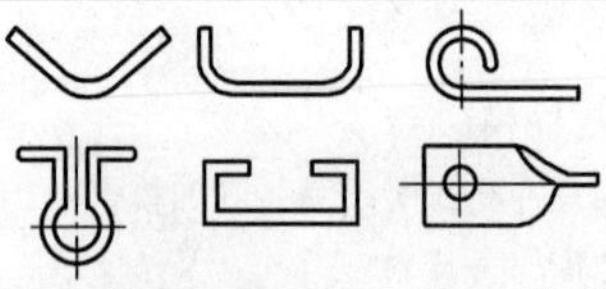	把板料弯成各种形状，把工件一部分相对另一部分扭转一定角度
拉深	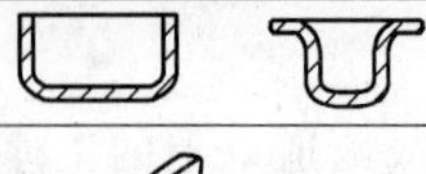	把平板形坯料或半成品件制成空心的零件
翻边	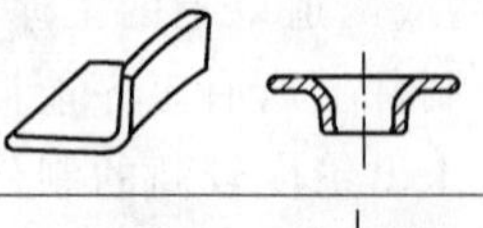	把成形的坯料外缘，翻出圆弧或曲线状的竖立边缘，把坯料上的孔冲制出竖立的边缘
胀形	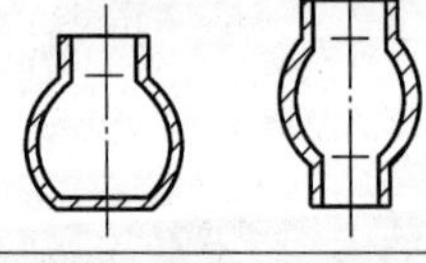	工件的中部胀起，呈凸肚形
压筋	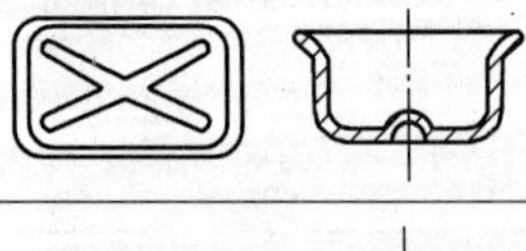	使工件局部产生拉伸或压缩变形，形成凸形或凹陷，主要目的是增加零件的刚度
扩口及缩口	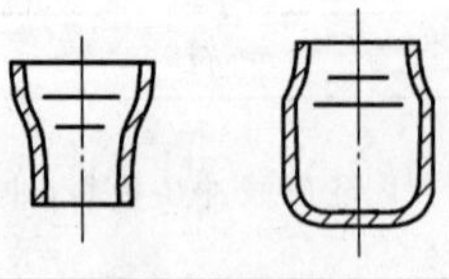	扩大或缩小工件的口部
旋压	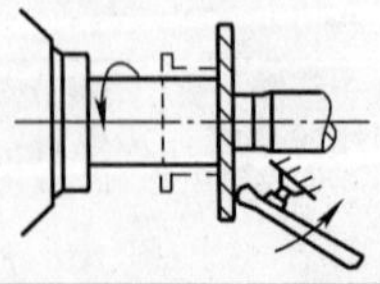	在旋转状态下用辊轮使坯料逐步成形

1. 分离工序

分离工序是使坯料的一部分与另一部分分离的工序，如落料、冲孔、切断、精冲等。其中，落料和冲孔一般统称为冲裁。冲裁是按封闭轮廓使坯料分离的一种冲压方法。冲裁中，落料和冲孔这两种工序的板料分离过程和模具结构是相同的，两者的区别在于冲孔是为了得到冲压件上的孔，而落料则为了得到片状冲件的外形。例如，平面垫圈冲压成形时，冲制内孔的工序称为冲孔，而制取外形的工序称为落料。

冲裁时板料的变形过程如图 9－23 所示，可分为三个阶段：

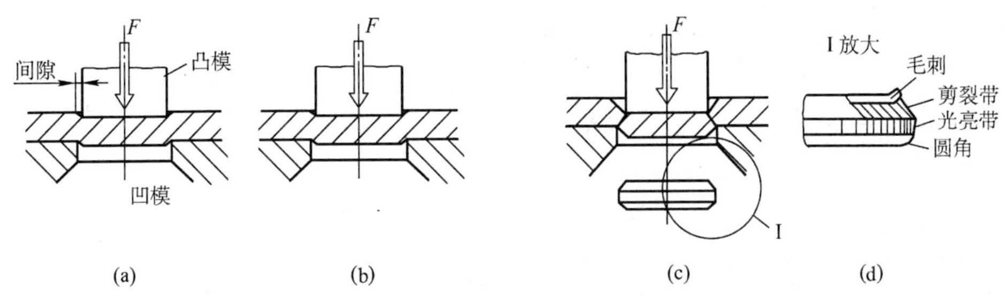

图 9－23　冲裁变形过程

(a)弹性变形；(b)塑性变形；(c)断裂分离；(d)断口。

(1)弹性变形阶段：凸模接触板料开始压缩板料后，板料产生弹性压缩变形，并被稍许挤入凹模。而凹模上的板料向上翘，凸凹模间隙(也称冲裁间隙)越大，上翘现象越严重。

(2)塑性变形阶段：凸模继续压入，压力增加，当材料内应力达到屈服点时开始产生塑性变形。随着凸模压入深度增加，塑性变形程度增大，变形区材料硬化加剧，直到凸凹模刃口处的材料出现微裂纹。塑性变形阶段结束。

(3)断裂分离阶段：凸模继续压入，已产生的上下微裂纹向材料内部扩展直至相遇，板料被剪断分离。

如图 9－23(d)所示，冲裁后的断面可明显地分为圆角带、剪裂带、光亮带和毛刺四部分。圆角是冲裁过程中刃口附近材料被拉入变形的结果。剪裂带是材料剪断分离时所形成的，表面粗糙并略带倾斜。光亮带是在塑性变形开始阶段刃口挤压切入材料而形成的，表面较平整、光滑。毛刺是由于凸凹模刃口变钝或间隙不均匀造成的。

冲裁件断面质量与圆角带、剪裂带、光亮带和毛刺四部分在整个断面上所占的大小比例有关。显然，光亮带宽度越大，圆角带、剪裂带和毛刺所占比例越小，则冲裁件质量越好。

冲裁间隙对冲裁件断面质量有着极其重要的影响。当间隙合理时，上、下裂纹能基本重合，光亮带约占板厚的 1/3 左右，断面圆角、毛刺和斜度都很小，工件断面较光洁。若间隙过小，上下剪裂纹向外错开，在冲裁件断面上会形成毛刺和叠层，且刃口极易磨钝，模具寿命缩短。若间隙过大，材料中拉应力增大，塑性变形阶段过早结束，裂纹向里错开，光亮带窄小。

因此，合理选择冲裁间隙对冲裁工艺至关重要。通常选一个合理的间隙范围，称作合理间隙。合理间隙值可按表 9－13 选择。

对于冲裁断面质量要求较高的冲裁件，可于冲裁后在专用的修整模上进行修整，以切除普通冲裁时断面存留的剪裂带和毛刺。修整模的间隙量和切除量均很小，经修整后冲裁件公差等级可达到 IT6～IT7，表面粗糙度 R_a 为 0.8μm～1.6μm。

表 9-13　冲裁模的合理间隙值

材料种类	材料厚度 δ/mm				
	0.1～0.4	0.4～1.2	1.2～2.5	2.5～4	4～6
软钢、黄铜	0.01～0.02	(7～10) %δ	(9～12) %δ	(12～14) %δ	(15～18) %δ
硬钢	0.01～0.05	(10～17) %δ	(18～25) %δ	(25～27) %δ	(27～29) %δ
磷青铜	0.01～0.04	(8～12) %δ	(11～14) %δ	(14～17) %δ	(18～20) %δ
铝及铝合金(软)	0.01～0.03	(8～12) %δ	(11～12) %δ	(11～12) %δ	(11～12) %δ
铝及铝合金(硬)	0.01～0.03	(10～14) %δ	(13～14) %δ	(13～14) %δ	(13～14) %δ

2. 成形工序

板料在冲压力的作用下，产生塑性变形而形成一定形状的工序，如拉深、弯曲、翻边、胀型、缩口等称为成形工序。

1)拉伸

拉伸是利用模具(称为拉伸模)将冲裁得到的平面板坯冲制成开口空心件的成形工序。经拉伸可以获得筒形、阶梯形、盒形、球形及其他复杂形状的薄壁零件。

将直径为 D 的板料拉伸成直径为 d 的筒形件，其拉伸过程如图 9-24 所示。随着凸模的压入，除拉伸件的底部基本不变形和厚度基本不变外，其余环形部分材料不断收缩，逐渐转化为筒壁，而且厚度有所减小。侧壁与底之间的过渡圆角部分被拉薄最严重。压板的作用是防止板料外边缘在收缩变形时产生起皱缺陷。

拉伸过程中最常见的质量问题是起皱和拉裂，这是造成拉伸件废品的主要原因。如图 9-25 所示。

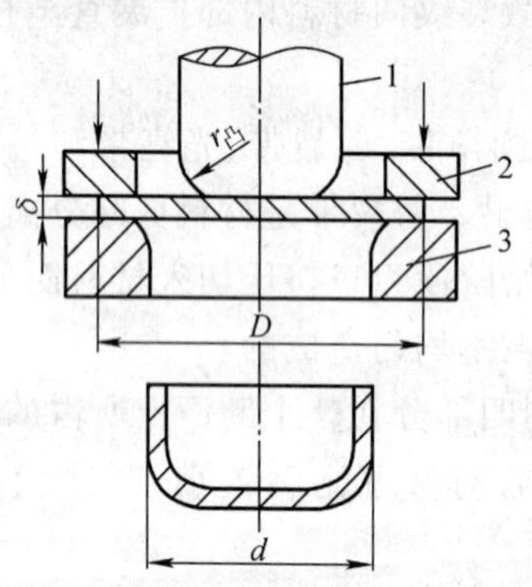

图 9-24　拉伸过程

1—凸模；2—压边圈；3—凹模。

图 9-25　拉伸件废品

起皱是拉伸时拉伸件的凸缘部分受到切向压应力作用，使之产生波浪形的连续弯曲现象。拉裂最危险的部位是侧壁与底的过渡圆角处，当拉应力超过材料的抗拉强度时，此处将被拉裂。

为了防止拉伸过程产生起皱和拉裂缺陷，通常采取以下措施：

(1)选择合理的拉伸系数。拉伸系数是衡量拉伸变形程度的指标，其值为拉伸件直径 d 与坯料直径 D 的比值，用 m 表示，即 $m=d/D$。拉伸系数越小，变形程度越大，越容易产生拉裂。一般 $m=0.5\sim0.8$，塑性好的坯料可取下限值。

如果拉伸系数过小，不能一次拉伸成形时，可采用多次拉伸的方法。坯料多次拉伸时，必然产生加工硬化现象，应安排工序间的退火处理加以消除。而且，拉伸系数应依次略为增大。如图 9-26 所示。

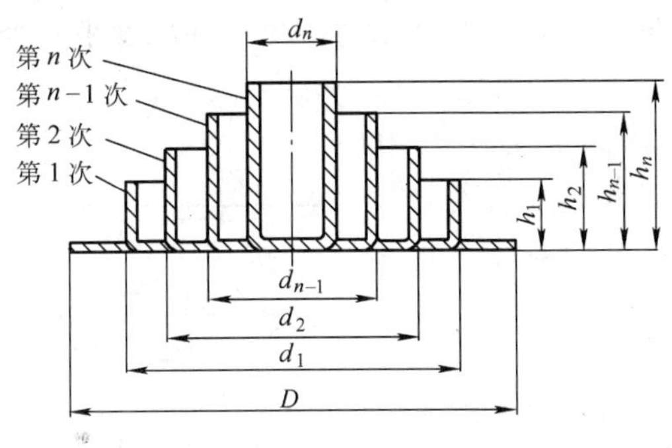

图 9-26　多次拉伸时圆直径的变化

(2)凸、凹模的转角处必须有圆角，以使材料在此处容易流动。圆角半径的确定：钢制拉伸件一般取 $r_{凹}=10\delta$(δ 为板厚)，$r_{凸}=(0.6\sim1)r_{凹}$。圆角过小，则容易拉裂。

(3)控制凸、凹模间隙，一般取 $Z=(1.1\sim1.2)\delta$。

(4)注意模具的润滑，拉伸时要加润滑剂，可降低侧壁部分的拉伸应力，也能减小模具磨损。

(5)采用压边圈进行拉伸，可有效防止拉伸起皱。

2)弯曲

弯曲是将板材、型材或管材冲压成一定角度和圆弧，而形成一定形状的成形工序。图 9-27 所示为弯曲过程及典型弯曲件。

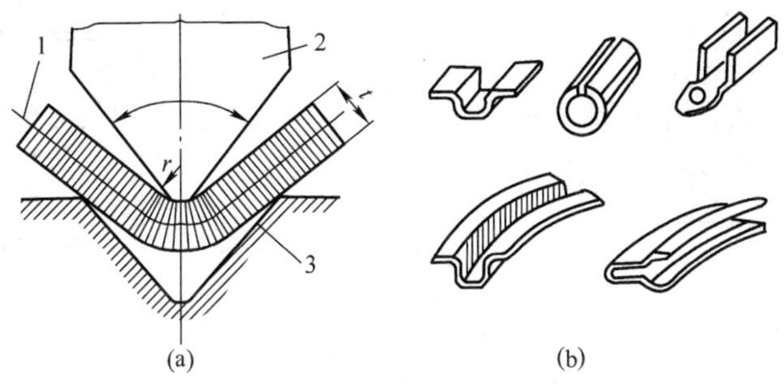

图 9-27　弯曲过程及典型弯曲件

(a)弯曲过程；(b)弯曲产品。

弯曲时，坯料内侧受压缩，处于压应力状态。外侧受拉伸，处于拉应力状态。中间有一层材料既不被压缩也不被拉伸，这层材料称为中性层。

弯曲时，最外层金属受切向拉应力和切向伸长变形最大。当拉应力超过材料的抗拉强度时，将产生弯裂现象。坯料越厚、内弯曲半径 r 越小，坯料压缩和拉伸应力越大，越容易弯裂。

弯曲件容易产生的缺陷主要有弯裂、回弹和偏移等。通常采取以下防止措施：

(1)为防止弯裂，弯曲模的弯曲半径要大于限定的最小弯曲半径 r_{min}，通常取 $r_{min}=(0.25\sim1)\delta$。

(2)弯曲时，应尽可能使弯曲线与坯料纤维方向垂直。不仅能防止弯裂，而且有利于提高零件的使用性能。

(3)弯曲时存在弹性变形，外力去除后，由于弹性变形恢复，弯曲件弯曲角增大，此现象称为回弹。为保证零件的尺寸精度，其角度应比零件角度小一个回弹角。一般回弹角为 0°～10°。

(4)偏移是坯料沿凹模圆角变形时，由于坯料受到不均匀摩擦阻力的影响产生向左或向右偏移的现象。可利用零件上的工艺孔或压料装置加以消除。

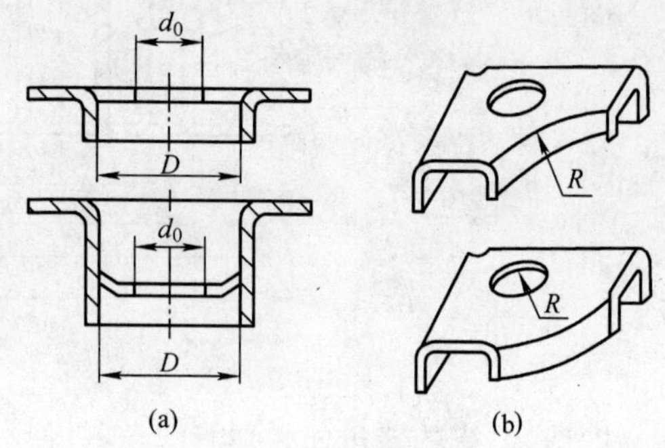

图 9-28　翻边

(a)孔翻边；(b)外缘翻边。

3)翻边

将工件的内孔或外缘翻成直立边缘的成形工序称为翻边，如图 9-28 所示。

4)胀形

使筒形坯料壁部扩张的成形工序称为胀形。可以采用软模(橡胶)胀形、液压胀形或机械胀形。图 9-29 所示为软模胀形。

5)起伏

将坏料局部压制出各种形状的凸起或凹陷的成形工序称为起伏，多用于薄板零件上压制加强筋、文字和花纹等。图 9-30 所示为采用橡胶凸模压制加强筋。

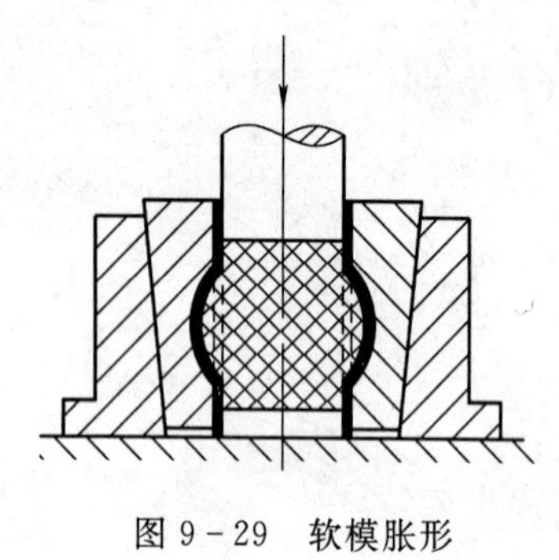

图 9-29　软模胀形

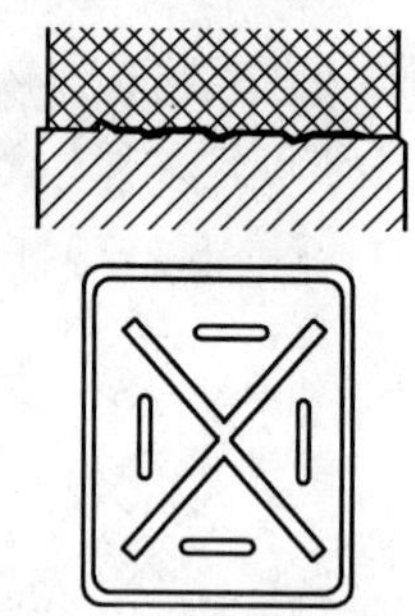

图 9-30　软模压筋

9.4.4　冲压件的结构工艺性

冲压件的结构工艺性是指冲压件对冲压加工工艺的适应性。良好的冲压工艺性应在满足零件使用性能要求的前提下，以最简单、最经济的冲压方式加工出来。影响冲压件结构工艺性的主要因素有冲压件的几何形状、尺寸、材质以及精度要求等。

1. 对冲裁件的要求

冲裁件的结构工艺性应考虑以下三点：

(1)冲裁件的形状应力求简单、对称，尽可能采用圆形或矩形等规则的形状，避免过长、过窄的槽和悬臂结构，以有利于材料的合理利用和降低模具制造的难度。

(2)冲裁件的转角处要以圆弧过渡，避免尖角，以避免尖角处因应力集中而被模具冲裂。

(3)冲裁件的孔间距和孔边距以及外缘凸出或凹进的尺寸都不能过小，否则模具强度和冲裁件质量会降低。孔及其有关尺寸如图 9－31 所示。

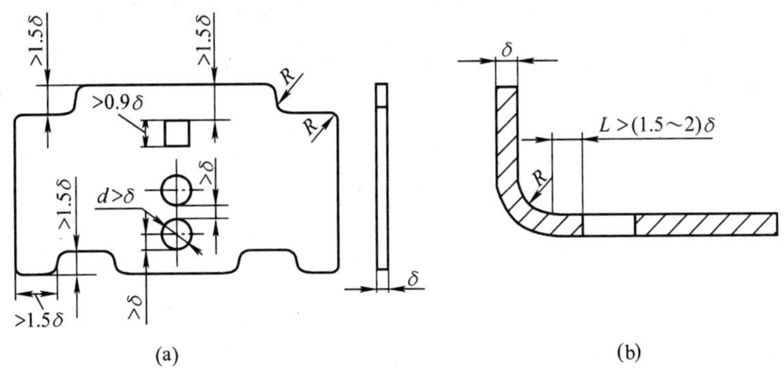

图 9－31　冲裁件结构工艺性示意图

2. 对拉伸件的要求

(1)拉伸件外形简单对称，拉伸次数尽量少并容易成形。

(2)拉伸件的圆角半径不能过小，否则必将增加拉伸次数和校形工序。圆角半径如图 9－32 所示。

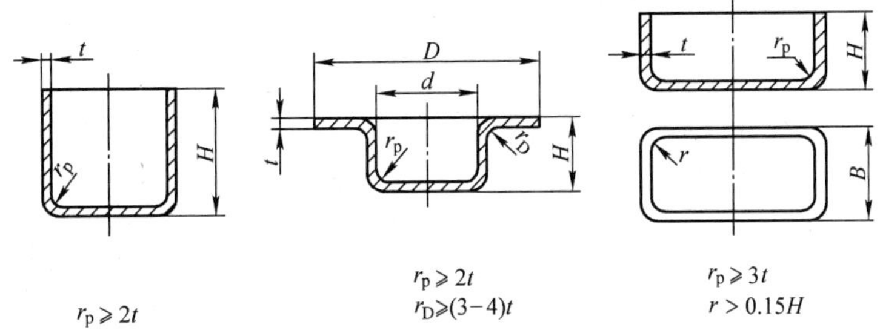

图 9－32　拉伸件的圆角半径

(3)拉伸件的壁厚的变薄率一般不应超过 10%～18%。

3. 对弯曲件的要求

(1)弯曲件尽量对称，弯曲半径不能小于材料的最小弯曲半径 $r_{min}/\delta \geqslant (0.25 \sim 1.0)$，以免弯裂。

(2)零件弯曲边高度 $H > 2\delta$，弯曲边过短则成形困难。若零件要求 $H < 2\delta$，应采用加压槽或增加弯曲边高度然后加工去掉。

(3)若弯曲附近有孔时，则孔容易变形。因此，孔的边缘距弯曲中心应有一定的距离，即 $L > (1.5 \sim 2)\delta$。若零件孔精度要求较高，则应弯曲后再冲孔。

4. 冲压件的精度和表面质量

通常对冲压件的精度要求不应过高，否则需要增加精整工序或者进行切削加工，这样就会提高成本。冲压工艺的精度一般是：

落料不超过 IT10、冲孔不超过 IT9、弯曲不超过 IT9～IT10、拉伸件的高度尺寸精度为 IT8～IT10，经整形工序后精度可达 IT6～IT7，直径公差为 IT9～IT10。

一般冲压件的表面质量不应高于板料的表面质量，否则要增加精整工序或者进行切削加工。

9.5 其他塑性成形方法简介

9.5.1 精密模锻

普通模锻件的尺寸精度一般为IT13，表面粗糙度值 R_a 大于12.5μm。通常都要经过随后的切削加工而成为产品零件。为了使模锻件少切削甚至无切削加工，近年来在普通模锻的基础上，发展了精密模锻。

精密模锻的方法较多，常见的是在普通模锻设备(如摩擦压力机、曲柄压力机、高速锤、液压螺旋压力机等)上，装置高精度锻模，采用合理的成形工艺，直接锻出产品零件，如锻制伞齿轮和汽轮叶片等，锻件公差可在±0.02mm以下。另外，正在研究和发展的等温锻造、超塑性锻造以及粉末锻造等也属于精密模锻的范畴。

精密模锻具有以下工艺特点：

(1)选择合理的成形工艺，精确计算原始坯料质量和尺寸，严格按坯料质量下料，以防止锻件尺寸偏差增大，使锻件精度降低。

(2)采用无氧化或少氧化加热，减少坯料表面氧化皮。

(3)仔细清理坯料表面，除净氧化皮、脱碳层及其他缺陷。

(4)提高精密模膛加工精度，通常模膛精度要比锻件精度高1级～2级。利用导柱、导套装置准确合模。模膛内应开出小孔以便精锻及时排气，减小金属流动阻力，更易于充满模膛。

(5)模锻时要有较好的润滑和冷却锻模的条件。

9.5.2 高速锤锻

利用高压气体使活塞高速运动，迫使锤头下击和框架沿导轨上升作高速相对运动，对坯料进行悬空对打使金属塑性成形的加工工艺称为高速锤锻。

高速锤锻的主要特点如下：

(1)高速锤打击速度可达30m/s，金属瞬时(0.001s～0.002s)成形。由于高速成形，热量来不及散失，热效应大，使金属坯料的可锻性大大提高。

(2)锻件精度高、质量好。若采用无氧加热，使坯料表面保持无氧化皮，以及有良好的润滑条件，则能获得较高精度锻件。

(3)材料利用率高。高速锤锻的加工余量、公差、模锻斜度及圆角半径都很小，可节约材料。

(4)设备轻巧、投资少。高速锤质量只是一般模锻锤的1/5～1/10，且对厂房和地基无特殊要求。但对打时噪声很大，且模具磨损快。

高速锤锻适用于锻造形状复杂、薄壁高筋的高精度锻件，如叶片、涡轮、壳体、齿轮等多种产品。也可锻造强度高、塑性低的材料，如铝、镁、铜、钛合金，高强度钢、耐热钢、工具钢及高熔点合金等。

9.5.3 超塑性成形

某些金属材料在特定条件下表现出的极高的塑性称为超塑性。例如，钢的伸长率 δ 超过 500%、纯钛超过 300%、锌铝合金超过 1000%等。在材料超塑性状态下进行的塑性变形称为超塑性成形。超塑性成形可应用于模锻、板料深冲压、板料气压成形及挤压成形等。

金属材料必须在特定条件下才能呈现超塑性。这些特定条件包括①晶粒要达到超细化程度，晶粒平均直径为 0.4μm～0.5μm。生产中常用冶炼、热处理或冷、热变形等方法获得稳定的等轴超细晶粒。②变形要在特定的温度下等温进行，等温温度为 $0.5\ T_{熔}$ ～ $0.7T_{熔}$。③变形速度低，应变速率在 $10^{-4}/s$～$10^{-2}/s$ 之间。

超塑性成形工艺具有以下特点：

(1)超塑性状态下的金属材料在拉伸过程中，不产生缩颈现象，晶粒均匀细小，整体力学性能均匀一致。

(2)超塑性状态下金属材料变形应力比常态下降低几倍至几十倍。因此，对过去只能采用铸造成形的镍基合金，也可以进行超塑性模锻，且金属填充模膛性能好，锻件尺寸精度高。

(3)超塑性变形条件要求严格，成本高、生产率低，所以目前应用范围受到限制。

目前，常用的超塑性成形材料有锌铝合金、铝基合金、钛合金及高温合金等。

思考题与习题

9-1 解释加工硬化、回复和再结晶、冷加工和热加工。

9-2 何谓金属的锻造性能？影响金属锻造性能的因素有哪些？

9-3 坯料锻造之前为什么加热？加热过程可能会产生什么缺陷？如何防止加热缺陷？

9-4 锻件冷却方式对锻件质量有何影响？不同化学成分的钢如何冷却？

9-5 根据图 12-6 典型锻件图，计算坯料的质量和尺寸并图示其主要变形工序。

9-6 如何确定模锻件分模面的位置？模锻件分面与铸件的分型面有何异同？

9-7 试比较自由锻造和锤上模锻的工艺特点及应用。

9-8 冲压有哪些基本工序？各工序的工艺特点是什么？

9-9 拉伸模与冲裁模有何根本的不同？

第10章 焊 接

焊接是通过加热或加压或二者并用，并且用或不用填充材料，使原本分离的两焊件达到原子间的结合而形成永久性连接的工艺方法。

在金属加工工艺领域中，焊接属于连接方法之一，也是一种重要的材料加工工艺。焊接已发展为一门独立的学科，它广泛地应用于石油化工、电力、航空航天、海洋工程、核动力工程、微电子技术、桥梁、船舶以及其他各种金属结构等。

焊接与机械连接(如铆接、螺纹连接等)相比，具有以下特点：

(1)能减轻结构质量，节省大量金属材料。

(2)接头密封性好，外观平整。

(3)能拼焊复杂、大型结构件，可制造双金属材料结构。

(4)焊件易产生应力和变形，同时焊接接头易产生缺陷等。

焊接的方法很多，按其工艺特点可分三大类(图10-1)：

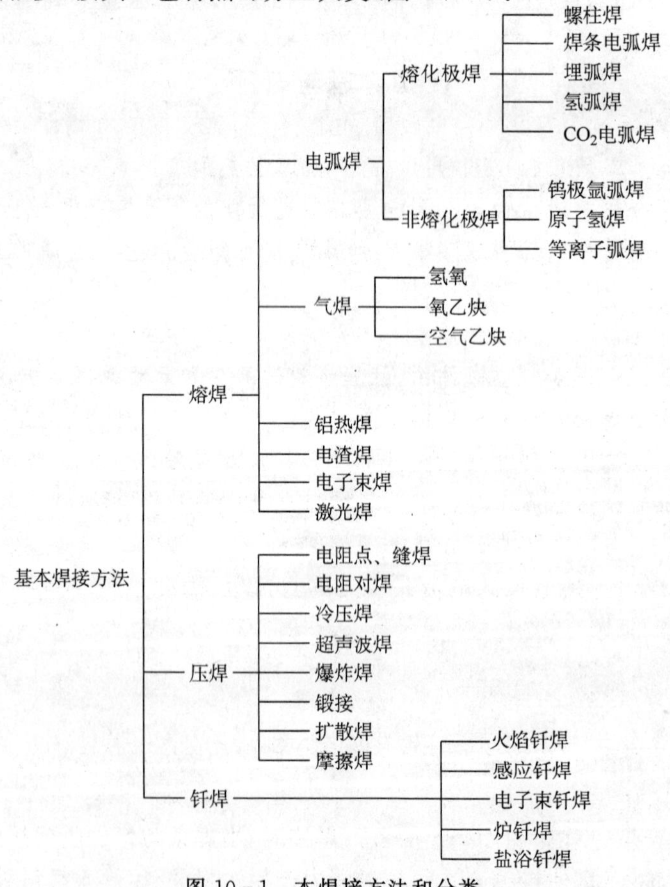

图10-1 本焊接方法和分类

(1)熔焊。是利用某种热源将焊件局部和填充金属材料一起加热到熔化状态后组成熔池，冷却凝固后将焊件连接为一个整体的焊接方法。

(2)压焊。焊接过程中不论加热还是不加热，都要对焊件施加一定的压力，使结合处产生一定的塑性变形，从而使焊件连接起来的方法。

(3)钎焊。将熔点低于焊件金属的合金材料(称为钎料)放在焊件结合处一起加热，仅使钎料熔化并填充到连接处的缝隙中去，钎料冷却凝固后而使焊件连接起来的方法。

10.1 焊条电弧焊

焊条电弧焊是指用手工操纵焊条进行焊接的焊接方法，焊接过程如图10-2所示。弧焊机的两电极分别与焊件和焊钳相连接，焊条夹持在焊钳上。焊接时，焊条和焊件之间产生的电弧使焊件局部熔化形成熔池，焊条作为一电极，其端部在电弧的作用下不断被熔化，形成熔滴进入熔池，熔池随着电弧的向前运动而移动，冷却凝固后形成焊缝。焊条药皮熔化成熔渣，冷却后形成渣壳覆盖在焊缝上。

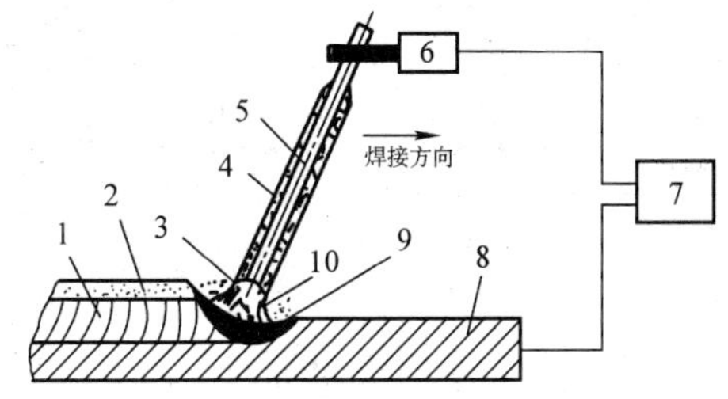

图10-2 焊条电弧焊焊接过程示意图

1—焊缝；2—渣壳；3—熔滴；4—焊条药皮；5—焊条芯；6—焊钳；7—弧焊机；8—焊件；9—熔池；10—电弧。

焊条电弧焊使用的设备和工具简单，方法简便灵活，适应性强，能进行任意空间位置和各种接头形式的焊接。但劳动条件较差、生产率低，对工人技术水平要求较高，焊接质量不够稳定。因此，焊条电弧焊适用于单件小批量生产。

焊条电弧焊适用于碳钢、低合金钢、不锈钢、铜及铜合金等金属材料的焊接，以及铸铁焊补和各种金属材料的堆焊等，焊件厚度一般在1.5mm以上。

10.1.1 焊接设备

焊条电弧焊的主要设备是弧焊机。有交流弧焊机和直流弧焊机两种。

1. 交流弧焊机

交流弧焊机供给焊接电弧的电流是交流电，其特点是焊机结构简单、成本低、维修容易、使用可靠以及工作时噪声小等，但电弧稳定性较直流弧焊机差。

2. 直流弧焊机

直流弧焊机供给焊接电弧的电流是稳定的直流电，因此，电弧稳定，焊接质量较好。但直流弧焊机结构复杂、成本高、维修困难、工作时噪声大。

10.1.2 焊接电弧

焊接电弧是在焊件和焊条之间的气体介质中产生的强烈而持久的放电现象。

1. 焊接电弧的产生

焊接电弧的产生过程如图10-3所示。焊接时，当焊条与焊件瞬间接触后，形成短路而产生很大的短路电流，使接触点在很短时间内产生大量的热，焊条接触处与焊件温度迅速升高。将焊条提起 2mm～4mm 后，焊条与焊件之间就形成了由高温空气、金属及药皮蒸气所组成的气体空间，在电场的作用下，这些高温气体极易被电离成为正离子和自由电子，带正电荷的正离子奔向阴极，而带负电荷的自由电子奔向阳极。在运动途中和到达两极表面时，它们又不断地发生碰撞与结合，就形成电弧而产生大量的光和热。

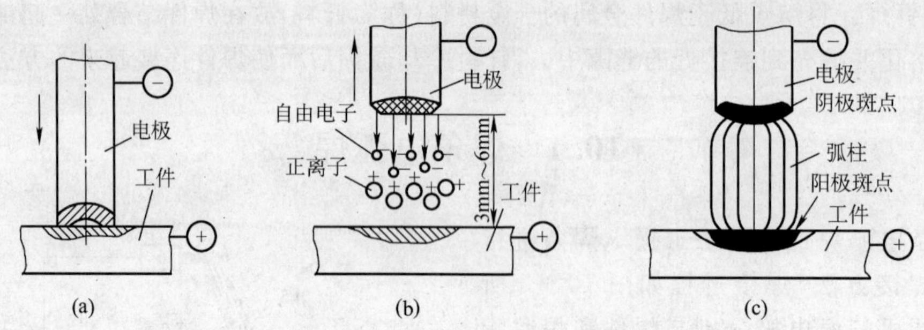

图 10-3　焊接电弧产生过程示意图

(a)电极与工件接触；(b)拉开电极；(c)引燃电弧。

2. 焊接电弧的组成及热量分布

焊接电弧可分为阴极区、弧柱区和阳极区三个区域。

(1)阴极区是电弧紧靠阴极的区域，其表面有一个明亮的斑点，称为阴极斑点，是发射电子的地方。发射电子要消耗一定的能量，所以，阴极区产生的热量不多，约占电弧总热量的 36%，钢电极温度约为 2400K。

(2)阳极区是电弧紧靠阳极的区域，其表面也有一个明亮的斑点，称为阳极斑点。阳极区产生的热量约占电弧总热量的 43%，钢电极温度约为 2600K。

(3)弧柱区是处于阴极区和阳极区之间的部分。弧柱区的热量占放出的电弧总热量的 21%。由于电弧热及弧柱中心散热慢，其温度高于两极，中心温度可达 6000K～8000K。

电弧温度的分布与电极(焊条和焊件)材料种类有关。当使用交流电焊时，由于电源极性瞬时变化，所以，两极的温度基本一样。

3. 焊接电弧的极性及选用

用直流弧焊机焊接时，由于阳极(正极)比阴极(负极)的温度高、热量大，所以就有两种不同的接线方法，即正接和反接。

(1)正接。它是焊件接正极，焊条接负极。正接时电弧的热量大部分集中在焊件，可加快焊件的熔化速度，加大熔深，因此，适于焊接较厚的焊件。

(2)反接。它与正接相反，即焊件接负极，焊条接正极。适于焊接薄板。

用交流弧焊机焊接时，因两极温度基本一样，故不存在正接、反接的问题。

10.1.3　焊接冶金特点

焊接时，熔化金属、熔渣和气体间进行着复杂的物理、化学反应。与一般冶炼反应相比，主要具有以下两个特点：

(1)由于焊接电弧和熔池金属温度很高，合金元素大量蒸发，电弧周围的 CO_2、N_2 和 H_2 等气体分子分解成原子或离子，这些原子或离子很容易进入到液体金属中。

(2)由于熔池的体积很小(质量一般不足10g),存在的时间短,加热及冷却速度极快,从局部金属开始熔化形成熔池,到完全凝固形成焊缝一般只有几秒钟的时间。因此,各种反应进行不充分,焊缝中化学成分有很大的不均匀性,且气体和杂质来不及逸出,易产生气孔和夹渣等缺陷。

为了保证焊缝金属获得预期的化学成分与性能,首先,焊前应清除焊件表面的铁锈、水分、油污等污物,以及烘干焊条等。然后,在焊接过程中,必须对焊接区进行保护,以防止空气的侵入。同时向熔池中添加合金元素,以改善焊缝金属的化学成分和组织。采取的方法是,用焊条药皮(其他熔焊方法用焊剂或保护性气体)将熔池金属与空气隔开。通过焊条药皮(或焊剂)对熔池金属进行合金化处理,以去除有害杂质,添加合金元素。

10.1.4 焊接热影响区

焊接接头由焊缝和热影响区组成,如图10-4所示。

由于焊条药皮在焊接过程中的保护和合金化作用,以及熔池的快速冷却,焊缝金属的化学成分和力学性能一般不低于母材(焊件),尤其是强度易达到使用要求。

热影响区是指靠近焊缝两侧受热影响的区域,它可分为熔合区、过热区、正火区和部分相变区。以低碳钢为例,对照铁碳合金相图分析上述区域的温度和组织,如图10-5所示。

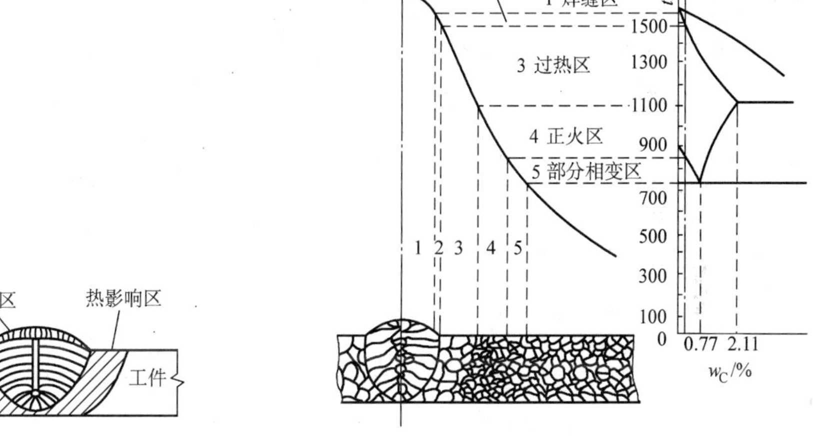

图10-4 焊接接头示意图

图10-5 低碳钢焊缝及热影响区的温度和组织

1. 熔合区

温度在液相线与固相线之间,此区金属部分熔化,组织为部分铸态组织和粗大的过热组织。对低碳钢而言,该区域很窄,对焊接接头性能影响不大;但中碳钢该区域较宽,成分和组织很不均匀,强度低,塑性和韧性差,容易在此区域产生裂纹和发生脆断。

2. 过热区

温度接近固相线并高于正火温度(约1100℃)。该区域钢的组织奥氏体晶粒严重粗大,还可能出现不正常组织,因而,过热区的力学性能差,特别是塑性和韧性很低,容易在焊接应力的作用下产生裂纹。

3. 正火区

温度在 1100℃～Ac_3 之间。由于在此温度下停留的时间很短，奥氏体晶粒不会显著长大，焊后空冷得到均匀细小的正火组织，故称正火区。正火区的力学性能比母材还要好些。

4. 部分相变区

温度在 Ac_3 与 Ac_1 之间。在此温度下，原始组织中的铁素体没有变化，只有珠光体转变为细晶粒的奥氏体，故称部分相变区，此区晶粒大小不均匀，但力学性能与母材差不多。

综上所述，熔合区和过热区是焊接接头中力学性能最差的部位，往往也是发生破坏的危险区。

热影响区是不可避免的，为了保证焊接质量，可在焊接时采取一些工艺措施，以缩小热影响区范围，或在焊接后进行热处理来改善其组织和性能。

10.1.5 焊条

焊条是指涂有药皮的供焊条电弧焊的熔化电极。焊条的质量不仅影响焊接过程的稳定性，而且直接决定焊缝金属的成分与性能，因而对焊接质量有重要影响。

1. 焊条的组成和作用

焊条由药皮和焊芯两部分组成。

1)焊芯

焊条中被药皮包覆的金属芯称为焊芯。焊芯在焊接中作为电弧的电极，熔化后作为填充金属进入熔池而成为焊缝的一部分。为了保证焊缝的质量，焊芯由专用的焊条钢盘条经拔丝、切断等工序制成。常用焊接用钢丝(包括埋弧焊和气体保护焊用的不包覆药皮的实芯焊丝)的牌号、化学成分及用途见表 10－1。

表 10－1 常用焊接用钢丝的牌号、化学成分及用途(摘自 GB/T14957—1995)

牌号	化学成分 w/%								用 途
	C	Mn	Si	Cr	Ni	S	P	Cu	
H08A	≤0.10	0.30～0.55	≤0.03	≤0.20	≤0.30	≤0.030	≤0.030		埋弧焊焊丝。焊接低碳钢和某些低合金钢件
H08E	≤0.10	0.30～0.55	≤0.03	≤0.20	≤0.30	≤0.025	≤0.025		
H08MnA	≤0.10	0.80～1.10	≤0.07	≤0.02	≤0.30	≤0.030	≤0.030		埋弧焊焊丝。焊接碳钢和相应强度等级的低合金钢件
H10Mn2	≤0.12	1.50～1.90	≤0.07	≤0.20	≤0.30	≤0.040	≤0.040		埋弧焊焊丝。焊接碳钢和低合金钢件
H10MnSi	≤0.14	0.80～1.10	0.60～0.90	≤0.20	≤0.30	≤0.030	≤0.040	≤0.35	埋弧焊用镀铜焊丝。焊接重要的低碳钢和低合金钢件

表中："H"表示焊接用钢丝(包括焊芯和实芯焊丝)。后面两位数字表示含碳量的万分数。化学元素符号及其后面的数字表示该元素平均含量的百分数(含量小于 1%时，不标出)。"A"表示优质钢。"E"表示高级优质钢。例如，H08MnA 表示 $w_C = 0.08\%$、$w_{Mn} < 1\%$的优质焊接用钢丝。

2)药皮

压涂在焊芯表面的涂料层称为药皮。药皮在焊接过程中分解，熔化后形成气体和熔渣，起到机械保护、冶金处理和改善工艺性能的作用，常用焊条药皮原料的种类、名称及作用见表10-2。

表10-2 焊条药皮原料的种类、名称及作用

原料种类	原料名称	作用
稳弧剂	碳酸钾，碳酸钠，长石，大理石，钛白粉，钠水玻璃，钾水玻璃	改善引弧性能，提高电弧燃烧的稳定性
造气剂	淀粉，木屑，纤维素，大理石	造成一定量的气体，隔绝空气，保护焊接熔滴与熔池
造渣剂	大理石，萤石，菱苦土，长石，锰矿，钛铁矿，黄土，钛白粉，金红石	造成具有一定物理—化学性能的熔渣，保护焊缝。碱性渣中的CaO还可脱硫、磷
脱氧剂	锰铁，硅铁，钛铁，铝铁，石墨	降低电弧气氛和熔渣的氧化性，脱除金属中的氧。锰还起脱硫作用
合金剂	锰铁，硅铁，铬铁，钼铁，钨铁	使焊缝金属获得必要的合金成分
胶黏剂	钾水玻璃，钠水玻璃	将药皮牢固的粘在焊芯上

2. 焊条的分类

常用的焊条分类有以下两种：

1)按焊条用途分

(1)碳钢焊条：现行国家标准为GB/T5117—1995《碳钢焊条》。

(2)低合金钢焊条：现行国家标准为GB/T5118—1995《低合金钢焊条》。

(3)钼和铬钼耐热钢焊条：在国家标准中多数属于低合金钢焊条，小部分属于不锈钢焊条。

(4)低温钢焊条：大部分属于低合金钢焊条。

(5)不锈钢焊条：现行国家标准为GB/T983—1995《不锈钢焊条》。

(6)堆焊焊条：现行国家标准为GB/T984—2001《堆焊焊条》。

(7)铸铁焊条：现行国家标准为GB/T10044—88《铸铁焊条及焊丝》。

(8)镍及镍合金焊条：现行国家标准为GB/T13814—92《镍及镍合金焊条》。

(9)铜及铜合金焊条：现行国家标准为GB/T3670—1995《铜及铜合金焊条》。

(10)铝及铝合金焊条：现行国家标准为GB/T3669—2001《铝及铝合金焊条》。

(11)特殊用途焊条：主要用于特殊环境或特殊材料的焊接，如水下、铁锰铝合金焊接及堆焊高硫、滑动摩擦面等。

2)按熔渣碱度分

(1)酸性焊条。是指药皮中含有较多酸性氧化物的焊条，焊后形成的熔渣呈酸性。这类焊条的电弧燃烧稳定，可交直流两用。具有熔渣流动性好、飞溅小、焊缝成形平整以及脱渣容易等优点。但由于焊缝金属中含有较多的氢和非金属夹杂物，故焊缝金属的塑性和韧性较差，所以，酸性焊条一般适于焊接低碳钢和不重要的结构件。

(2)碱性焊条。是指药皮中含有较多碱性氧化物的焊条,焊后形成的熔渣呈碱性。用这类焊条进行焊接,焊缝金属的力学性能和抗裂能力都高于酸性焊条。但电弧稳定性较差,对油、锈、水的敏感性大,易产生气孔等。应采用直流焊接电源。它主要用于焊接重要的结构件,如压力容器、船舶等。

3. 焊条的型号与牌号

1)焊条型号

它是指在国家标准或国际权威组织的有关法规中根据焊条指标而明确规定的代号。型号内容所规定的焊条质量标准,是生产、使用、管理及研究等有关单位必须遵照执行的。例如,在GB/T5117—1995《碳钢焊条》中规定的碳钢焊条型号,是根据熔敷金属的力学性能、药皮类型、焊接位置及焊接电流种类划分的,见表10-3。

表10-3 碳钢焊条的型号、药皮类型、焊接位置及电流种类

焊条型号	药皮类型	焊接位置	电流种类
E43系列——熔敷金属抗拉强度≥43kgf(1kgf=9.8N)/mm²(420MPa)			
E4300	特殊型	平焊,立焊,仰焊,横焊	交流或直流正、反接
E4301	钛铁矿型	平焊,立焊,仰焊,横焊	交流或直流正、反接
E4303	钛钙型	平焊,立焊,仰焊,横焊	交流或直流正、反接
E4312	高钛钠型	平焊,立焊,仰焊,横焊	交流或直流正接
E4315	低氢钠型	平焊,立焊,仰焊,横焊	直流反接
E4320	氧化铁型	平角焊(水平角焊)	交流或直流正接
E4328	铁粉低氢型	平角焊(水平角焊)	交流或直流反接
E50系列——熔敷金属抗拉强度≥50kgf/mm²(490MPa)			
E5001	钛铁矿型	平焊,立焊,仰焊,横焊	交流或直流正、反接
E5003	钛钙型	平焊,立焊,仰焊,横焊	交流或直流正、反接
E5011	高纤维钾型	平焊,立焊,仰焊,横焊	交流或直流反接
E5015	低氢钠型	平焊,立焊,仰焊,横焊	直流反接
E5024	铁粉钛型	平焊,平角焊	交流或直流正、反接
E5048	铁粉低氢型	平焊,立焊,仰焊,向下立焊	交流或直流正、反接

焊条型号以字母E与后缀四位数字组成。前两位数字表示熔敷金属最低抗拉强度值。第三位数字表示焊条的焊接位置,其中,"0"和"1"表示焊条适用于全位置(平、立、横、仰)焊接。"2"表示焊条适用于平焊及平角焊。"4"表示适用于立向下焊接。第三位与第四位组合表示焊接电流种类及药皮类型。

2)焊条牌号

它是指焊条生产厂家对产品所规定的代号。通常采用由代表用途的字母和其后缀三位数字组成。常用的代表用途的字母见表10-4。三位数字中前两位表示对熔敷金属的主要要求,如碳钢焊条表示熔敷金属的最低抗拉强度值。第三位数字表示药皮类型及焊接电流种类。见表10-5。

例如,焊条牌号J422的含义是:"J"表示结构钢焊条;"42"表示焊缝的抗拉强度不低于420MPa;"2"表示氧化钛钙型涂层,可用于直流或交流焊接。

表 10-4 焊条牌号代号字母

焊条类别	代号字母	焊条类别	代号字母
碳钢焊条,低合金钢焊条	J	铸铁焊条	Z
钼和铬耐热钢焊条	R	镍及镍合金焊条	N
铬不锈钢焊条	G	铜及铜合金焊条	T
铬镍不锈钢焊条	A	铝及铝合金焊条	L
堆焊焊条	D	特殊用途焊条	TS
低温钢焊条	W		

表 10-5 焊条牌号中第三位数字的含义

焊条牌号	药皮类型	电流种类	焊条牌号	药皮类型	电流种类
□××0	不属已规定类型	不规定	□××5	纤维素型	交、直流
□××1	氧化钛型	交、直流	□××6	低氢钾型	交、直流
□××2	钛钙型	交、直流	□××7	低氢钠型	直流
□××3	铸铁矿型	交、直流	□××8	石墨型	交、直流
□××4	氧化铁型	交、直流	□××9	盐基型	直流

4. 焊条的选用

焊条的种类很多,应用范围各有不同。焊条选择是否正确,对焊接质量、生产率及成本都有很大影响。一般应按以下原则选用:

(1)对于低碳钢和低合金、高强度结构钢的焊件,通常要求焊缝金属与焊件(母材)等强度。此时,可按焊件强度选用相同强度等级的焊条,例如,焊件材料为 Q235A 钢,其抗拉强度为 420MPa,则应选用 E43 系列的焊条。需注意的是,在焊接强度较高的材料时,如果结构的尺寸较大或形状复杂,或受力情况复杂,应选用强度等级稍低的焊条。

(2)对于不锈钢、耐热钢、耐蚀钢的焊件,为保证焊接接头的特殊要求,通常选用与焊件化学成分相同或相近的焊条。若焊件中含有较多的 C、S、P 元素,应选用抗裂性好的碱性焊条。

(3)对于承受交变载荷或冲击载荷的焊件,应选用抗裂性好的碱性焊条。

(4)对于在特殊环境下工作,如腐蚀介质、高温、低温、磨损等情况下,应选用相应的特殊性能焊条,如不锈钢焊条、耐热钢焊条、低温钢焊条、耐磨堆焊焊条。

(5)对于形状复杂、刚度大的焊件,由于焊缝金属在冷却收缩时将产生较大的内应力,易产生裂纹,应选用碱性焊条。若焊接部位难以清理干净,应选用酸性焊条。对于被焊件因受条件限制不能翻转时,必须选用全位置焊接的焊条。

此外,选用焊条时,还应考虑现场条件、设备以及生产成本等。

焊条类型确定后,还应根据工件厚度、焊缝位置等因素,选用不同直径的焊条。通常焊件越厚,焊条直径也应越大。

10.1.6 焊条电弧焊工艺

1. 焊前准备

1)下料、整形和清理

根据图纸和结构的要求进行下料、整形和表面清理,对某些结构还需进行焊前的组装。

2)接头形式和坡口

根据焊件厚度、结构形状以及使用条件的不同,接头的基本形式有:对接接头、搭接接头、角接接头和T型接头,如图10-6所示。

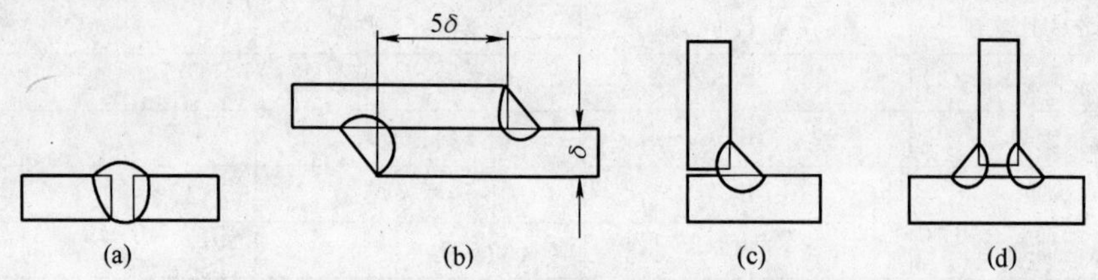

图10-6 焊接接头形式

(a)对接接头;(b)搭接接头;(c)角接接头;(d)T型接头。

为了使焊件焊透,并减少母材在焊缝金属中所占的比例,保证焊缝的化学成分和力学性能,在焊接接头处都应留有坡口。坡口的形式与焊件厚度有关。焊条电弧焊常见坡口的基本形式有:I型坡口、V型坡口、带钝边V型坡口、单边V型坡口、X型坡口、带钝边U型坡口、带钝边双U型坡口、K型坡口、J型坡口等,见表10-6。

表10-6 焊条电弧焊常用的焊缝坡口基本形式与标注方法

(摘自GB/T985—1998、GB/T324—88、GB/T3375—94)

工件厚度/mm	坡口形式	符号	简图,接头形式,坡口尺寸/mm	简图,焊缝形式	标注方法
1~3	I型坡口	‖	对接接头 b δ	对接焊缝 b=0~1.5	b b
3~6				对接焊缝(双面焊) b=0~2.5	b
6~26	V型坡口 (带钝边)		对接接头 a P δ b a=40°~60°;b=0~3; P=1~4	对接焊缝	a·b P P a·b
				对接焊缝(有根部焊道)	P a·b a·b P
12~60	X型坡口 (带钝边)		对接接头 a b P δ a a=40°~60°;b=0~3; P=1~3	对接焊缝	a·b P

（续）

工件厚度/mm	坡口形式	符号	简图,接头形式,坡口尺寸/mm	简图,焊缝形式	标注方法
2～8	I型坡口	‖	角接接头 b=0～2	对接焊缝	
2～30	I型坡口	‖	T型接头 b=0～2,仅适用于薄板		
				对接和角接组合焊缝	
			搭接接头 b=0～2;i值由设计确定	角焊缝隙	

2. 焊缝的空间位置

根据焊缝在空间的位置不同,分为平焊、横焊、立焊和仰焊,如图 10－7 所示。

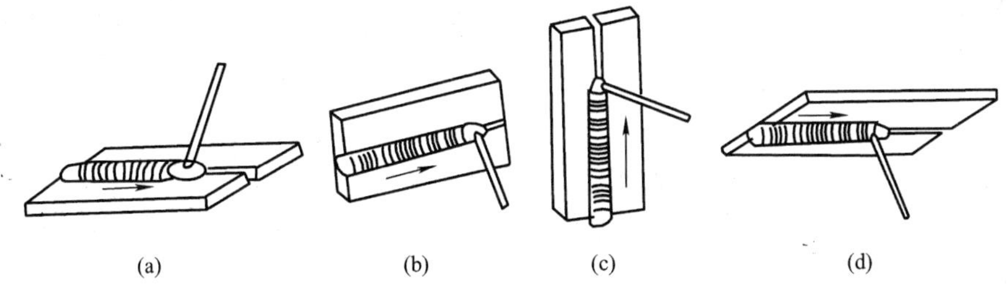

图 10－7　各种空间位置的焊缝

(a)平焊;(b)横焊;(c)立焊;(d)仰焊。

1)平焊

是在焊件水平面或接近水平面上,水平方向进行的焊接。由于焊条熔滴靠自重落入熔池,不会外流,飞溅较小,操作方便,焊缝质量容易控制。所以,焊接时应尽量使焊缝处于平焊位置。

2)横焊

是在焊件垂直立面或倾斜面上水平焊缝的焊接。由于横焊时熔滴受重力作用,容易流向焊缝的下边,会发生熔化不良、未焊透等缺陷。

3)立焊

是在焊件垂直立面上或倾斜面上进行垂直方向的焊接。由于熔滴容易向下流淌,故不易操作。

4)仰焊

是焊条位于焊件下方,焊工仰视焊件进行的焊接。仰焊时熔滴受重力作用,最容易下落,故最难操作,焊件质量也难以控制。

3. 焊接工艺参数

焊条电弧焊时,其工艺参数主要有焊条直径、焊接电流、焊接电压、焊接速度和焊接的层数等。

1)焊条直径

主要根据焊件的厚度来决定,同时还应考虑焊接接头形式、焊缝在空间的位置以及对焊缝质量要求等诸多因素。

一般情况下,平焊时,焊件厚度与焊条直径的关系,见表10-7。

表10-7 焊条直径选择的参考数值

焊件厚度/mm	≤1.5	2	3	4~7	6~12	≥13
焊条直径/mm	1.6	1.6~2	2.5~3.2	3.2~4	4~5	4~5.8

立焊时,焊条的直径应小些,最大直径不超过5mm。横焊和仰焊时,焊条直径还应更小些,最大直径不超过4mm。角焊和搭接焊时,其焊条直径比对焊时可大一些。

进行多层焊时,第一层焊道应采用直径较小的焊条,以便使焊条能伸入根部来保证焊透。以后各层焊道可根据焊件厚度、坡口形式,逐渐采用较大直径的焊条。

2)焊接电流

焊接电流的大小直接影响焊缝质量和焊接生产率。

焊接电流过大,会导致熔池体积增大而造成金属飞溅、组织过热、焊接咬边和烧穿焊件等缺陷。同时,也会引起焊条发热、药皮过早脱落,熔渣不能紧紧覆盖焊缝表面,焊缝表面粗糙等。

焊接电流过小,会产生电弧不稳,容易短路和断弧,造成焊缝夹渣、未焊透等缺陷、且焊接速度慢、生产率低。

影响焊接电流的因素很多,有焊条类型、焊条直径、焊件厚度、接头形式以及焊缝的空间位置等,但其中主要的是焊条直径和焊缝的空间位置。

焊接平焊缝时,通常按表10-8选择。

表10-8 焊接电流选择的参考数值

焊条直径/mm	1.6	2.0	2.5	3.2	4.0	5.0	5.8
焊接电流/A	25~40	40~70	70~90	90~130	160~210	220~270	260~310

在横焊、立焊时,焊接电流应比平焊时减少10%~15%,以免熔池过大,液态金属外流。在仰焊时,焊接电流应减少15%~20%。

3)焊接电压和焊接速度

焊接电压的大小实际上反映电弧的长度。一般要求电弧长度不超过2mm～4mm。焊接速度以保证焊缝的尺寸符合工艺要求为准，这两项通常由焊工根据焊缝尺寸及其他条件自行掌握。

4)焊接层数

焊接厚板时，应多层施焊。层数过少，每层焊缝厚度过大，会导致焊接接头过热而增大热影响区。层数过多，会增大焊件变形且降低生产率。通常以每层厚度不大于4mm～5mm为宜。

10.2 其他焊接方法

10.2.1 埋弧焊

埋弧焊是指电弧在焊剂层下燃烧进行焊接的一种熔焊方法。

典型的埋弧焊机由焊接电源、控制箱和焊接小车三大部分组成，如图10－8所示。焊接时，焊剂从焊料漏斗漏出后均匀地堆敷在焊件焊缝的表面。焊丝由送丝机构送进，经导电嘴送入焊接电弧区。小车沿焊缝自动行走。全部操作过程，如引弧、送丝、行走、停车等，全由操纵小车上的控制系统自动完成。

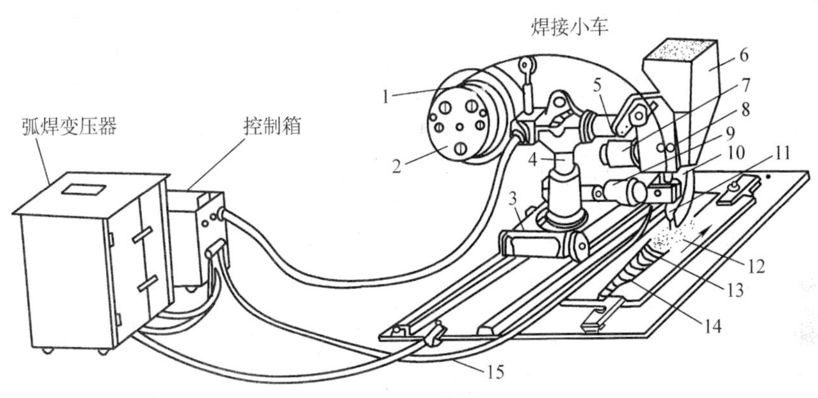

图10－8　埋弧焊机示意图

1—焊丝盘；2—操纵盘；3—车架；4—立柱；5—横梁；6—焊剂漏斗；7—送丝电动机；8—送丝滚轮；9—小车电动机；10—机头；11—导电嘴；12—焊剂；13—渣壳；14—焊缝；15—焊接电缆。

埋弧焊的焊缝形成过程，如图10－9所示。焊丝末端在焊剂层下与焊件之间产生电弧，电弧热量使周围的焊剂熔化并形成高温气体将熔化了的熔渣排开形成一个气腔，使电弧与外界空气隔绝。焊丝便不断熔化形成熔滴下落，与熔化了的焊件金属混合形成熔池，随着电弧不断地向前移动，熔池中的液态金属也随之凝固而形成焊缝。浮在熔池表面的熔渣冷却后成为渣壳，可起着减慢焊缝冷却速度的作用。

与焊条电弧焊相比，埋弧焊有以下特点：

(1)焊缝质量高。由于电弧和熔池均处在液态焊剂和熔渣保护下，效果比焊条电弧焊好，焊接工艺参数稳定，因此，焊缝质量高，表面光滑平直，同时，热量集中、焊接速度快、热影响区小、焊件变形小。

(2)生产率高。可采用大的焊接电流，且焊丝是连续送进，厚度在 20mm 以下的焊件不用开坡口就可一次焊透。

(3)焊接成本低。较厚焊件不开坡口，既节约了因加工坡口而消耗的焊件金属和加工工时，也减少了焊缝中焊丝的填充量。而且，由于焊接时金属飞溅极少，又没有焊条头的损失，所以，也节约了填充金属。

(4)劳动条件好。由于实现了焊接过程的机械化，操作较简便，同时，在焊接过程中，电弧是在焊剂层下燃烧，没有弧光的危害，放出的烟尘和有害气体也较少，所以焊工的劳动条件好。

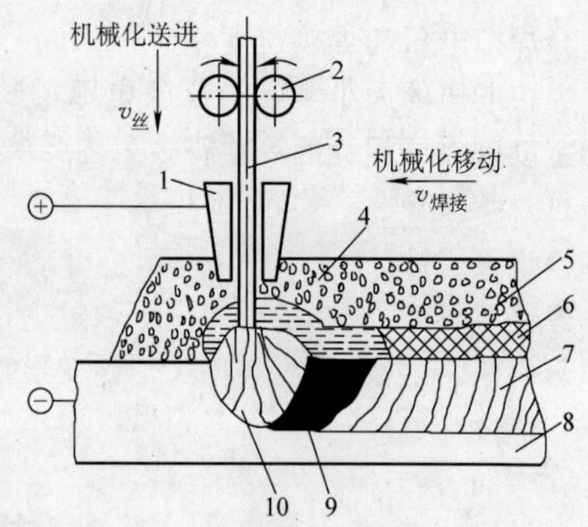

图 10-9　埋弧焊的焊缝形成过程

1—导电嘴；2—送丝轮；3—焊丝；4—渣池；5—焊剂层；6—渣壳；7—焊缝；8—焊件；9—熔池；10—电弧。

(5)难以在空间位置施焊。埋弧焊通常只适用于平焊位置的焊接。其他位置焊接需采用特殊措施以保证焊剂能覆盖焊接区。

(6)难以焊接易氧化的金属材料。这与焊剂成分有关，难以焊接铝、镁等对氧化性敏感的金属及其合金。

(7)对焊件装配质量要高。埋弧焊时焊件装配必须保证接口中间间隙均匀、焊件平整无错边现象。

(8)不适合焊接薄板和短焊缝。埋弧焊电弧的电场强度较高，故不适合焊接太薄的焊件。另外，由于受小车运动规律的限制，一般只适合焊接长直焊缝或大圆弧焊缝，对于焊接弯曲、不规则的焊缝或短焊缝则比较困难。

10.2.2　熔化极气体保护焊

熔化极气体保护焊是利用可熔化的焊丝与焊件之间的电弧，熔化焊丝与焊件金属，并向焊接区输送保护气体，使电弧、熔化的焊丝、熔池及附近的焊件金属隔绝周围空气。焊丝便不断熔化形成熔滴下落，与熔化了的焊件金属混合形成熔池，随着电弧不断地向前移动，熔池中的液态金属也随之凝固而形成焊缝。焊接过程示意如图 10-10 所示。

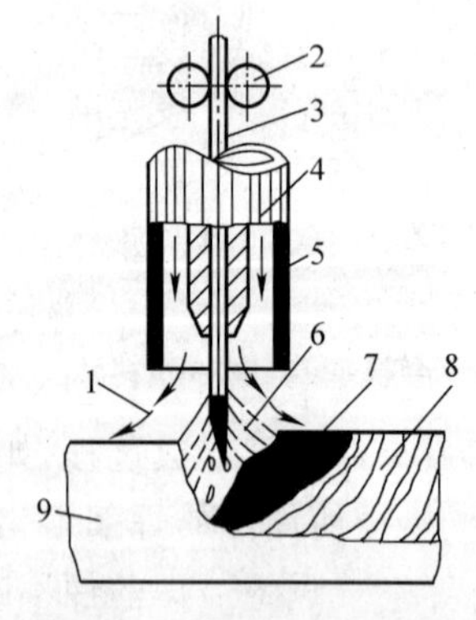

图 10-10　熔化极气体保护焊示意图

1—保护气体；2—送丝轮；3—焊丝；4—导电嘴；5—保护气体喷嘴；6—电弧；7—熔池；8—焊缝；9—焊件。

按保护气体的不同，熔化极气体保护焊分为三类，即以惰性气体 Ar、He 或 Ar+He 做保护气体时称为熔化极惰性气体保护焊(简称 MIG)。以惰性气体中加入一定量的活性气体(如 O_2、CO_2)作保护气体时称为熔化极活性气体保护焊(简称 MAG)。以 CO_2 做保护气体时称为二氧化碳气体保护焊(简称

CO_2 焊）。

熔化极气体保护电弧焊适于焊接大多数金属材料，其中，最适于焊接碳钢和低合金钢、不锈钢、耐热钢、铝及铝合金、铜及铜合金、镁及镁合金等。

与渣保护焊方法相比，熔化极气体保护焊有以下特点：

(1)气体保护焊是一种明弧焊。焊接过程中电弧及熔池的加热熔化情况清晰可见，便于发现问题与及时调整，所以，焊接过程和焊缝质量容易控制。

(2)通常采用实心焊丝时，焊接过程没有熔渣，焊后不需要清渣，可降低焊接成本。同时，该方法易进行全位置焊及实现机械化和自动化，故适用范围广、生产率高。

(3)焊接时采用明弧和使用的电流密度大，电弧光辐射较强。不适于在有风的地方或露天施焊，设备也比较复杂。

10.2.3 钨极惰性气体保护焊

钨极惰性气体保护焊，简称 TIG 焊，是以高熔点的纯钨或钨合金做电极，用惰性气体 Ar、He 或 Ar＋He 做保护气体的一种不熔化极电弧焊方法。通常把用氩气做保护气体的 TIG 焊称为钨极氩弧焊。

钨极惰性气体保护焊示意如图 10－11 所示。焊接时，惰性气体从焊枪的喷嘴中喷出，使电弧周围一定范围隔绝空气，利用钨极与焊件之间产生的焊接电弧熔化焊件及焊丝，焊丝根据焊件设计要求，可以填加或不填加。

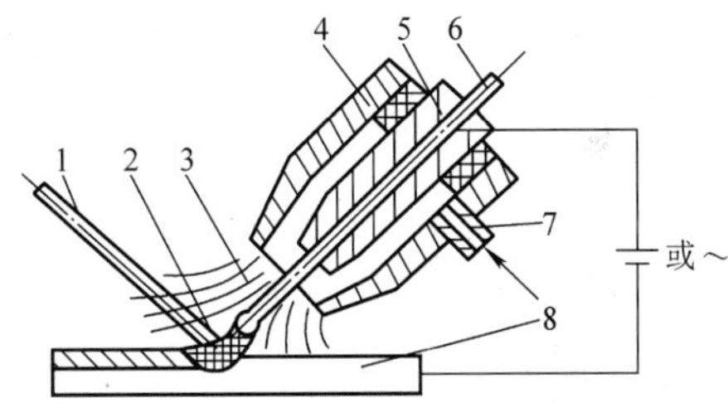

图 10－11 TIG 焊示意图

1—填充金属丝；2—电弧；3—氩气流；4—喷嘴；5—导电嘴；6—钨极；7—进气管；8—焊件。

TIG 焊几乎可以焊接所有的金属材料，但从经济性和生产率方面考虑，目前，主要用于焊接不锈钢、高温合金和铝、镁、铜、钛等金属及其合金，以及难熔金属（锆、钼、铌）与异种金属。但不适于焊接低熔点和易蒸发金属（如铅、锡、锌），同时，也只适于焊接薄件。

与其他焊接方法相比，TIG 焊有以下特点：

(1)惰性气体氩气和氦气的密度比空气大，它们不与金属起反应，能够有效地隔绝空气，所以保护效果好。

(2)焊接时，电极不熔化，易维持恒定的电弧长度。同时，填充焊丝不通过电弧区，不会引起很大的飞溅。所以，焊接过程十分稳定，易获得良好的焊接接头质量。

(3)适宜于各种位置施焊，易于实现自动化。

(4)由于 TIG 焊时没有脱氧去氢的能力，因此，对焊前的除油、锈等污物的清理工作要求严格。

(5)TIG 焊的引弧困难，需要特殊的引弧措施。钨极对电流的承载能力有限，生产率低。此外，由于惰性气体较贵，与焊条电弧焊、二氧化碳气体保护焊、埋弧焊等相比，生产成本高。

10.2.4 等离子弧焊

等离子弧焊是一种以等离子弧为热源的钨极气体保护焊方法。

普通焊接电弧不受外界约束，也称为自由电弧。图 10－12 为等离子弧发生装置示意图。当钨极与焊件之间产生自由电弧后，该装置可产生以下三个效应：

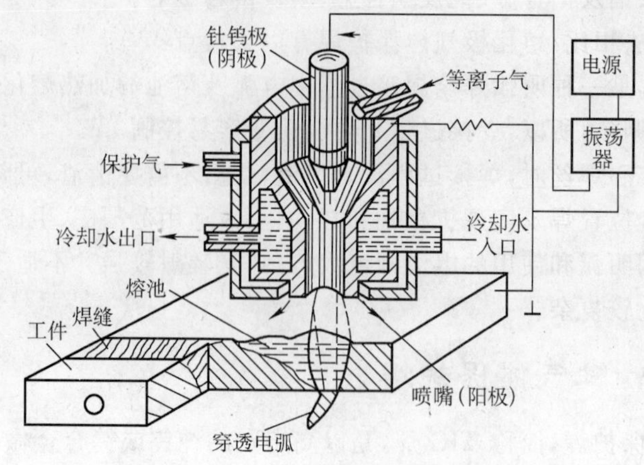

图 10－12　等离子弧发生装置示意图

(1)机械压缩效应。电弧在通过具有细孔道的喷嘴时，弧柱被迫缩小。

(2)热压缩效应。水冷喷嘴使弧柱外层冷却和外部不断送来的高速气流的冷却作用，迫使带电粒子流向弧柱中心移动，弧柱被进一步压缩。

(3)电磁收缩效应。弧柱本身所产生的磁场对弧柱也起一定的压缩作用。

在上述三种效应的作用下，弧柱被压缩到很细的范围内，电弧能量高度集中，弧柱内的气体完全电离为电子和离子，称为等离子弧。

等离子弧焊可分为微束等离子弧焊接(又称为熔透焊接法)和大电流等离子弧焊接(又称为穿透或小孔焊接法)。微束等离子弧焊的焊接电流一般为 0.1A～30A，可焊接厚度为 0.025mm～2.5mm 的金属箔材和薄板。大电流等离子弧采用电流为 30A 以上，常用于焊接厚度为 2.5mm～12mm 的焊件。

等离子弧焊除具有钨极氩弧焊的优点外，还有以下特点：

(1)等离子弧热量高度集中，弧柱最高温度可达 24000K～50000K。厚度 12mm 以下的焊件不用开坡口，能一次焊透双面成形。焊接速度快、生产率高、热影响区小、焊件变形小、焊缝质量高。

(2)当电流小到 0.1A 时，电弧仍能稳定燃烧，具有良好的挺直度和方向性，可焊箔材。但等离子弧焊的设备复杂、造价高、气体消耗量大，只适于室内焊接，焊件成本高。

10.2.5　电渣焊

电渣焊是利用电流通过液态熔渣时所产生的电阻热来熔化电极和焊件而形成焊缝的一种熔焊方法，如图 10－13 所示。

焊接前将焊件垂直放置，两焊件间留出的间隙一般为 20mm～40mm，在焊件下端装好引弧槽，上端装好引出板，并在焊件两侧装好强迫成形装置。在引弧槽与焊丝之间撒上一层焊剂。接通电源，使电极(焊丝或板极等)与引弧槽之间引燃电弧，利用电弧热使焊剂熔化并形成渣池。此阶段称为造渣过程。当渣池达到一定深度时，增加焊丝送进速度并降低焊接电压。电弧就被渣池淹没而熄灭，转入电渣焊过程。当焊接电流从电极端部经渣池流向焊件时，在渣池内产生的电阻热将电极和焊件边缘熔化，熔化的金属沉积到渣池下面形成金属熔池，焊丝不断地进入并熔化落入熔池，使熔池和渣池逐渐上升，熔池中液态金属在两侧强迫成形装置的作用下冷却凝固而形成焊缝。随着焊接过程的进行，机头及强迫成形装置逐渐上升，从而完成整条焊缝的焊接。

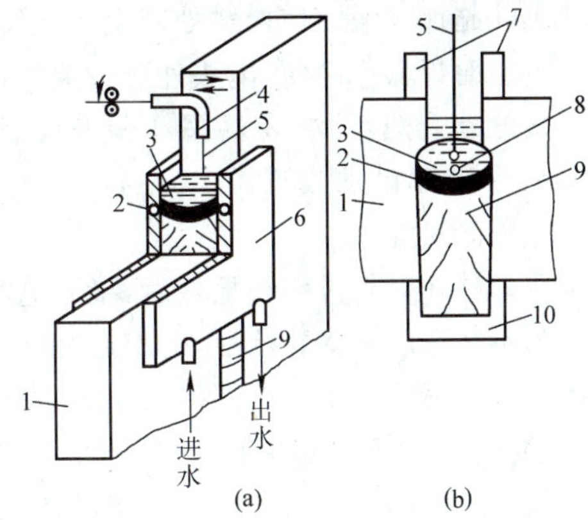

图 10-13 电渣焊示意图

1—焊件；2—金属熔池；3—渣池；4—导电嘴；5—焊丝；6—强迫成形装置；7—引出板；8—金属熔滴；9—焊缝；10—引弧槽。

与一般电弧焊相比，电渣焊具有以下特点：

(1)电渣焊专门用来焊接厚大的焊件，可焊接厚度在 30mm～450mm 的焊件。生产率高、成本低、缺陷少、变形小，焊缝化学成分容易控制，焊件不需开坡口，节约金属材料、焊剂和电能等。

(2)焊接位置只能立焊。热影响区较宽，焊缝区和近焊缝区易形成粗大的组织。焊后焊件一般要进行正火处理。此外，电渣焊不适合焊接薄板和短焊缝。

10.2.6 电阻焊

电阻焊是利用电流通过焊件接头的接触面及邻近区域产生的电阻热能，将被焊金属加热到局部熔化或达到高温塑性状态，在外力作用下形成牢固的焊接接头的焊接方法。

电阻焊可分为对焊、点焊及缝隙焊三类。

1. 对焊

它是利用电阻热使对接接头的两个被焊件在整个接触面连接起来的焊接方法。按焊接过程的不同，又可分为电阻对焊和闪光对焊，如图 10-14 所示。

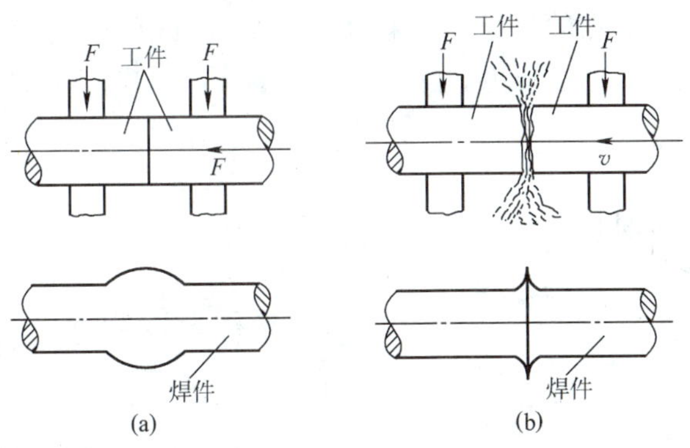

图 10-14 对焊示意图

(a)电阻对焊；(b)闪光对焊。

1)电阻对焊

两焊件被装在对焊机的夹具中，在压力的作用下其端面紧密接触。通电后，利用端面间的接触电阻和焊件本身的电阻产生的热量，使焊件接触处迅速加热至塑性状态，然后断电并迅速施加顶锻力使接触处产生一定的塑性变形而连接为一个整体。

电阻对焊操作简便，接头外形较圆滑，但焊接前必须对焊件接头端面进行彻底清理，否则接触处受热不均，容易发生氧化夹渣，降低焊接质量。电阻对焊适用于直径小于20mm，形状简单、强度要求不高的焊件。

2)闪光对焊

两焊件在对焊机上装配好后，接通电源，使两焊件接头端面逐渐靠拢接触，因接触端面凹凸不平造成一些点接触，电流通过这些接触点时，产生很大的电阻热熔化金属，造成闪光现象。继续靠拢两焊件接头端面，直至端面形成一层熔化层和塑性层，此时断电并迅速对焊件施加顶锻力，熔化层被挤出而使焊件成为一个整体。

闪光对焊的接头质量高，焊前对焊件接头端面的清理要求不高，可焊接形状复杂的焊件，但焊件需留余量，金属损耗多，接头外表面有毛刺等。闪光对焊适用于接头强度要求较高的焊件，不仅可焊同种金属，而且可进行异种金属间的焊接(如铝－钢、铝－铜、铜－钢等)。焊件截面可小到 $0.01mm^2$ 的金属丝，大到 $0.1m^2$ 的金属棒或金属板。

目前，对焊主要用于刀具、汽车轮缘、自行车轮圈、钢轨、钢管以及棒、线材等。

2. 点焊

点焊是利用点焊机上的两个电极，在装配成搭接接头的焊件上施压并通以电流，使接触面之间形成焊点而将焊件连接起来的焊接方法，如图 10－15 所示。

点焊时接触处电阻大，产生热量多。但因电极材料(常用铜合金)导电性好，且中间通水冷却，故电极温度不高。热量主要集中在两焊件接触处，造成局部金属熔化形成熔核，熔核周围的金属则被加热到塑性状态。断电后，继续保持或稍加大压力，在压力作用下，熔核冷却凝固和塑性变形形成焊点使焊件结合起来。焊完第一点后，移动焊件焊第二点。焊第二点时，一部分电流可能会经已焊的第一点流过，称为分流现象。分流将使焊接包电流减弱，影响焊点的质量，因此，两焊点之间应保持一定的距离。其大小取决于焊接材料和焊件厚度。材料导电性越好，焊件越厚，分流现象越严重，距离应加大，一般最小点距为7mm～40mm。

点焊都采用搭接形式。典型的点焊接头形式如图 10－16 所示。焊点的直径大小决定了点焊的接头强度。焊点的直径一般采用 $d=2\delta+3mm$(δ 为板厚)。焊点质量主要取决于焊接电流、通电时间、电极压力和焊件表面的干净程度等。

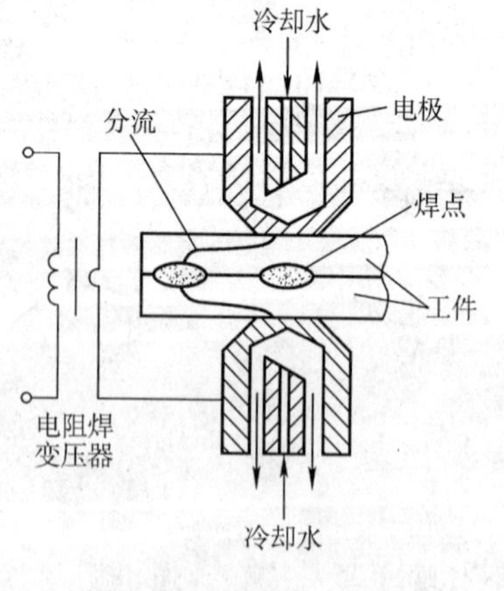

图 10－15　点焊示意图

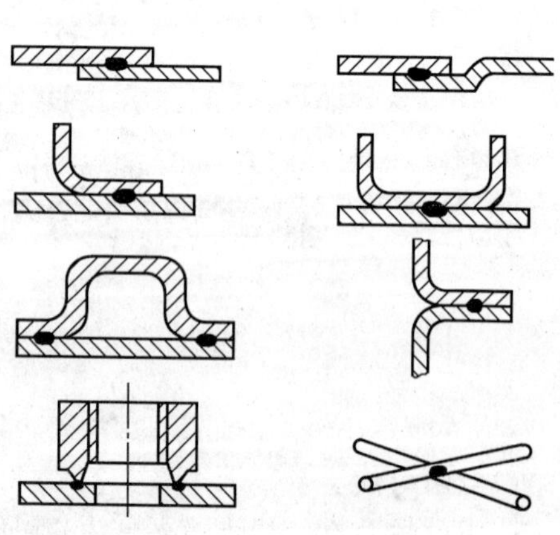

图 10－16　点焊接头形式

点焊适用于焊接各种薄板冲压结构及钢筋构件。广泛用于飞机、汽车、电子器件和日常生活用品的制造。

3. 缝焊

缝焊是指将焊件装配成搭接接头或对接接头，并置于两滚轮电极之间，滚轮加压焊件并转动，连续或断续送电，形成一条连续焊缝的电阻焊方法。如图 10－17 所示。

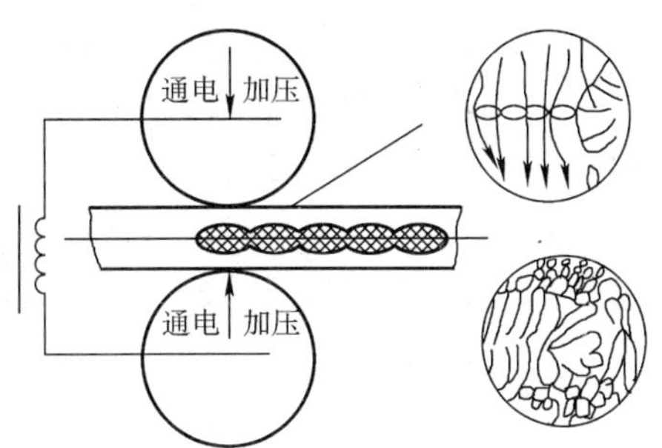

图 10－17　缝焊示意图

缝焊实际上是连续的点焊过程。缝焊用一个圆形的滚盘代替点焊时的柱状电极。焊接时电极边通电、加压，边滚动，即可得到连续焊缝。在实际生产过程中，为了提高电极使用寿命，保证焊接质量，其通电电流通常是断续的，在焊件上形成一个个焊点，并使相邻两焊点间相互重叠而形成焊缝。

缝焊焊缝表面光滑平整、气密性高。主要用于焊缝较规则、有密封性要求、厚度一般为 3mm 以下的薄壁结构，如汽车的油箱、消声器等。

10.2.7　气焊

气焊是利用气体燃烧所产生的热量来熔化焊件和焊丝而进行焊接的一种熔焊方法。常用的是氧气一乙炔气焊，也有用液化气或丙烷燃气代替乙炔气的。

气焊的特点如下：

(1)气焊设备和操作技术简单、易掌握、灵活方便、不需电源、成本低。

(2)气焊火焰温度低、加热慢，所以生产率低。热量不够集中，焊件受热范围大，热影响区较宽，焊件变形大。

(3)焊接时，熔池不能得到有效的保护，焊缝易产生气孔、夹渣等缺陷。

(4)难于实现机械化，不适于大批量生产。

气焊主要用于焊接薄钢板(板厚为 0.5mm～3mm)、非铁基金属及其合金，以及钎焊刀具和铸铁的补焊等。

10.2.8　钎焊

钎焊是采用比母材熔点低的金属材料做钎料，将焊件和钎料加热到高于钎料熔点，低于母材熔点的温度，利用液态钎料润湿母材，填充接头间隙并与母材相互扩散实现连接的一种焊接工艺方法。钎焊与熔化焊相比，主要不同之处是钎焊时只有钎料熔化，而待焊金属则处于固体状态。

钎焊接头的承载能力与接头连接表面面积大小有关，因此，钎焊通常采用搭接接头，如图 10－18 所示。

钎焊时常用钎剂，钎剂的作用是清除焊件表面上的氧化物及其他污物，保护焊件和液态钎料不被氧化，改善液态钎料对焊件的润湿能力。

按钎料熔点不同，钎焊可分为硬钎焊和软钎焊。

(1)硬钎焊。钎料的熔点在 450℃以上。接头强度较高(200MPa～500MPa)，工作温

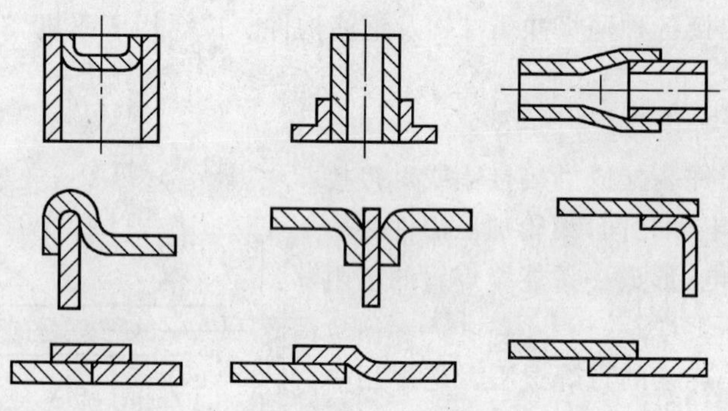

图 10-18　钎焊接头形式

度也较高。主要用于受力较大和工作温度较高的钢铁及铜合金零件等，如硬质合金刀具、自行车车架等。

(2)软钎焊。钎料的熔点在 450℃以下，接头强度较低(60MPa～140MPa)，工作温度在 100℃以下。主要用于受力不大和工作温度较低的焊件，如电器、电子导线等。

10.2.9　高能量密度焊

由电子束、激光和压缩电弧而产生的等离子弧三种束流的能量密度特别高，所以将电子束焊、激光焊和等离子弧焊统称为高能量密度焊。

1. 电子束焊

电子束焊是随着现代科学技术发展而出现的一种新颖、高能量密度的熔化焊方法。它是利用电子枪产生的电子束流，在强电场的作用下以极高的速度撞击待焊焊件表面，并把部分动能转化成热能使焊件熔化而形成焊缝的一种工艺方法。

电子束焊与其他焊接方法相比，主要特点是焊缝熔深大、熔宽小，焊缝金属纯度高。可以焊接的厚度最薄的小至 0.1mm，最厚可达 300mm 以上。所有用其他焊接方法能进行熔化的金属及合金都可以用电子束焊接。生产中，主要用于要求高质量的产品焊接，解决异种金属、难熔金属和复合材料等的焊接，也适于一般焊接方法难以施焊的复杂形状焊件。

2. 激光焊

激光技术是 20 世纪 60 年代发展起来的一项新兴技术。它与普通光源(电灯光、太阳光、荧光)相比，具有能量密度高、单色性好以及方向性强等许多特点。

激光焊接就是利用激光器产生的激光光束为热源进行焊接的一种熔焊方法。

激光焊能量密度大，焊接速度极快，热量集中，热影响区和变形小，因此，焊件不易氧化，不需真空环境或气体保护，特别适应精密零件、热敏感材料的焊接。此外，激光束能用反射镜或通过光导纤维使其在任何方向上弯曲或聚集或引导到难以接近的部位施焊，还可穿过透明材料施焊，如真空管内电极的焊接，也可对绝缘层内导体直接焊接，而不需将绝缘层事先剥开。

但激光设备较复杂，功率较小。要求接头的间隙要小，装配要求严格。穿透能力不如电子束焊。

10.3 常用金属材料的焊接

10.3.1 金属材料的焊接性

金属材料的焊接性是指金属材料对焊接加工的适应性，即在一定的焊接工艺条件(焊接方法、焊接材料、焊接工艺参数和结构形式等)下，获得优质焊接接头的难易程度。它包括以下两个方面的内容：

(1)接合性能，即在给定的焊接工艺条件下，对产生焊接缺陷的敏感性，尤其是对产生焊接裂纹的敏感性。如不易产生焊接缺陷则称其接合性能好或焊接性好。

(2)使用性能，即在给定的焊接工艺条件下，焊接接头对使用要求的适应性。主要是指焊接接头是否满足所要求的力学性能和特殊性能等。对一般焊件，如焊接接头的抗拉强度高、承载能力大，则称其使用性能或焊接性能好。

焊接性并不是金属材料的固有性能，而是随焊接技术的发展而变化的。随着焊接新工艺、新技术的出现，某些焊接性差的材料在焊接中的难题将被解决。

金属材料的焊接性与材料成分、焊接方法、焊件类型以及使用要求等因素都有密切的关系，很难找到某一项技术指标可以概括材料的焊接性，而是通常采用试验或估算方法来评定。

试验法是将被焊金属材料做成一定形状的试样，在给定的焊接工艺条件下施焊，然后评定其产生缺陷倾向的程度，评定焊接接头是否满足使用性能的要求。

估算法仅对钢而言，常用的是碳当量法。影响钢的焊接性的主要因素是化学成分，其中，碳的影响最大，再依次是锰、铬、钼、钒等。把钢中碳和其他合金元素的含量按其对焊接性的影响程度换算成碳的相当含量，称为碳当量，用符号“w_{CE}”来表示。它可作为评定钢焊接性的一种参考指标。

国际焊接学会(IIW)推荐的碳钢和低合金结构钢碳当量计算公式为

$$w_{CE}=w_C+w_{Mn}/6+(w_{Cr}+w_{Mo}+w_V)/5+(w_{Ni}+w_{Cu})/15$$

式中各元素的含量都取其成分的上限。

经验证明，碳当量越高，钢焊接性就越差。

当 $w_{CE}<0.4\%$时，钢的热影响区淬硬和冷裂倾向不大，焊接性优良，焊接时一般不预热。

当 $w_{CE}=0.4\%\sim0.6\%$时，钢的淬硬和冷裂倾向逐渐增大，焊接性较差，焊接时需要采取适当的预热、缓冷以及焊后热处理等工艺措施。

当 $w_{CE}>0.6\%$时，钢淬硬和冷裂倾向很大，焊接性很差，需采用较高的预热温度和其他严格的工艺措施。

10.3.2 钢的焊接

1. 低碳钢的焊接

低碳钢的含碳量低，焊接性优良。一般情况下不需采用特殊的工艺措施，就能获得优质的焊接接头，但在寒冷天气或焊件较厚时，焊前应预热。例如，当环境温度低于－10℃

或板材厚度大于 30mm 时，焊前要将焊件预热到 100℃～150℃。此外，对某些重要结构，焊后进行去应力退火或正火可改善其力学性能。

低碳钢适于所有焊接方法的焊接，都能获得良好的焊接接头。常用的有焊条电弧焊、埋弧焊、电渣焊、气体保护焊以及电阻焊等。

2. 中碳钢和高碳钢的焊接

中碳钢的含碳量较高，焊接性差，主要表现在：焊接接头易产生淬硬组织、冷裂纹、气孔以及热导性低等缺陷。中碳钢一般采用焊条电弧焊，选用抗裂性能好的低氢型焊条。焊前应预热工件。焊接时，采用细焊条、小电流、开坡口、多层焊，尽量减少母材金属在焊缝中的比例，以降低焊缝金属中碳的质量分数。焊后缓冷，以防止产生冷裂纹。焊后也可进行调质热处理来改善焊接接头的力学性能。

高碳钢的含碳量高，焊接性比中碳钢更差。这类钢通常不用来制作焊接结构，仅用焊接进行修补加工。一般采用焊条电弧焊或气焊修补，焊前一般应预热（用奥氏体不锈钢焊条时可不预热）和焊后缓冷。

3. 低合金高强度结构钢的焊接

低合金高强度结构钢的各牌号所含合金元素不同，其焊接性也有所差异。当含合金元素较少，碳当量 $w_{CE}<0.4\%$ 时，塑性和韧性好，焊接性优良。在常温下时与低碳钢相同，常用焊条电弧焊和埋弧焊进行焊接，一般不需采取特殊工艺措施。但当焊件刚度大和厚度大时，或在低温下焊接时，应防止出现淬硬组织，要适当增大焊接电流，减慢焊接速度，选用低氢焊条或进行预热（预热温度≥100℃）。

当含合金元素较多，碳当量 $w_{CE}>0.6\%$ 时，焊接性较差。常用焊条电弧焊和埋弧焊进行焊接，焊前需要预热（预热温度≥100℃）。焊接时，应调整焊接工艺参数来严格控制热影响区的冷却速度；焊后要及时进行热处理以消除应力。

4. 奥氏体不锈钢的焊接

奥氏体不锈钢的塑性和韧性好，焊接性良好。焊接时，一般不需要采取特殊的工艺措施。常用焊条电弧焊和钨极氩弧焊进行焊接，也可用埋弧焊焊接。这类钢焊接时的主要问题是晶界腐蚀和热裂纹。

晶界腐蚀是指在腐蚀介质作用下，起源于金属表面沿晶界深入到金属内部的腐蚀。它是一种局部性的腐蚀，会导致晶粒间的结合力丧失，材料强度几乎等于零，是一种危险的焊接缺陷。奥氏体不锈钢产生晶界腐蚀的原因是在焊接时，不锈钢在 450℃～850℃范围内长时间停留，晶界处析出碳化铬，引起晶界附近铬的含量降低，从而使晶界处失去耐蚀能力。

为防止晶界腐蚀，应合理选择母材和焊接材料，如在焊条电弧焊时，应选用与母材化学成分相同的焊条。氩弧焊和埋弧焊时，选用的焊丝应保证焊缝化学成分与母材相同。此外，焊接时应采用小电流、快速焊、强制冷却等措施。

热裂纹是指在焊接过程中，焊缝和热影响区金属冷却到固相线附近的高温区产生的焊接裂纹。主要是由于在晶界处易形成低熔点组织（含磷、硫、硅等），且这类钢本身热导率小（约为低碳钢的 1/3），线膨胀系数大（约比低碳钢大 50%），焊接时会形成较大的拉应力，导致热裂纹的产生，因此，应严格控制磷、硫等杂质的含量。此外，焊接时应采用小电流等工艺措施。

10.3.3 铸铁的焊补

铸铁含碳量高、杂质多、塑性低，焊接性很差。一般只用焊接的方法来修补铸铁件缺陷和修理局部损坏的零件。在铸铁焊接中，应用得最多的是灰铸铁的焊补，球墨铸铁次之。

1. 灰铸铁的补焊

灰铸铁在焊接中主要是容易产生白口组织和出现裂纹，为防止这些焊接缺陷，应选择合理的焊接方法以及采取适当的工艺措施。生产中常用焊条电弧焊、气焊、电渣焊和钎焊等方法。其中使用最多的是焊条电弧焊和气焊。

在焊接工艺上可分为热焊（包括半热焊）和冷焊（又称不预热焊）两种。预热温度在600℃～700℃范围称为热焊，预热温度在300℃～400℃称为半热焊。

电弧热焊及半热焊的焊条均有两种类型，即铸铁芯石墨化铸铁焊条Z248和钢芯石墨化铸铁焊条Z208。其中Z248主要用于焊补厚大铸件的缺陷。气焊时用铸铁气焊丝（如RZC-1），配用焊剂（如CJ201）以去除氧化物。

采用电弧热焊工艺，焊缝为铸铁型，力学性能基本与母材相同，具有良好的切削加工性能，焊后应力小、接头质量高，适于焊后要求切削加工和形状复杂的重要铸铁件，如机床导轨、气缸体等。但热焊工艺复杂、生产率低以及劳动条件差。

电弧冷焊采用的焊条有两种类型，一种为铸铁型焊条（又称同质焊缝焊条），常用的有Z248和Z208（在具体配方上与热焊焊条有些差别），焊缝为灰铸铁组织。铸铁型焊条电弧冷焊较电弧热焊工艺简便，焊接成本也较低，适于大中型铸铁端部缺陷的焊补，但不能用于中小缺陷，否则，会因热应力大而使裂纹倾向增加。另一种为非铸铁型焊条（又称异质焊缝焊条），焊缝为非铸铁组织。常用的有强氧化型铸铁焊条（Z100）、普通碳钢焊条（J422、J426）、高钒铸铁焊条（Z116、Z117）、镍基铸铁焊条（Z308、Z408、Z508）以及铜钢铸铁焊条（Z607、Z612）。非铸铁型焊条电弧冷焊的工艺简便、焊接成本低，劳动条件较好，具有适应范围广、可进行全位置焊接及焊接效率高等特点，它是一种很有发展前途的焊接工艺方法。

2. 球墨铸铁的焊补

球墨铸铁件主要用于制造强度和塑性要求较高的零件，故对焊接接头的力学性能要求也较高。球墨铸铁的焊接，除了要防止产生白口组织和裂纹外，为了保证焊接接头的力学性能，还应考虑到焊缝中的石墨球化问题。所以，球墨铸铁比灰铸铁的焊接性更差。

目前，球墨铸铁焊接的常用方法是气焊和焊条电弧焊。

气焊球墨铸铁一般要使用球铁焊丝，配用CJ201焊剂。气焊时，由于加热和冷却过程都比较缓慢，故可减小白口组织及裂纹倾向，对石墨化过程也有利。同时，由于气焊温度低，会减少焊缝中镁的蒸发烧损量，有利于石墨球化。因此，球墨铸铁件焊补适合用气焊方法。

用焊条电弧焊补焊球墨铸铁时，按所用焊条不同，也可分为铸铁和非铸铁焊缝两种形式。铸铁型焊条电弧焊采用钢芯铸铁焊条（Z238），一般有热焊工艺。非铸铁型焊条电弧焊采用高钒铸铁焊条（Z117）或镍铁焊条（Z408），其工艺与灰铸铁冷焊工艺基本相同。

10.3.4 非铁基金属及其合金的焊接

1. 铝及铝合金的焊接

铝及铝合金的焊接要比低碳钢困难，其焊接特点与钢也不同，这主要与其本身的物理和化学性能有关。具体表现在以下几方面：

(1)容易氧化。铝在空气中极易与氧结合生成致密的氧化铝膜，焊接时容易形成未熔合及夹渣等缺陷。

(2)容易产生气孔。在焊接高温下，焊接区周围的水、油、空气中的水分等很容易分解成氢原子或质子，溶入液态金属中。由于氢在液态和固态铝中的溶解度相差近20倍，因此，高温下溶入的大量气体在焊后冷却凝固过程中来不及析出，而聚集在焊缝中形成气孔。此外，焊丝或焊件表面氧化膜的存在，也是形成气孔的重要原因。

(3)容易产生变形和裂纹。因铝的线膨胀系数和热导率大，焊接时产生的应力也较大，易产生变形，若有低熔点共晶物存在，还会产生裂纹。

(4)容易引起塌陷。铝在高温时的强度和塑性都很低，焊接时会引起焊缝塌陷，严重时甚至造成烧穿。此外，铝及铝合金由固态变为液态时无颜色变化，难把握加热温度，也易烧穿焊件。

目前，铝及铝合金焊接常用的方法有气焊、氩弧焊、电阻焊以及钎焊等。焊条电弧焊应用较少。

气焊铝及铝合金常用纯铝或铝硅合金填充金属，配以铝气焊熔剂。这种方法设备简单、经济方便，一般用于焊接质量要求不高的焊接结构件或铸件焊补。

钨极氩弧焊方法电弧稳定，形成的焊缝致密，焊接接头的强度、塑性、韧性高，且工件变形小，可用于0.5mm～20mm厚的板、管焊接以及铸件的焊补。因受到钨极许用电流的限制，电弧的熔透力较小，故一般多用于板厚在6mm以下薄板件的焊接。

熔化极氩弧焊电弧功率大，热量、热量热影响区小，生产效率可比钨极氩弧焊提高3倍以上，因此，适用于厚板结构的焊接。它可焊接50mm以下的铝及铝合金板材，焊接30mm厚的铝板可不预热。

2. 铜及铜合金的焊接

在铜及铜合金中焊接量最大的是纯铜和黄铜。青铜焊接多为铸件缺陷的焊补，白铜焊接应用很少。因此，这里仅简要介绍纯铜与黄铜的焊接。

铜及铜合金的焊接比低碳钢困难得多，主要容易出现以下问题。

(1)焊缝难熔，成形能力差。铜的熔点比钢低，但纯铜的导热性特别高，比铁高7倍～11倍，焊接时填充金属与母材不易熔合，易产生未焊透缺陷。此外，铜在溶化温度时的表面张力小而流动性好，熔化金属容易流失，表面成形能力差。所以，铜及铜合金焊接时要采用较大功率的热源，同时焊接纯铜时应充分预热。

(2)容易产生焊接热裂纹。铜在高温时极易氧化而形成Cu_2O，它与铜又形成低熔点共晶体(Cu_2O+Cu)分布于晶界上，易产生热裂纹。此外，铜及铜合金的线膨胀系数和收缩率较大，增加了焊接接头的应力，更加使接头的热裂倾向增大，也使焊件有较大的变形。

(3)铜在液态时可溶解大量的氢气，凝固时溶解度显著减小，若气体来不及逸出，在焊缝中形成气孔。另外，熔池中的Cu_2O遇氢后反应生成的水汽也易产生气孔缺陷。

(4)铜合金中的合金元素(如 Zn、Sn、Pb、Al 等)易氧化和蒸发,使焊缝的强度和耐蚀性下降。

铜及铜合金的常用焊接方法有氩弧焊、埋弧焊、气焊等。

钨极氩弧焊操作灵活方便,焊接质量高,特别适合于中薄板件的焊接。焊接纯铜时可采用纯铜焊丝(HS201),接头不要求导电性能时,也可选用青铜焊丝。黄铜焊接常用无锌青铜焊丝(HS211)。

熔化极氩弧焊可用于纯铜厚板件的焊接。熔化极氩弧焊的电弧功率大,焊接热影响区小,预热温度较低,且接头质量及焊接生产率高。焊接纯铜时一般选用(HS201)焊丝。

采用埋弧焊焊接纯铜时,由于熔化金属与外界空气隔离,并且焊接电流较大,可获得较大熔深,焊件变形小、接头质量好、焊接生产率高,因此,埋弧焊用于纯铜焊接有一定的优越性,特别适用于中厚度焊件、规则的长焊缝的焊接。

10.4 焊接结构工艺性设计

焊接结构,是将金属型材,或与铸铁,或与锻件采用焊接方法组合成能承受载荷的金属结构。

焊接结构的工艺性,是指所设计的焊接结构在具体的生产条件下能否经济地制造出来,并采用最有效的工艺方法的可行性。因此,为了保证焊接结构的焊接质量优良、焊接工艺简便、生产率高和成本低。在设计焊接结构时除应考虑其使用性能外,还应考虑制造时是否适应焊接工艺的特点。主要包括焊接结构材料的选用、焊接方法的选择、焊接接头的选择以及焊缝的布置等。

10.4.1 焊接结构材料的选用

在满足结构使用性能要求的前提下,应尽量选用焊接性良好的材料。焊接性比较差的材料一般不宜选用。同时,焊接结构应尽量选用同一种材料,因为异种金属材料彼此的物理、化学性能不同,常因膨胀、收缩不一致而使焊接接头产生较大的焊接应力。两种焊接性能相差悬殊的材料,很难进行熔化焊。

10.4.2 焊接方法的选择

各种焊接方法都有其各自的工艺特点及适用范围,在制造焊接结构时,应根据结构形状、焊件材料、焊接质量要求、生产批量和现场条件等,在综合考虑焊件质量、工艺性和经济性的基础上,确定最适宜的焊接方法。

常用焊接方法的特点及适用范围见表 10-9。

例如,低碳钢采用任何焊接方法都可以。如果焊件是薄板结构而又无密封要求的,可采用点焊,生产率高;如果有密封要求的可采用缝焊。如果焊件为 10mm~20mm 的中等厚度结构,采用焊条电弧焊、埋弧焊和气体保护焊都可以。短焊缝及各种空间位置的焊接适用焊条电弧焊。长而直或大直径圆周环形焊缝,尤其是大批量生产的,适用埋弧焊。如果焊件板厚大于 40mm,采用电渣焊较合适。氩弧焊几乎可以焊接各种金属及合金,但成本较高,所以主要用于焊接铝、镁、钛及其合金结构和不锈钢等重要焊接结构。焊接铝合金焊件，板厚大于 10mm 宜采用熔化极氩弧焊，板厚小于 6mm 采用钨极氩弧焊为好。

表 10-9 常用焊接方法比较

焊接方法	焊接热源	主要接头形式	焊接位置	钢板厚度 δ/mm	被焊材料	生产率	应用范围
焊条电弧焊	电弧热	对接，搭接，T 型接，卷边接	全位焊	3～20	碳钢，低合金钢，铸铁，铜及铜合金	中等偏高	要求在静、冲击或振动载荷下工作的机件，补焊铸铁件缺陷和损坏的机件
气焊	氧—乙炔火焰热	对接，卷边接	全位焊	0.5～3	碳钢，低合金钢，铸铁，铜及铜合金	低	要求耐热性、气密性、受静载荷、受力不大的薄板结构，补焊铸铁件及损坏的机件
埋弧自动焊	电弧热	对接，搭接，T 型接	平焊	4.5～60	碳钢，低合金钢，铜及铜合金	高	在各种载荷下工作，成批生产、中厚板长直焊缝和较大直径环缝
氩弧焊	电弧热	对接，搭接，T 型接	全位焊	0.5～25	铝，铜，镁，钛及钛合金，耐热钢，不锈耐蚀钢	中等偏高	要求致密、耐蚀、耐热的焊接
二氧化碳气体保护焊	电弧热	对接，搭接，T 型接	全位焊	0.8～25	碳钢，低合金钢，不锈、耐蚀钢	很高	要求致密、耐蚀、耐热的焊接
电渣焊	熔渣电阻热	对接	立焊	40～450	碳钢，低合金钢，不锈、耐蚀钢，铸铁	很高	一般用来焊接大厚度铸、锻件
等离子弧焊	压缩电弧热	对接	全位焊	0.025～12	不锈、耐蚀钢，耐热钢，铜，镍，钛及钛合金钢	中等偏高	用一般焊接方法难以焊接的金属及合金
对焊	电阻热	对接	平焊	≤ϕ20	碳钢，低合金钢，不锈、耐蚀钢，铝及铝合金	很高	焊接杆状零件
电阻点焊	电阻热	搭接	全位焊	0.5～3	碳钢，低合金钢，不锈、耐蚀钢，铝及铝合金	很高	焊接薄板壳体
缝焊	电阻热	搭接	平焊	<3	碳钢，低合金钢，不锈、耐蚀钢，铝及铝合金钢	很高	焊接薄壁容器和管道
钎焊	各种热源	搭接，套接	平焊	—	碳钢，合金钢，铸铁，铜及铜合金钢	高	用其他焊接方法难以焊接的焊件，以及对强度要求不高的焊件

10.4.3 焊接接头形式的选择

选择焊接接头时，要综合考虑焊接结构形状、使用要求、焊件厚度、焊条消耗量、变形大小、坡口加工的难易程度等因素。

对接接头应力分布均匀，节省材料，易于保证，是焊接结构中应用较多的一种，但对下料尺寸和焊前定位装配尺寸要求精度高。适用于重要的受力结构的焊接，如锅炉和压力容器等。

搭接接头不在同一平面，接头处部分相叠，应力分布不均匀，会产生附加弯曲力，降低了疲劳强度，材料耗费多，但对下料尺寸和焊前定位装配尺寸要求精度不高，且接头结合面大，增加承载能力。通常薄板、细杆焊件采用搭接接头，如厂房金属屋架、桥梁、起重机吊臂等桁架结构的焊接。此外，点焊、缝焊焊件的接头为搭接，钎焊也多采用搭接接头，以增加结合面。

接头构成直角连接时，常采用角接接头和 T 型接头。角接接头和 T 型接头根部易出现未焊透，引起应力集中，因此，接头处常开坡口，以保证焊接质量，角接接头多用于箱式结构。

10.4.4 焊缝布置

焊接结构中焊缝位置直接影响结构的焊接质量和生产率。因此，布置焊缝时应考虑下列原则。

1. 焊缝位置应便于焊接操作

焊条电弧焊焊接时要有足够的焊接操作空间，以满足焊接运条的需要，如图 10-19 所示。点焊和缝焊时，电极要能方便地伸入待焊位置，如图 10-20 所示。埋弧焊时，要考虑焊缝所处的位置能否存放焊剂。

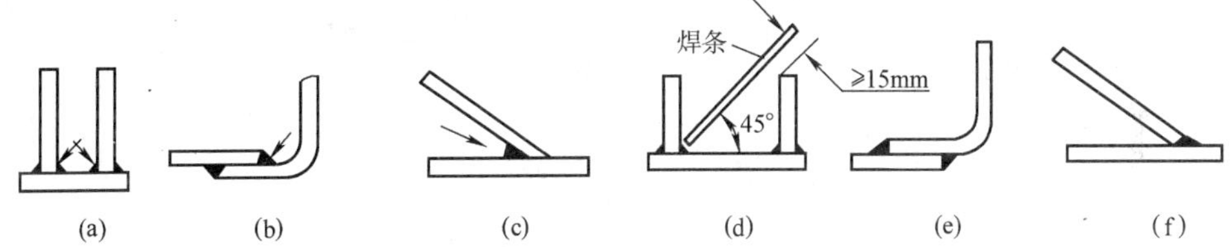

图 10-19 焊条电弧焊焊缝位置

(a)不合理；(b)不合理；(c)不合理；(d)合理；(e)合理；(f)合理。

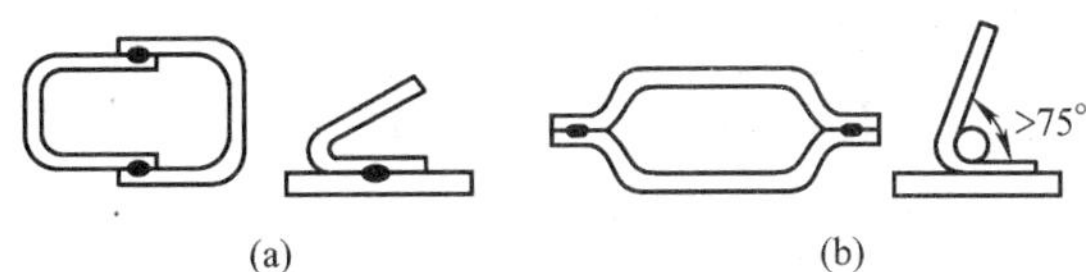

图 10-20 点焊和缝焊焊缝位置

(a)不合理；(b)合理。

2. 焊缝布置要有利于减少焊接应力与变形

1)尽量减少焊缝数量及长度

设计焊接结构时，可通过选取不同形状的型材或冲压件来减少焊缝数量。图 10-21

所示的箱式结构若用平板拼焊需要四条焊缝，若改用槽钢或冲压件则只需要两条焊缝，焊缝数量少了，既可减少焊接应力和变形，又可节约焊接材料，提高生产率。

2)焊缝布置应避免密集或交叉

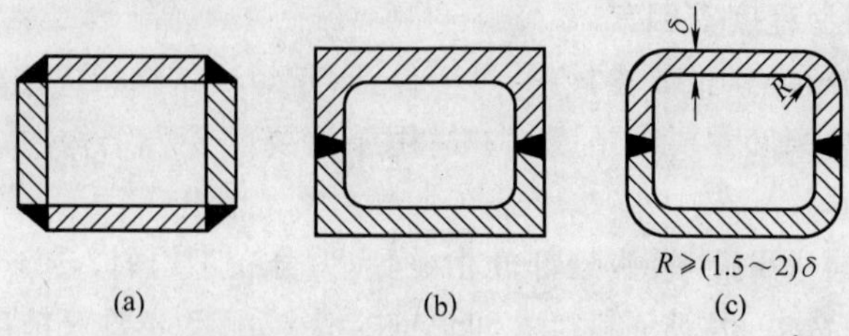

图 10－21　减少焊缝数量示例

焊缝密集或交叉，会使接头处严重过热，导致焊接应力与变形增大，甚至开裂。因此，两条焊缝之间隔开一定距离，一般要求大于 3 倍的板材厚度，且不小于 100mm，如图 10－22(a)、(b)、(c)结构不合理，图 10－22(d)、(e)、(f)结构合理。处于同一平面焊缝转角的尖角处相当于焊缝交叉，易产生应力集中，应尽量避免而改为平滑过渡结构。即使不在同一平面的焊缝，若密集堆垛或排布在一列都会降低焊接结构的承载能力。

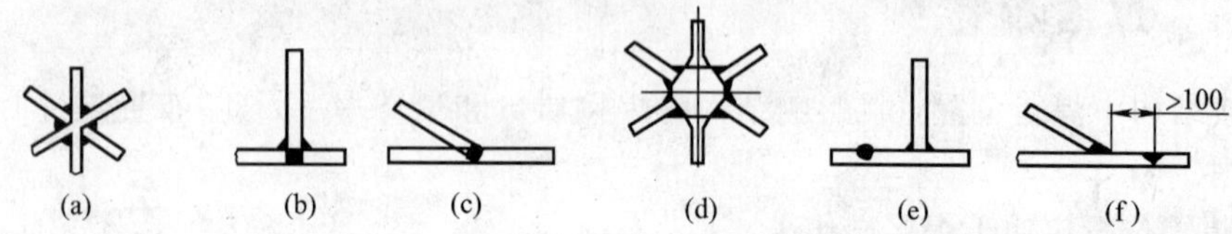

图 10－22　焊缝的分散布置

3)焊缝布置应尽量对称

当焊缝布置对称于焊件截面中心轴或接近中心轴时，可使焊接中产生的变形相互抵消而减少焊后总变形量。焊缝位置对称分布在梁、柱、箱体等结构上效果明显。如图 10－23(a)所示，图中焊缝布置在焊件的非对称位置，会产生较大弯曲变形，不合理。图 10－23(b)、(c)中将焊缝对称布置，均可减少弯曲变形。

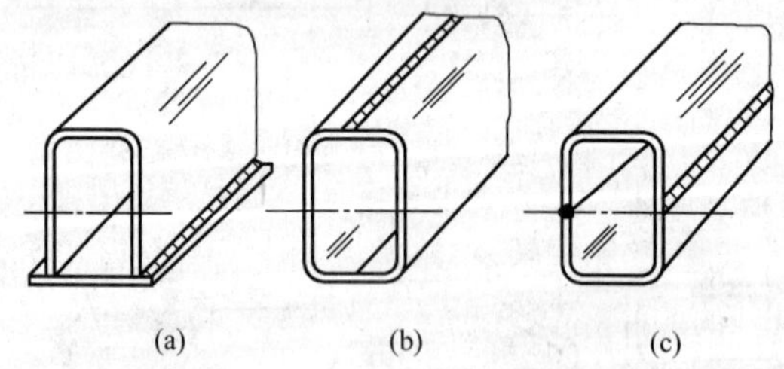

图 10－23　焊缝对称布置

3. 焊缝布置应尽量避开最大应力位置或应力集中位置

尽管优质的焊接接头能与母材等强度，但焊接时难免出现程度不同的焊接缺陷，使结构的承载能力下降，所以，在焊接结构中的最大应力和应力集中的位置不应布置焊缝。在图 10－24(a)中，大跨度钢梁的最大应力处在钢梁中间，若焊缝正处于最大应力位置，则整个结构的承载能力下降。若改用图 10－24(b)的结构，钢梁虽增加了一条焊缝，但焊缝避开了最大应力处，提高了钢梁的承载能力。在压力容器结构中，为使焊缝避开应力集中的转角处，不应采用图 10-24(c)中的无折边封头结构，而应采用图 10-24(d)所示的有折边封头结构。

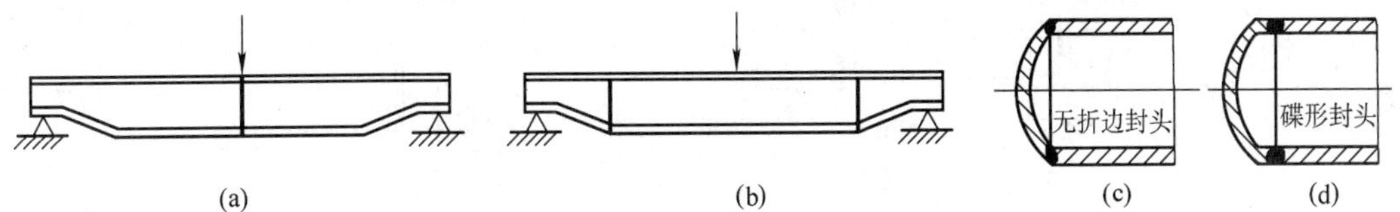

图 10-24　焊缝应避开最大应力和应力集中处

(a)不合理；(b)合理；(c)不合理；(d)合理。

4. 焊缝布置应避开机械加工表面

图 10-25(a)、(b)为采用焊接结构制造的轮毂零件，考虑到机加工的方便，要先车削内孔后焊接轮辐，为避免内孔加工精度受焊接变形的影响，图 10-25(a)显然不合理，必须采用图 10-25(b)的结构。对机加工表面要求高的零件，由于焊后接头处的硬化组织影响加工质量，焊缝布置应避开机加工表面，图 10-25(d)结构要比图 10-25(c)合理。

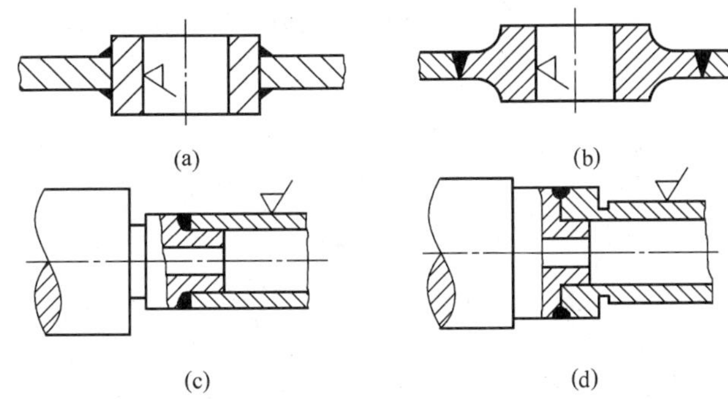

图 10-25　焊缝应避开机加工表面

(a)不合理；(b)合理；(c)不合理；(d)合理。

10.4.5　焊接结构工艺设计实例

图 10-26(a)为低压储气罐，壁厚 8mm，设计压力为 1.0MPa，工作温度为常温，工作介质为压缩空气，大批量生产。

焊接结构工艺设计如下：

(1)图 10-26(b)为低压储气罐装配焊接图，储气罐由筒体和四个法兰管座焊合而成。筒体由筒节、封头Ⅰ和封头Ⅱ焊合而成。

(2)选择结构材料。根据技术参数，考虑到封头拉伸、筒节卷圆、焊接工艺及成本，筒节、封头及法兰选用塑性和焊接性都好的碳素结构钢 Q235A，短管选用优质碳素结构钢 10。

(3)焊接接头和坡口形式的选择及焊缝布置。筒节的纵焊缝和筒节与封头相连处的两条环焊缝采用对接Ⅰ形坡口双面焊，法兰与短管焊接采用不开口角焊缝，法兰管座与筒体焊接采用开坡口角焊缝。

(4)选择焊接方法和焊接材料。由于各条角焊缝长度均较短，且大部分焊缝在弧面上，故采用焊条电弧焊方法，焊条选用 E4303(J422)，为保证质量，提高生产率，焊接三条纵、环焊缝，采用埋弧焊方法，焊丝选用 H08A，配合焊剂 HJ431。

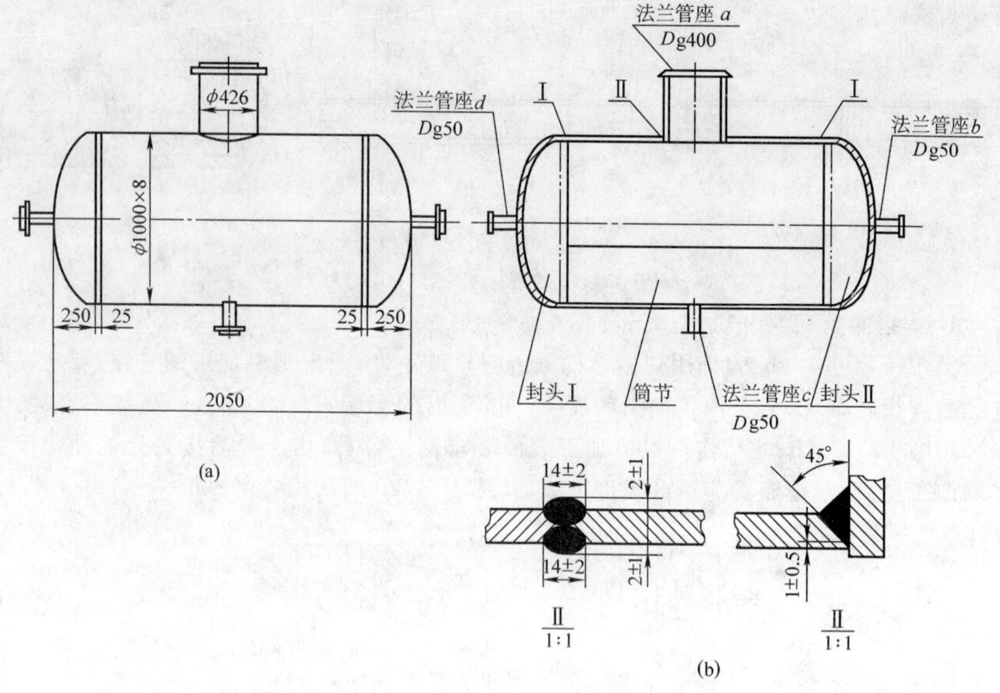

图 10-26　低压气罐设计、装配示意图

(a)设计图；(b)装配图。

思考题与习题

10-1　试述焊接的实质、特点和应用。

10-2　什么叫焊接电弧？它的构造及温度分布怎样？

10-3　什么叫焊接热影响区？热影响区中的几个区是根据什么划分的？

10-4　低碳钢在焊接时，其热影响区的组织和性能有何变化？

10-5　焊条由哪几部分组成？各部分有何作用？怎样选用焊条？

10-6　下列焊条的牌号或型号的含义是什么？

J422　J506　E4303　E5015

10-7　常用的焊接接头形式有哪些？坡口的作用是什么？

10-8　焊缝空间位置分为几种？哪一种最容易施焊？为什么？

10-9　埋弧焊和焊条电弧焊相比有什么特点？其应用范围如何？

10-10　熔化极气体保护焊与钨极惰性气体保护焊相比，有何异同？各自的应用范围如何？

10-11　等离子弧与普通焊接电弧相比，有何异同？等离子弧焊的应用范围如何？

10-12　试述电渣焊、电阻焊、气焊的实质、特点及应用范围。

10-13　钎焊与熔化焊的区别有哪些？

10－14 什么叫金属材料的焊接性？碳及其他合金元素的质量分数的大小对焊接性能有何影响？

10－15 焊接结构工艺性有哪些？

10－16 下列焊接结构，可分别采用哪种焊接方法？

低碳钢薄板。低碳钢桁。不锈钢容器。铝合金容器。黄铜结构。车床导轨补焊。

参考文献

[1] 英若采.金属熔化焊基础.北京:机械工业出版社,2002.
[2] 肖智清.机械制造基础.北京:机械工业出版社,2001.
[3] 严绍华.材料成形工艺基础.北京:清华大学出版社,2001.
[4] 雷世民.焊接方法与设备.北京:机械工业出版社,2000.
[5] 王雅然.金属工艺学.北京:机械工业出版社,1999.
[6] 司乃钧,许德珠.金属工艺学.北京:高等教育出版社,2001.
[7] 刘舜尧,等.制造工程工艺基础. 长沙: 中南大学出版社,2002.
[8] 丁德权.金属工艺学.北京:机械工业出版社,2002.
[9] 侯旭明.工程材料及成型工艺.北京:化学工业出版社,2003.
[10] 金南威.工程材料及金属热加工基础.北京:航空工业出版社,1995.
[11] 张文钺.焊接冶金学.北京:机械工业出版社,2001.
[12] 吕炎.锻造工艺学.北京:机械工业出版社,1995.
[13] 何庆复.机械工程材料及选用.北京:中国铁道出版社,2001.
[14] 王焕庭.机械工程材料.大连:大连理工大学出版社,2001.
[15] 马壮.机械工程材料.长沙:湖南科学技术出版社,2000.
[16] 陶岚琴,王道胤.机械工程材料简明教程.北京:北京理工大学出版社,1991.
[17] 陈兰芬.机械工程材料与热加工工艺.北京:机械工业出版社,1985.
[18] 北方交大材料系编写组.金属材料学.北京:中央广播电视大学出版社,1984.
[19] 朱荆璞,张德惠.机械工程材料学.北京:机械工业出版社,1988.